管道完整性管理技术丛书

管道完整性技术指定教材

管道建设期完整性管理

《管道完整性管理技术丛书》编委会　组织编写

本书主编　董绍华

副 主 编　魏东吼　王立昕　赖少川　黄文尧

中国石化出版社

内 容 提 要

本书结合我国管道工程现状和建设期完整性管理的要求，针对管道建设期数据采集要求及数据采集的工程实践需求，提出管道设计、施工中应重视和改进的核心技术问题，详细阐述了管道建设期标准、管道建设期完整性质量控制、管道建设期立项评价、管道建设期数据采集、管道建设期风险管控、管道设计与完整性管理、管道工程设计基础、管道寿命判废处理等内容。本书明确了管道建设阶段作为管道全生命周期的重要一环，建设质量的优劣和完整性控制是管道运行期安全管理的重要基础，做好建设期的质量及风险管控，从源头上识别和削减风险至关重要。本书适用于长输油气管道、油气田集输管网、城镇燃气管网以及各类工业管道。

本书可作为各级管道管理与技术人员研究与学习用书，也可作为油气管道管理、运行、维护人员的培训教材，还可作为高等院校油气储运等专业本科生、研究生教学用书和广大石油科技工作者的参考书。

图书在版编目（CIP）数据

管道建设期完整性管理／《管道完整性管理技术丛书》编委会组织编写；董绍华主编．—北京：中国石化出版社，2019.10
（管道完整性管理技术丛书）
ISBN 978-7-5114-5376-1

Ⅰ．①管… Ⅱ．①管… ②董… Ⅲ．①石油管道-管道工程-完整性-管理 Ⅳ．①TE973

中国版本图书馆 CIP 数据核字（2019）第 183190 号

未经本社书面授权，本书任何部分不得被复制、抄袭，或者以任何形式或任何方式传播。版权所有，侵权必究。

中国石化出版社出版发行

地址：北京市东城区安定门外大街 58 号
邮编：100011 电话：(010)57512500
发行部电话：(010)57512575
http://www.sinopec-press.com
E-mail：press@sinopec.com
北京科信印刷有限公司印刷
全国各地新华书店经销

*

787×1092 毫米 16 开本 15 印张 347 千字
2020 年 1 月第 1 版　2020 年 1 月第 1 次印刷
定价：98.00 元

《管道完整性管理技术丛书》
编审指导委员会

主　任：黄维和

副主任：李鹤林　张来斌　凌　霄　姚　伟　姜昌亮

委　员：（以姓氏拼音为序）

陈胜森	陈　涛	陈向新	崔红升	崔　涛	丁建林
董红军	董绍华	杜卫东	冯耀荣	高顺利	宫　敬
郭　臣	郭文明	韩金丽	何仁洋	贺胜锁	黄　辉
霍春勇	江　枫	焦建瑛	赖少川	李　波	李　锴
李伟林	李文东	李玉星	李育中	李振林	刘保余
刘海春	刘景凯	刘　锴	刘奎荣	刘　胜	刘卫华
刘亚旭	刘志刚	吕亳龙	闵希华	钱建华	邱少林
沈功田	帅　健	孙兆强	滕卫民	田中山	王富才
王建丰	王立昕	王小龙	王振声	魏东吼	吴　海
吴锦强	吴　明	吴培葵	吴世勤	吴运逸	吴志平
伍志明	肖　连	许少新	闫伦江	颜丹平	杨　光
袁　兵	张　宏	张劲军	张　鹏	张　平	张仁晟
张文伟	张文新	赵丑民	赵赏鑫	赵新伟	钟太贤
朱行之	祝宝利	邹永胜			

《管道完整性管理技术丛书》
编写委员会

主　编：董绍华

副主编：姚　伟　丁建林　闵希华　田中山

编　委：（以姓氏拼音为序）

毕彩霞	毕武喜	蔡永军	常景龙	陈朋超	陈严飞
陈一诺	段礼祥	费　凡	冯　伟	冯文兴	付立武
高　策	高建章	葛艾天	耿丽媛	谷思雨	谷志宇
顾清林	郭诗雯	韩　嵩	胡瑾秋	黄文尧	季寿宏
贾建敏	贾绍辉	江　枫	姜红涛	姜永涛	金　剑
李海川	李　江	李　军	李开鸿	李　锴	李　平
李　强	李夏喜	李兴涛	李永威	李玉斌	李长俊
梁　强	梁　伟	林武斌	凌嘉瞳	刘　刚	刘　慧
刘冀宁	刘建平	刘　剑	刘　军	刘新凌	罗金恒
马剑林	马卫峰	么子云	慕庆波	庞　平	彭东华
齐晓琳	孙伟栋	孙兆强	孙　玄	谭春波	王　晨
王东营	王富祥	王立昕	王联伟	王良军	王嵩梅
王　婷	王同德	王卫东	王振声	王志方	魏东吼
魏昊天	毋　勇	吴世勤	吴志平	武　刚	谢　成
谢书懿	邢琳琳	徐春燕	徐晴晴	徐孝轩	燕冰川
杨大慎	杨　光	杨　文	尧宗伟	叶建军	叶迎春
余东亮	张　行	张河苇	张华兵	张　嵘	张瑞志
张振武	章卫文	赵赏鑫	郑洪龙	郑文培	周永涛
周　勇	朱喜平	宗照峰	邹　斌	邹永胜	左丽丽

序

PREFACE

  油气管道是国家能源的"命脉"，我国油气管道当前总里程已达到 13.6 万公里。油气管道输送介质具有易燃易爆的特点，随着管线运行时间的增加，由于管道材质问题或施工期间造成的损伤，以及管道运行期间第三方破坏、腐蚀损伤或穿孔、自然灾害、误操作等因素造成的管道泄漏、穿孔、爆炸等事故时有发生，直接威胁人身安全，破坏生态环境，并给管道工业造成巨大的经济损失。半个世纪以来，世界各国都在探索如何避免管道事故，2001 年美国国会批准了关于增进管道安全性的法案，核心内容是在高后果区实施完整性管理，管道完整性管理逐渐成为全球管道行业预防事故发生、实现事前预控的重要手段，是以管道安全为目标并持续改进的系统管理体系，其内容涉及管道设计、施工、运行、监控、维修、更换、质量控制和通信系统等管理全过程，并贯穿管道整个全生命周期内。

  自 2001 年以来，我国管道行业始终保持与美国管道完整性管理的发展同步。在管材方面，X80 等管线钢、低温钢的研发与应用，标志着工业化技术水平又上一个新台阶；在装备方面，燃气轮机、发动机、电驱压缩机组的国产化工业化应用，以及重大装备如阀门、泵、高精度流量计等国产化；在完整性管理方面，逐步引领国际，2012 年开始牵头制定国际标准化组织标准 ISO 19345《陆上/海上全生命周期管道完整性管理规范》，2015 年发布了国家标准 GB 32167—2015《油气输送管道完整性管理规范》，2016 年 10 月 15 日国家发改委、能源局、国资委、质检总局、安监总局联合发文，要求管道企业依据国家标准 GB 32167—2015 的要求，全面推进管道完整性管理，广大企业扎实推进管道完整性管理技术和方法，形成了管道安全管理工作的新局面。近年来随着大数据、物联网、云计算、人工智能新技术方法的出现，信息化、工业化两化融合加速，我国管道目前已经由数字化进入了智能化阶段，完整性技术方法得到提升，完整性管理被赋予了新的内涵。以上种种，标志着我国管道管理具备规范性、科学性以及安全性的全部特点。

  虽然我国管道完整性管理领域取得了一些成绩，但伴随着我国管道建设的高速发展，近年来发生了多起重特大事故，事故教训极为深刻，油气输送管道面临的技术问题逐步显现，表明我国完整性管理工作仍然存在盲区和不足。一方面，我国早期建设的油气输送管道，受建设时期技术的局限性，存在一定程度的制造质量问题，再加上接近服役后期，各类制造缺陷、腐蚀缺陷的发展使管道处于接近失效的临界状态，进入"浴盆曲线"末端的事故多发期；另一方面，新建管道普遍采用高钢级、高压力、大口径，建设相对比较集中，失效模式、机理等存在认知不足，高钢级焊缝力学行为引起的失效未得到有效控制，缺乏高钢级完整性核心技术，管道环向漏磁及裂纹检测、高钢级完整性评价、灾害监测预警特别是当今社会对人的生命安全、环境保护越来越重视，油气输送管道所面临的形势依然严峻。

《管道完整性管理技术丛书》针对我国企业管道完整性管理的需求，按照GB 32167—2015《油气输送管道完整性管理规范》的要求编写而成，旨在解决管道完整性管理过程的关键性难题。本套丛书由中国石油大学（北京）牵头组织，联合国家能源局、中国石油和化学工业联合会、中国石油学会、NACE 国际完整性技术委员会以及相关油气企业共同编写。丛书共计 10 个分册，包括《管道完整性管理体系建设》《管道建设期完整性管理》《管道风险评价技术》《管道地质灾害风险管理技术》《管道检测与监测诊断技术》《管道完整性与适用性评价技术》《管道修复技术》《管道完整性管理系统平台技术》《管道完整性效能评价技术》《管道完整性安全保障技术与应用》。本套丛书全面、系统地总结了油气管道完整性管理技术的发展，既体现基础知识和理论，又重视技术和方法的应用，同时书中的案例来源于生产实践，理论与实践结合紧密。

本套丛书反映了油气管道行业的需求，总结了油气管道行业发展以及在实践中的新理论、新技术和新方法，分析了管道完整性领域面临的新技术、新情况、新问题，并在此基础上进行了完善提升，具有很强的实践性、实用性和较高的理论性、思想性。这套丛书的出版，对推动油气管道完整性技术进步和行业发展意义重大。

"九层之台，始于垒土"，管道完整性管理重在基础，中国石油大学（北京）领衔之团队历经二十余载，专注管道安全与人才培养，感受之深，诚邀作序，难以推却，以序共勉。

中国工程院院士

前　言
FOREWORD

截至 2018 年年底，我国油气管道总里程已达到 13.6 万公里，管道运输对国民经济发展起着非常重要的作用，被誉为国民经济的能源动脉。国家能源局《中长期油气管网规划》中明确，到 2020 年中国油气管网规模将达 16.9 万公里，到 2025 年全国油气管网规模将达 24 万公里，基本实现全国骨干线及支线联网。

油气介质的易燃、易爆等性质决定了其固有危险性，油气储运的工艺特殊性也决定了油气管道行业是高风险的产业。近年来国内外发生多起油气管道重特大事故，造成重大人员伤亡、财产损失和环境破坏，社会影响巨大，公共安全受到严重威胁，管道的安全问题已经是社会公众、政府和企业关注的焦点，因此对管道的运营者来说，管道运行管理的核心是"安全和经济"。

《管道完整性管理技术丛书》主要面向油气管道完整性，以油气管道危害因素识别、数据管理、高后果区识别、风险识别、完整性评价、高精度检测、地质灾害防控、腐蚀与控制等技术为主要研究对象，综合运用完整性技术和管理科学等知识，辨识和预测存在的风险因素，采取完整性评价及风险减缓措施，防止油气管道事故发生或最大限度地减少事故损失。本套丛书共计 10 个分册，由中国石油大学（北京）牵头组织，联合国家能源局、中国石油和化学工业联合会、中国石油学会、NACE 国际完整性技术委员会、中石油管道有限公司、中国石油管道公司、中国石油西部管道公司、中国石化销售有限公司华南分公司、中国石化销售有限公司华东分公司、中国石油西南管道公司、中国石油西气东输管道公司、中石油北京天然气管道公司、中油国际管道有限公司、广东大鹏液化天然气有限公司、广东省天然气管网有限公司等单位共同编写而成。

《管道完整性管理技术丛书》以满足管道企业完整性技术与管理的实际需求为目标，兼顾油气管道技术人员培训和自我学习的需求，是国家能源局、中国石油和化学工业联合会、中国石油学会培训指定教材，也是高校学科建设指定教材，主要内容包括管道完整性管理体系建设、管道建设期完整性管理、管道风险评价、管道地质灾害风险管理、管道检测与监测诊断、管道完整性与适用性评价、管道修复、管道完整性管理系统平台、管道完整性效能评价、管道完整性安全保障技术与应用，力求覆盖整个全生命周期管道完整性领域的数据、风险、检测、评价、审核等各个环节。本套丛书亦面向国家油气管网公司及所属管道企业，主要目标是通过夯实管道完整性管理基础，提高国家管网油气资源配置效率和安全管控水平，保障油气安全稳定供应。

《管道建设期完整性管理》结合管道工程建设期完整性管理的要求和近几年管道建设实例，针对管道建设期数据采集要求，以及数据采集的工程实践需求，提出管道设计、施工应重视和改进的核心技术问题，详细阐述了管道建设期标准、管道建设期立项评价、管道建设期完整性失效控制导则、管道建设期风险管控、管道设计与完整性管理、管道工程设计基础、管道寿命判废处理等内容。

《管道建设期完整性管理》进一步明确了管道建设阶段作为管道全生命周期的重要一环，建设质量的优劣和所处环境条件是管道运行期管理的基础，其很大程度上决定了运行维护条件的优劣和管道能否安全平稳运行，明确提出了做好建设期的风险管理、从源头上识别和削减风险至关重要。

《管道建设期完整性管理》由董绍华主编，魏东吼、王立昕、赖少川、黄文尧为副主编，可作为各级管道管理与技术人员研究与学习用书，也可作为油气管道管理、运行、维护人员的培训教材，还可作为高等院校油气储运等专业本科生、研究生教学用书和广大石油科技工作者的参考书。

由于作者水平有限，错误和不足之处在所难免，恩请广大读者批评指正。

目 录
CONTENTS

第1章 概　　述

1.1　管道失效统计分析

油气管道是国家能源的"命脉"，我国油气管道当前总里程已达到 $13.6 \times 10^4 \mathrm{km}$，到2025年全国油气管网规模将达 $24 \times 10^4 \mathrm{km}$。油气管道输送介质具有易燃易爆的特点，随着管线运行时间的增加，由于管道材质问题或施工期间造成的损伤，以及管道运行期间第三方破坏、腐蚀损伤或穿孔、自然灾害、误操作等因素造成的管道泄漏、穿孔、爆炸等事故时有发生。近年来国内外发生多起油气管道重特大事故，造成重大人员伤亡、财产损失和环境破坏，社会影响巨大，公共安全受到严重威胁，管道的安全问题已经是社会公众、政府和企业关注的焦点。

通过对近年来发生的 200 多起管道燃爆事故进行的统计分析，初步掌握了管道燃爆事故的易发时间、类型、传输介质和事故原因，重点分析了环焊缝开裂事故的主要原因。由于大多数油气管道是由纵环焊缝连接而成，在设计、制造、检验及标准等方面均存在一些差异，大量实践已证明油气管道的薄弱环节是管道的环焊缝，绝大多数事故都起因于此。为了确保油气管道的施工质量和安全使用，从根本上讨论油气管道环焊缝所存在的不足，对其进行分析并有针对性地采取相应措施是很有必要的。

同时，从完整性管理的角度出发，对管道安全事故暴露出的主要问题进行总结，寻找出管道企业安全生产管理与现行制度、监管、技术等之间存在的不适应，提出改进建议和措施。

1.2　管道安全事故统计分析

选取欧美等发达国家以及我国国内包括中石油管道有限公司所辖长输管道等一系列管道(见表 1-1)进行失效情况和失效原因分析，对我国正在开展的管道隐患整治和管道保护工作具有借鉴作用。

表 1-1　调研选取组织机构

序号	组织/公司	管道介质
1	美国管道和危险材料安全管理局(PHMSA)	原油、成品油、天然气
2	欧洲气体管道事故数据组织(EGIG)	天然气
3	加拿大阿尔伯特能源与公共事业委员会(AER)	原油、天然气
4	英国陆上管道运营协会(UKOPA)	天然气
5	中石油管道有限公司	原油、成品油、天然气

1.2.1 美国管道安全事故

截至 2015 年，美国油品管道约为 $21×10^4 km$，天然气管道约为 $48×10^4 km$，是世界上拥有管道里程最长的国家。其管道和危险材料安全管理局（PHMSA）所管理的管道失效数据库，定期更新发布近 20 年来的管道失效统计数据及每起失效的详细信息。

1. 失效率

近年来，美国油品管道年失效率保持在 $0.4~0.6$ 次/$(10^3 km·a)$（见图 1-1），天然气管道年失效率由 0.04 次/$(10^3 km·a)$ 振荡攀升至 0.14 次/$(10^3 km·a)$（见图 1-2）。

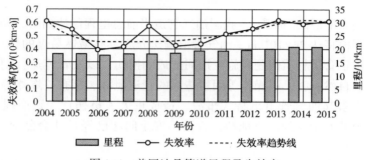

图 1-1　美国油品管道里程及失效率

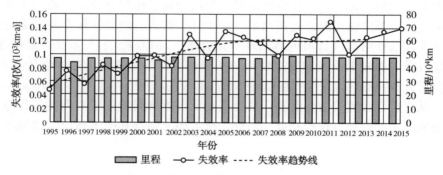

图 1-2　美国天然气管道里程及失效率

2. 失效原因

统计分析 2010 年以来美国 432 起油品管道事故和 238 起天然气管道事故，排名前三位的失效原因分别为腐蚀（107 起，占 25%）、管体/焊缝材料失效（96 起，占 22%）和设备失效（75 起，占 17%）；管体/焊缝材料失效（56 起，占 24%）、开挖损伤（52 起，占 22%）和腐蚀（43 起，占 18%）。

1）腐蚀

腐蚀是油品管道失效的首要因素，在气体管道失效因素中排在第 3 位。腐蚀失效中外腐蚀因素占 60% 以上，主要以电偶腐蚀为主，内腐蚀主要以微生物腐蚀为主。

2）管体/焊缝材料失效

管体/焊缝材料失效是管道失效的又一重要因素，其中现场施工（包括现场环焊缝焊接、管体划伤、回填凹坑等）是导致管体/焊缝失效的主要原因，占比在 50% 以上。

3）开挖损伤

开挖损伤占油品管道失效的15%，占天然气管道失效的22%。开挖损伤中，第三方开挖损伤占比最大（见图1-3），主要原因为one-call（开挖呼叫）系统使用不当和开挖活动伤害。

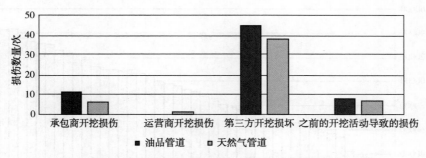

图1-3 美国油气管道开挖损伤导致失效情况

4）自然外力

土体移动（包括地震、冻胀融沉、沉降、滑坡等）和暴雨洪水（包括泥石流、极端天气等）是主要因素（见图1-4）。

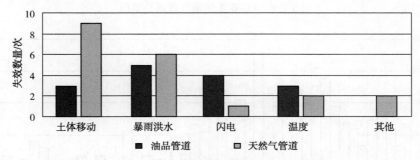

图1-4 美国油气管道自然外力导致失效情况

5）误操作

在所有已知的误操作失效因素中，设备未正确安装占比较大（见图1-5）。

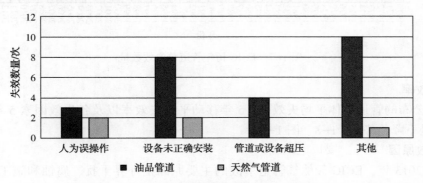

图1-5 美国油气管道误操作导致失效情况

1.2.2 欧洲管道安全事故

截至 2013 年，欧洲气体管道事故数据组织（EGIG）管理的欧洲输气管道总里程为 143727km（见图 1-6）。自 1970 年以来，历年管道事故数量呈下降趋势（见图 1-7）。

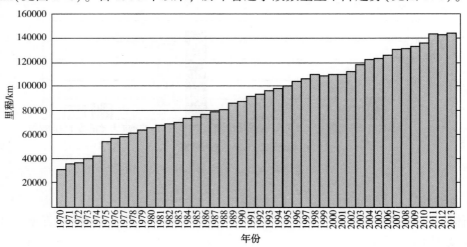

图 1-6 EGIG 历年输气管道总里程

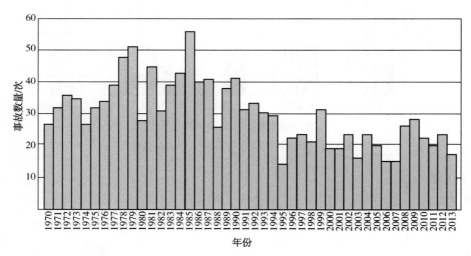

图 1-7 EGIG 历年管道总失效数量

1. 失效率

EGIG 公布的管道整体平均失效率、5 年移动平均失效率以及各失效因素 5 年移动平均失效率均呈下降趋势（图 1-8、图 1-9）。

2. 失效原因

2004~2013 年，EGIG 天然气管道事故的主要原因是外界干扰、腐蚀和施工缺陷/材料失效，分别占事故原因的 35%、24%、16%。主要失效形式为针孔、裂纹（见图 1-10）。

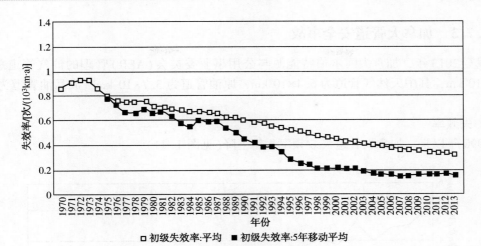

图 1-8 EGIG 管道失效频率

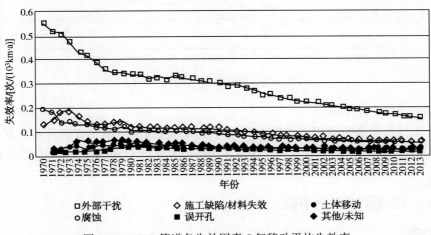

图 1-9 EGIG 管道各失效因素 5 年移动平均失效率

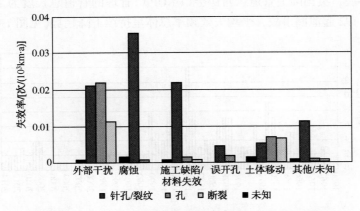

图 1-10 EGIG 管道各失效因素失效率(含失效类型)

1.2.3　加拿大管道安全事故

截至 2013 年，加拿大阿尔伯特能源与公用事业委员会（AER）管理的油气管道总长为 11.6×10⁴km，其中天然气管道为 6.4×10⁴km，原油管道为 3.7×10⁴km，成品油管道为 1.5× 10⁴km。

1. 失效率

1990 年以来，加拿大管道失效频率逐年下降（见图 1-11）。

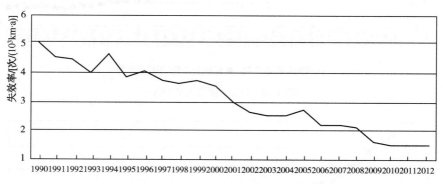

图 1-11　加拿大历年管道失效率

2. 失效原因

原油、天然气管道失效原因按比例高低均分别为内腐蚀、第三方破坏和外腐蚀。其中，原油管道失效原因占比分别为 21%、20%、16%；天然气管道失效原因占比分别为 53%、15%、12%。

1.2.4　英国管道安全事故

1. 失效率

截至 2014 年底，英国陆上管道运营协会（UKOPA）管理的管道总长度为 22409km。1962~ 2014 年共记录了 192 起泄漏事故，平均失效频率总体呈持续下降趋势（见图 1-12 和图 1-13）。

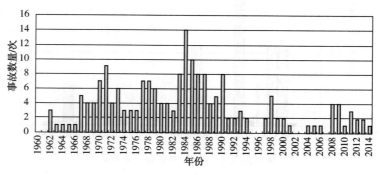

图 1-12　UKOPA 历年管道失效数量

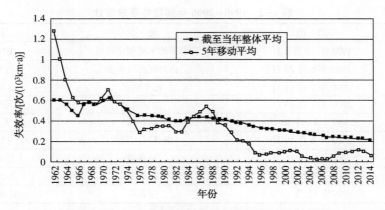

图 1-13 UKOPA 管道整体和 5 年移动平均失效频率

2. 失效原因

主要失效原因包括外腐蚀、外部干扰和环焊缝缺陷。管体缺陷和制管焊缝缺陷导致的失效在近 5 年(2010~2014 年)没有发生(见图 1-14),这与制管水平的提高有较大关系。

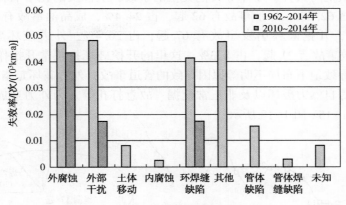

图 1-14 UKOPA 各失效因素的失效率

外部腐蚀失效主要发生在老旧、薄壁(<5mm)管道上,失效管道防腐层类型按大小比例依次为沥青、聚乙烯和煤焦油,熔结环氧未报告失效。外部干扰失效主要发生在郊区和城乡接合处小口径(<245mm)、薄壁(<5mm)管上。环焊缝缺陷失效主要发生在 1985 年以前建设的管道上。

1.2.5 世界范围其他管线事故分析

1992 年 4 月 22 日,墨西哥第二大城市瓜达拉哈拉发生了一系列地下油气管道爆炸事故,造成 200 多人死亡、1470 人受伤、许多人失踪,1124 座住宅、450 多家商店、600 多辆汽车、8 公里长的街道以及通信和输电线路被毁坏。此外,受经济利益驱使,尼日利亚盗油事件引发的管线事故也居高不下,仅 1998~2006 年间可检索到的油气管道爆炸事故就有近 10 起(见表 1-2)。

表 1-2　1998~2006 年间爆炸事故统计

序号	时　　间	地　　点	主要损失
1	1998 年 10 月 8 日	南部德尔塔州杰西村	1082 人死亡
2	1999 年 6 月 25 日	南部阿库特奥多	15 人死亡
3	2000 年 7 月 11 日	瓦里油田	近 300 人死亡
4	2000 年 7 月 23 日	瓦里油田	共发生两次爆炸
5	2000 年 11 月 30 日	拉各斯	死亡 60 人
6	2003 年 6 月 19 日	南部阿比亚州	125 人死亡
7	2004 年 9 月 16 日	拉各斯	近 50 人死亡
8	2006 年 5 月 12 日	拉各斯	近 200 人死亡
9	2006 年 12 月 26 日	拉各斯	近 850 人死亡

　　对可检索到的 2013 年发生的 254 起管道事故数据进行统计分析，从时间分布来看，7月、8月、10月和11月是事故高发月份，分别发生了 27、28、26 和 38 起事故；从事故类型来看，泄漏、爆炸和火灾事故比例分别为 70.1%、20.9% 和 7.1%，占全部事故类型的98%，火灾、爆炸事故多数是由管道内易燃介质泄漏后遇点火源导致，这里的泄漏事故特指经应急处置未演变为火灾、爆炸等其他类型的事故；从涉及的化学品种类来看，天然气事故有 159 起，占 62.6%，原油事故有 62 起，占 24.4%，成品油事故有 14 起，占 5.5%；从事故成因来看，开挖破坏引发事故有 67 起，占 26.4%，外力破坏事故有 53 起，占20.9%，材料失效事故有 21 起，占 8.3%，这里的开挖破坏指正常开挖作业期间由于野蛮操作、管道改造导致地下布局不明等原因导致的管道事故，外力破坏是指由于地震、闪电、洪水、温度骤变等自然力破坏以及非正常挖掘、故意打孔等人为外力造成的管道事故。统计分析结果如图 1-15~图 1-18 所示。

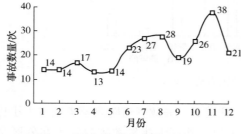

图 1-15　长输管道事故月度分布

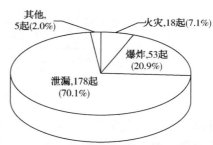

图 1-16　长输管道事故类型所占比例

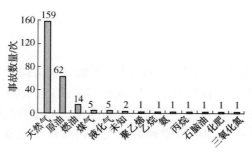

图 1-17　长输管道事故化学品分布

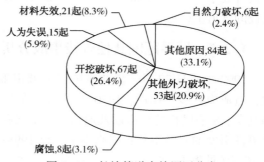

图 1-18　长输管道事故原因分布

1.2.6 中国石油管道安全事故

截至 2015 年 6 月，中石油管道有限公司所辖 5 家地区公司油气长输管道总里程为 5.3×10^4 km。

1. 失效率

2006 ~ 2015 年，管道总体失效率稳中有降（见图 1-19 和图 1-20）。

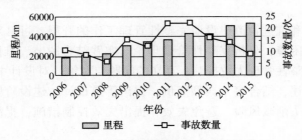

图 1-19 中国石油管道里程及失效数量

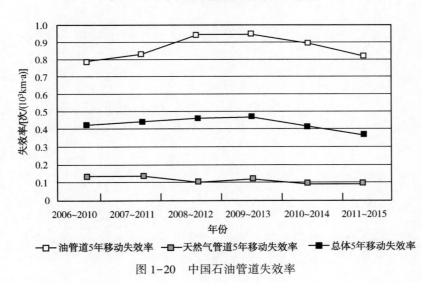

图 1-20 中国石油管道失效率

2. 失效原因

2006 ~ 2015 年共发生管道泄漏事件 134 起，人为的第三方破坏是最主要的失效因素，制造缺陷次之，设计与施工质量居第三位，占比分别为 34%、19%、16%。

1.3　建设期完整性管理的重要性

通过以上数据统计可知，设计与建设期施工质量问题造成的管道失效仍然占比较大，如何加大建设期完整性管理是控制管道失效的重要内容。管道完整性管理是一个以管道安全、设施完整性、可靠性为目标并持续改进的系统管理体系，其内容涉及管道的设计、施工、运行、监控、维修、变更、质量控制的全过程，并贯穿管道整个生命周期，其中建设期作为风险削减的源头尤为重要。

　　管道设计阶段是完整性管理第一道防线，据统计，管道运行后的 50% 风险均可通过设计消除，管道设计阶段的质量是关乎管道全生命周期的重要因素。近年来，设计阶段出现错误或标准执行过低，如壁厚不达标、设计刚度过低，引起振动较大，产生配管开裂，设计阶段没有考虑排流措施，引起管道直流干扰腐蚀现象，这些问题时有发生，已经成为管道全生命周期的短板。如何修复这个短板，使短板变长，长板更长，这是我们今后工作的重点。

　　为了进一步加强和推进管道建设期完整性管理工作的开展，可针对目前中国管道完整性管理建设期实施的困境，分析完整性管理理论与实践结合脱节、难以推进的问题，重点分析管道设计阶段完整性管理失效控制上存在的问题与对策，对设计中的新技术、新标准、新方法的使用进行阐述，结合多个典型案例，提出管道设计、建设阶段资产完整性保障技术措施和要求，从源头削减风险、避免失效，提出失效控制措施，提高完整性管理抗风险的能力和水平。

第 2 章　国内外管道设计主要标准比较

2.1　国内外主要标准内容简介

ASME B31 系列标准是由美国机械工程师学会(The American Society of Mechanical Engineers，ASME)B31 分委员会编写的管道系列标准。其中，B31.3 所述工艺管道主要指炼油、化工、制药、纺织、造纸、半导体和制冷工厂的相关工艺装置和终端设备的管道；B31.4 所述液态烃和其他液体管道输送系统主要指工厂与终端设备间以及终端设备、泵站、调节站和计量站内输送液体产品的管道；B31.8 所述输气和配气管道系统主要指生产厂与终端设备(包括压气机、调节站和计量站)之间输送介质主要为气体产品的管道和集气管道。

2.1.1　《工艺管道》(AMSE B31.3)

主要内容包括：允许采用材料的技术条件和组件标准，包括尺寸要求和压力-温度额定级的资料；部件和组件(包括管道支架)的设计要求；对压力、温度变化和其他力产生的应力、反作用力、位移的评价和限制的要求与数据；材料、部件和连接方法的选用、应用导则与限制；管道制作、装配和安装要求；管道检查、检验和试验要求。

ASME B31.3 标准第IX章为高压管道的相关规则。高压是指超过 ASME B16.5 Class 2500 额定级所规定的设计温度和材料组别所允许的压力。

输油/气管道工程各站场内连接各工艺设备之间的管道，基本适用于 ASME B31.3 的正常工况。

2.1.2　《液态烃和其他液体管道输送系统》(AMSE B31.4)

主要内容包括：可采用的材料标准和零件标准，包括尺寸要求和压力-温度额定级的资料；部件和组件(包括管道支架)的设计要求；对压力、温度变化和其他力产生的应力、反作用力、位移的评价和限制的要求与数据；材料、部件和连接方法的选用、应用导则及限制；管道制作、装配和安装要求；管道检查、检验和试验要求；对公共安全关系重大的操作和维修规程；管道内部腐蚀、磨蚀和外部腐蚀保护措施。

输油管道工程各站场之间的集输油管道、外输油管道，适用于 ASME B31.4。相应的国内标准为 GB 50253《输油管道工程设计规范》。

2.1.3　《输气和配气管道系统》(AMSE B31.8)

主要内容包括：可采用的材料标准和元件标准，包括尺寸和力学性能要求；元件、组件的设计要求；对由压力温度变化和其他力引起的应力、反作用力、位移的评价和限制的要求与数据；材料、元件和连接方法的选用导则与限制；管道制作、装配和安装要求；管道检查、检验和试验要求；对公共安全关系重大的操作和维修规程；管道内外防腐措施。

输气管道工程各站场之间的集输气管道、注气管道及气外输管道，均适用于 ASME B31.8。相应的国内标准为 GB 50251《输气管道工程设计规范》。

2.1.4　《输气管道工程设计规范》(GB 50251)

主要内容包括：输气工艺设计和计算、线路的选择、地区等级的划分原则和强度系数的选取、管道敷设的方式、管道强度和稳定计算、输气站的设计原则、调压和计量设计、地下储气库的设施设计和地面工艺、监控与系统调度、节能环保安全卫生方面的要求等。

2.1.5　《输油管道工程设计规范》(GB 50253)

主要内容包括：输油工艺的设计和计算、管道敷设的方式、管道强度和稳定计算、输油管道附件及支撑件的机构设计、输油站工艺流程、防腐、站内的给排水和暖通空调的设计要求、监控与系统调度、通信、焊接与试压的要求、节能环保劳动安全卫生方面的要求等。

2.2　适用范围的对比

各标准适用范围对比见表 2-1。

表 2-1　各标准适用范围对比

标　准	输送介质	区　域	备　注
GB 50253	原油、成品油、液态液化石油气	陆上输油管道，包括新建、改扩建输油管道	输油工艺及配套设施
ASME B31.4	烃类、液化石油气、无水氨、CO_2、液态醇类等	路上、近海输送管道	不包括输送工艺、输油站
GB 50251	天然气、煤气	陆上新建、改扩建从气源外输送总站到用户门站间的陆上输气管道	输送工艺及配套设施
ASME B31.8	作为家用及工业用燃料的任何一种气体或混合气体，如天然气、煤气等	陆上、近海输送管道，配气管网	不包括输送工艺、输气站

2.3　设计计算的区别

ASME B31.4、ASME B31.8 标准关于承受内压的直管管道的壁厚计算规定如下：

钢管内压设计壁厚按下式计算：

$$t = \frac{p_i D}{2S} \tag{2-1}$$

直管段钢管的名义壁厚：
$$t_n \geq t + A \tag{2-2}$$

许用应力：
$$S = F \cdot E \cdot \sigma_s \qquad (2-3)$$

式中　p_i——设计内压（表压），MPa；

D——管道公称直径，mm；

A——按照 ASME B31.4 第 403.2.2 至 403.2.4 要求的螺纹、开槽和腐蚀裕量与第 403.1 规定的作为一种保护措施所增加的壁厚之和，mm；

F——强度设计系数；

E——焊缝系数；

σ_s——钢管的最低屈服强度，MPa。

GB 50253 标准关于承受内压的直管管道的壁厚计算规定如下：

输油管道直管的钢管壁厚按下式计算：

$$\delta = \frac{PD}{2[\sigma]} \qquad (2-4)$$

其中许用应力：
$$[\sigma] = K\phi\sigma_s \qquad (2-5)$$

式中　δ——钢管计算壁厚，mm；

P——设计内压，MPa；

D——钢管外径，mm；

$[\sigma]$——钢管许用应力，MPa；

K——设计系数，输送原油、成品油管道除穿跨越管段按 GB 50423 和 GB 50459 的规定取值外，输油站外一般地段取 0.72，输送液化石油气（LPG）按 GB 50253 附录 F 选取；

ϕ——焊缝系数；

σ_s——钢管的最低屈服强度，MPa。

GB 50251 标准关于承受内压的直管管道的壁厚计算规定如下：

输气管道直管段的钢管壁厚按下式计算：

$$\delta = \frac{PD}{2\sigma_s\phi Ft} \qquad (2-6)$$

式中　δ——钢管计算壁厚，mm；

P——设计压力，MPa；

D——钢管外径，mm；

σ_s——钢管的最低屈服强度，MPa；

ϕ——焊缝系数；

F——强度设计系数，应按 GB 50251 的表 4.2.3 和表 4.2.4 选取；

t——温度折减系数，当温度小于 120℃时，t 值应取 1.0。

以上是三个标准关于壁厚设计的计算方法。

壁厚计算公式中许用应力的区别：在许用应力的计算公式中，焊缝系数和设计系数的取值略有差异，导致许用应力的选取存在差异。

2.3.1　焊缝系数的区别

各标准中的焊缝系数见表 2-2 和表 2-3。

表 2-2   ASME B31.4、ASME B31.8 标准中的焊缝系数

标准号	管子类型	焊缝系数 E
ASTM A53	无缝	1.0
	电阻焊	1.0
	炉热对焊	0.6
ASTM A106	无缝	1.0
ASTM A134	电熔(弧)焊	0.8
ASTM A135	电阻焊	1.0
ASTM A139	电熔(弧)焊	0.8
ASTM A333	无缝	1.0
	电阻焊	1.0
ASTM A381	双面埋弧焊	1.0
ASTM A671	电熔焊	1.0
		0.8
ASTM A672	电熔焊	1.0
		0.8
API 5L	无缝	1.0
	电阻焊	1.0
	电感应焊	1.0
	埋弧焊	1.0
	炉热对焊，连续焊	0.6
未知	无缝	1.0
未知	电阻焊	1.0
未知	电熔焊	0.8
未知	>NPS4	0.8
未知	≤NPS4	0.6

表 2-3   GB 50251、GB 50253 标准中的焊缝系数

钢管标准	钢号或钢级	最低屈服强度 σ_s/MPa	焊缝系数 ϕ	备　注
《输送流体用无缝钢管》（GB/T 8163）	Q295	295(S≤16mm) 275(16mm<S≤30mm) 255(S>30mm)	1.0	S 为钢管的公称壁厚
	Q345	345(S≤16mm) 325(16mm<S≤30mm) 295(S>30mm)		
	20	245(S≤16mm) 235(16mm<S≤30mm) 225(S>30mm)		

续表

钢管标准	钢号或钢级	最低屈服强度 σ_s/MPa	焊缝系数 ϕ	备 注
《石油天然气工业 管线 输送系统用钢管》 （GB/T 9711）PSL1 钢管	L175　L175P	175		
	L210	210		
	L245	245		
	L290	290		
	L320	320		
	L360	360		
	L390	390		
	L415	415		
	L450	450		
	L485	485		
《石油天然气工业 管线 输送系统用钢管》 （GB/T 9711）PSL2 钢管	L245R　L245N　L245Q　L245M	245	1.0	—
	L290R　L290N　L290Q　L290M	290		
	L320N　L320Q　L320M	320		
	L360N　L360Q　L360M	360		
	L390N　L390Q　L390M	390		
	L415N　L415Q　L415M	415		
	L450Q　L450M	450		
	L485Q　L485M	485		
	L555Q　L555M	555		
	L625M	625		
	L690M	690		
	L830M	830		

2.3.2 许用应力计算公式中强度设计系数的区别

ASME 系列标准与 GB 系列标准在划分地区等级上规定相同，但在对应地区等级的具体规定上有所不同，设计系数基本相同，见表2-4。

表2-4 国内标准和国外标准强度设计系数的对比

标　　准	地区等级	设计系数 F	规　　定
ASME B31.8	一级一类地区	0.80	一级地区：任何 1.6km 范围内，少于 10 栋建筑或沙漠、戈壁、无人区等
	一级二类地区	0.72	
	二级地区	0.60	二级地区：任何 1.6km 范围内，10～46 栋建筑范围，位于城镇边缘地区、工业区等
	三级地区	0.50	三级地区：任何 1.6km 范围内，多于 46 栋建筑，位于乡镇区域，人口密度大
	四级地区	0.40	四级地区：情况较三级地区更为复杂，地下设施众多，交通繁忙，四层以上楼房林立，人口稠密区域

续表

标　准	地区等级	设计系数 F	规　　定
GB 50251	一级一类地区	0.8	一级一类地区：不经常有人活动及无永久性人员居住的区段
	一级二类地区	0.72	一级二类地区：户数在 15 户或以下的区段
	二级地区	0.60	二级地区：户数在 15 户以上 100 户以下的区段
	三级地区	0.50	三级地区：户数在 100 户或以上的区段，包括市郊居住区、商业区、工业区、规划发展区以及不够四级地区条件的人口稠密区
	四级地区	0.40	四级地区：四层及四层以上楼房（不计地下室层数）普遍集中、交通频繁、地下设施多的区段

对比壁厚计算公式，有以下认识：

ASME 标准中的许用应力系数 F 是以公称壁厚为基础的设计系数。在确定设计系数的过程中，已经考虑了本标准用材料标准中提供的壁厚负偏差和最大允许缺陷深度等因素，并为此增加了裕量。GB 50251、GB 50253 标准中强度设计系数取 0.72，根据工况和使用场所的不同，用户可以选择小于 0.72 的值，其中钢管的厚度负偏差、最大允许缺陷深度在设计系数 F 中已经包含，因此在计算壁厚时不需要另行考虑负偏差。在 ASME 标准中，常用钢管的许用应力值均已给出，该许用应力表也是考虑了负偏差后的许用应力，可以直接代入公式中进行计算。在 GB 50251、GB 50253 标准中，没有更多关于设计系数的解释，根据应用实际，同样应该包含了钢管的负偏差。对于输油管道中以负偏差状态提供的钢管，由于负偏差捆绑在设计系数 F 中不作单独考虑，而输油管道钢管圆整到名义厚度的圆整量有限，因此，在这种情况下，设计者对这种钢管进行校核计算时，需要慎重。

2.4　设　计　压　力

GB 50251、GB 50253 标准中增加了反输情况。由于我国不少输油管道设置反输流程，因此应考虑两种输送条件下的最高稳态操作压力。ASME B31.4、ASME B31.8 标准无此方面考虑。

2.5　线　　　路

2.5.1　线路选择

1. 输气管道

ASME B31.8 和 ASME B31.4 中无相关规定。

GB 50251 规定：线路走向应根据地形、工程地质、沿线主要进气、供气点的地理位置以及交通运输、动力等条件，经多方案对比后确定。

2. 输油管道

ASME B31.4 规定：定线选线宜尽可能不冒由于将来工业或城市发展，从而侵占路权这种风险的可能性。

GB 50253 规定：根据工程建设的目的和市场需要，结合沿线城市、工矿企业、水利等建设现状和规划，以及途经地区的地形、地貌、地质、水文等自然条件，在运营安全和施工便利的前提下，通过综合分析和技术经济比较后确定线路总走向。

由此可见，GB 50253 在线路选择的综合分析比较方面比 ASME B31.4 规定更具有可操作性和可持续发展的潜力。

2.5.2　地区等级划分

1. 总体划分、设计系数

1）输气管道

ASME B31.8 规定：将地区划分为四个等级，将一级地区又划分为一类和二类，设计系数将一级一类地区提升到 0.8，地区等级划分的标准为建筑物数量，见表 2-5。

GB 50251 规定：将地区划分为四个等级，将一线地区又划分为一类和二类，设计系数将一级一类地区提升到 0.8，地区等级划分的标准为居民户数，见表 2-5。

表 2-5　GB 50251 和 ASME B31.8 输气管道等级划分

标准	地区等级	设计系数	超压许可	居民（建筑物）密度指数	阀室间距/km
GB 50251	一级一类	0.8	$P \leq 1.8MPa$，$P_0 = P + 0.18$	≤15/（2km×0.4km）	32
	一级二类	0.72			
	二级	0.6	$1.8MPa < P \leq 7.5MPa$	<100/（2km×0.4km）	24
	三级	0.5	$P_0 = 1.1P + 0.18MPa$	≥100/（2km×0.4km）	16
	四级	0.4	$P > 7.5MPa$，$P_0 = 1.05P$	4层及以上楼房/（2km×0.4km）	8
ASME B31.8	一级一类	0.8	不得超过最大允许操作压力的10%或小于屈服极限的75%	≤10/（1.6km×0.4km）	32
	一级二类	0.72		≤10（1.6km×0.4km）	32
	二级	0.6		<46（1.6km×0.4km）	24
	三级	0.5		≥46（1.6km×0.4km）	16
	四级	0.4		4层及以上楼房/（1.6km×0.4km）	8

居民（建筑物）密度指数的划分范围及密度也有所不同。GB 50251 规定"沿管道中心线两侧各200m 范围内，任意划分成长度为 2km 并能包括最大聚居户数的若干地段"。ASME B31.8 规定"沿管线走向划一条以管线为中心线的1/4 英里宽的地带，沿管线将该地带任意划分成长度为 1 英里的许多地带内将包括最大数量供人居住的建筑物"。

2）输油管道

ASME B31.4 无相关规定。

GB 50253 规定：地区等级的划分及设计系数与 GB 50251 规定相同。

2. 特殊地区管道设计系数

1）输气管道

ASME B31.8 规定的管道设计系数见表 2-6。

表 2-6　ASME B31.8 规定的输气管道设计系数

设　　施		设计系数 F				
		一级地区		二级地区	三级地区	四级地区
		一类	二类			
管线、总管及支线		0.8	0.72	0.6	0.5	0.4
无管道穿越道路、铁路	私人道路	0.8	0.72	0.6	0.5	0.4
	没有坚实路面的公共道路	0.6	0.6	0.6	0.5	0.4
	有硬路面的道路、公路或公共街道和铁路	0.6	0.6	0.6	0.5	0.4
有管道穿越道路、铁路	私人道路	0.8	0.72	0.6	0.5	0.4
	没有坚实路面的公共道路	0.72	0.72	0.6	0.5	0.4
	有硬路面的道路、公路或公共街道和铁路	0.72	0.72	0.6	0.5	0.4
没有道路和铁路敷设的管线和集管	私人道路	0.8	0.72	0.6	0.5	0.4
	没有坚实路面的公共道路	0.8	0.72	0.6	0.5	0.4
	有硬路面的道路、公路或公共街道和铁路	0.6	0.6	0.6	0.5	0.4
预制组装件		0.6	0.6	0.6	0.5	0.4
桥梁上的管线		0.6	0.6	0.6	0.5	0.4
压力/流量控制和测量设备		0.6	0.6	0.6	0.5	0.4
压缩机站管道		0.5	0.5	0.5	0.5	0.4
一级和二级地区内人群聚集的附近地带		0.5	0.5	0.5	0.5	0.4

GB 50251 规定：穿越铁路、公路和人群聚集场所的管段和输气站内管道的强度设计系数应符合表 2-7 的规定。

表 2-7　GB 50251 规定的输气管道设计系数

管道及管段	设计系数 F				
	一级地区		二级地区	三级地区	四级地区
	一类	二类			
有套管穿越Ⅲ、Ⅳ级公路的管段	0.72	0.72	0.6	0.5	0.4
无套管穿越Ⅲ、Ⅳ级公路的管段	0.6	0.6	0.5	0.5	0.4
有套管穿越Ⅰ、Ⅱ级公路及高速公路、铁路的管段	0.6	0.6	0.5	0.5	0.4
输气站内管道及其上下游各 200m 管道，截断阀室管道及其上下游各 50m 管道(其距离从输气站和截断阀室边界线算起)	0.5	0.5	0.5	0.5	0.4

对比表 2-6 和表 2-7，可发现 ASME B31.8 中不同情况及地区的设计系数更为详细、具体。

2）输油管道

GB 50253 规定：输油管道线路站外一般选取 0.72，城镇中心区商业区规划区、人群聚集场所的管段一般选取 0.6，液态液化石油气(LPG)穿越铁路、公路、人群聚居场所以及管道站内管段的强度设计系数应符合表 2-8 的规定。

表 2-8　GB 50253 规定的穿越铁路、公路、人群聚居场所及 LPG 站内的管段强度设计系数

管道及管段	设计系数 K			
	一级地区	二级地区	三级地区	四级地区
有套管穿越Ⅲ、Ⅳ级公路的管段	0.72	0.6	0.5	0.4
无套管穿越Ⅲ、Ⅳ级公路的管段	0.6	0.5	0.5	0.4
有套管穿越Ⅰ、Ⅱ级公路、高速公路、铁路的管段	0.6	0.6	0.5	0.4
LPG 站内管道及其上下游各 200m 管段、人群聚集场所的管段	0.4	0.4	0.4	0.4

ASME B31.4 无相关规定。

3. 发展规划划分

对于输气管道：

ASME B31.8 中规定：对于操作应力大于 40% 最低屈服强度条件下操作的现役管道，应进行连续监视，确定是否增加了准备住人的建筑物，并计算确定地区等级。当准备住人的建筑物数量增加时，必须判断操作应力水平、巡线周期、阴极保护要求方面作出的改变。当准备住人的建筑物数量增至或接近表 2-9 列出的范围上限，并且其程度达到似乎改变地区等级时，应在预计增加的 6 个月内进行研究。

表 2-9　地区等级

原有①		现有		最大允许操作压力
地区等级	建筑物数量	地区等级	建筑物数量	
一级一类	0~10	一级	11~25	以前的最大允许操作压力，单不大于 80%$SMYS$
一级二类	0~10	一级	11~25	以前的最大允许操作压力，单不大于 72%$SMYS$
一级	0~10	二级	26~45	0.800×试验压力，单不大于 72%$SMYS$
一级	0~10	二级	46~65	0.667×试验压力，单不大于 60%$SMYS$
一级	0~10	三级	66+	0.800×试验压力，单不大于 60%$SMYS$
一级	0~10	四级	见下注②	0.555×试验压力，单不大于 50%$SMYS$
二级	11~45	二级	46~65	以前的最大允许操作压力，单不大于 60%$SMYS$
二级	11~45	三级	66+	0.667×试验压力，单不大于 60%$SMYS$
二级	11~45	四级	见下注②	0.555×试验压力，单不大于 50%$SMYS$
三级	46+	四级	见下注②	0.555×试验压力，单不大于 50%$SMYS$

① 在设计及施工时期。

② 多为多层建筑。

GB 50251 规定：设计阶段"当一个地区的发展规划足以改变地区的现有等级时，应按发展规划划分地区等级"。

ASME B31.8 标准相比 GB 50251 在建筑物数量和允许操作压力方面更加具体、量化，更适用于管道设计施工的实际情况。

2.5.3　管道敷设

1. 输气管道

ASME B31.8 规定：埋地管线的覆盖层一般为 12~36in（即 0.3~0.9m），见表 2-10。

表 2-10　覆盖层厚度

地区等级	覆盖层厚度/in		
	正常挖沟	岩石挖沟①	
		管径等于或小于 NPS20	管径大于 NPS20
一级	24	12	18
二级	30	18	18
三级和四级	30	24	24
位于公共道路、铁路穿越处的排水沟(所有地区)	36	24	24

① 指需进行爆破的挖沟。

GB 50251 规定:埋地管道覆土层最小厚度为 0.5~0.8m,见表 2-11。在不能满足要求的覆土厚度或外荷载过大、外部作业可能危及管道之处,均应采取保护措施。

表 2-11　最小覆土层厚度

地区等级	最小覆土层厚度①②/m		
	土壤类		岩土类
	旱地	水田	
一级	0.6	0.8	0.5
二级	0.6	0.8	0.5
三级	0.8	0.8	0.5
四级	0.8	0.8	0.5

① 对需平整的地段应按平整后的标高计算。
② 覆土层厚度应从管顶算起。

ASME B31.8 相比 GB 50251 详细到位于公共道路、铁路穿越处的排水沟(所有地区)以及管径不同时岩石挖沟的覆盖层厚度。

2. 输油管道

ASME B31.4 规定:凡是埋地的管线应安装在正常的耕种深度以下,并具有不小于表2-12所示的最小覆盖层厚度。在不能满足表 2-12 中规定的覆盖厚度的地方,管子的覆盖层可以减薄,但应采取附加措施,以便承受预期的外部载荷,避免外力对管子的损伤。

表 2-12　最小覆土层厚度

线路位置	最小覆盖层厚度/in(m)	
	一般挖方	需要爆破或用类似方法开挖的石方
常见耕田或地下松土的耕地、农业区	48(1.2)	—
工业、商业区和居住区	48(1.2)	30(0.75)
穿越河流和溪流	48(1.2)	18(0.45)
道路或铁路处的排水	48(1.2)	30(0.75)
所有其他区域	36(0.9)	18(0.45)

GB 50253 规定：埋地管道的埋设深度，应根据管道所经地段的农田耕作度、冻土深度、地形和地质条件、地下水深度、地面车辆所施加的荷载及管道稳定性的要求等因素，经综合分析后确定。一般情况下管顶的覆土层厚度不应小于 0.8m。在岩石地区或特殊地段，可减少管顶覆土厚度，但应满足管道稳定性的要求，并应考虑油品性质的要求和外力对管道的影响。

GB 50253 相较于 ASME B31.4 在覆盖层厚度方面的规定较宽泛，而 ASME B31.4 在实际应用中则显得更具有可操作性。

2.6 管线与其他构筑物的间距

2.6.1 输气管道

ASME B31.8 规定：①任何埋地管线与任何不用于同该管线相接的其他地下构筑物之间，若有可能，至少应有 6in(0.15m) 的间距。当不能满足这一间距时，应采取保护总管的预防措施，例如安装套管、跨桥或绝缘材料。②任何埋地总管与任何不用于同该总管相接的其他地下构筑物之间，若有可能，至少应有 2in(0.05m) 的间距。当不能满足这一间距时，应采取保护总管的预防措施，例如安装绝缘材料或套管。

GB 50251 规定：埋地管道与建(构)筑物的间距应满足施工和运行管理需求，且管道中心线与建(构)筑物的最小距离不应小于 5m。需满足：①输气管道与其他管道交叉时，其垂直净距不应小于 0.3m。当小于 0.3m 时，两管间应设置坚固的绝缘隔离物；管道在交叉点两侧各延伸 10m 以上的管段，应采用相应的最高绝缘等级。②管道与电力、通信电缆交叉时，其垂直净距不应小于 0.5m。交叉点两侧各延伸 10m 以上的管段，应采用相应的最高绝缘等级。

2.6.2 输油管道

ASME B31.4 规定：在施工前应确定与管沟走向相交叉的地下构筑物的位置，以防损坏此类构筑物。在埋地的管子或部件外侧与其他构筑物端点之间，至少应有 12in(0.3m) 的间隙，距排水瓦管的最小间隙应为 2in(50mm)。

GB 50253 规定：当埋地输油管道同其他埋地管道或金属构筑物交叉时，其垂直净距不应小于 0.3m；管道与电力、通信电缆交叉时，其垂直净距不应小于 0.5m，并应在交叉点处输油管道两侧各 10m 以上的管段和电缆采用相应的最高绝缘等级防腐层。

2.7 管沟宽度

2.7.1 输气管道

GB 50251 规定：管沟沟底宽度应根据管道外径、开挖方式、组装焊接工艺及工程地质等因素确定。

ASME B31.8 无相关规定。

2.7.2　输油管道

GB 50253 规定：管沟沟底宽度应根据管沟深度、钢管的结构外径及采取的施工措施确定。

ASME B31.4 无相关规定。

2.8　土　堤　埋　设

2.8.1　输气管道

GB 50251 规定：管道在土堤中的覆土厚度不应小于 0.6m；土堤顶部宽度应大于管道直径 2 倍且不得小于 0.5m。

ASME B31.8 无相关规定。

2.8.2　输油管道

GB 50253 规定：输油管道的径向覆土厚度不小于 1.0m，土堤顶宽不小于 1.0m。

ASME B31.4 无相关规定。

2.9　管　沟　回　填

2.9.1　输气管道

GB 50251 规定：管沟回填土应高出地面 0.3m。

ASME B31.8 无相关规定。

2.9.2　输油管道

GB 50253 规定：管沟回填土应高出地面 0.3m。

ASME B31.4 无相关规定。

2.10　截断阀设置

2.10.1　输油管道

ASME B31.4 规定：在主要河流和给水水库穿越工程的上游侧、干线泵站处、远控的管线设施上安装截止阀；在工商业区和居住区域内，若施工活动具有损伤管线的危险时，应按被输液体的类型确定安装干线阀的间距或位置。

GB 50253 规定：原油和成品油管道截断阀室间距不宜超过 32km，但人烟稀少的地区可加大距离。液化石油气(LPG)管道对截断阀室最大间距的规定见表 2-13。

表 2-13　阀室间距

标　准	地区等级	阀室间距/km
GB 50253	一级	32
	二级	24
	三级	16
	四级	8

ASME B31.4 与 GB 50253 相比并未直接确定截断阀室的间距。

2.10.2　输气管道

GB 50251 规定：天然气管道截断阀室间距与 GB 50253 规定的间距（见表 2-13）基本一致，但同时说明：如因地物、土地征用、工程地质或水文地质造成选址受限的可作调增，一、二、三、四级地区调增分别不应超过 4km、3km、2km、1km。

2.11　管　道　附　件

GB 50253 规定：管道附件不得采用铸铁件。

ASME B31.8 规定：①承受压力的零件不应采用铸铁或可锻铸铁，但 407.1(a)、407.1(b) 及 423.2.4(b) 中规定可用者除外；②400.1.2(b) 中注明的压力容器及其他设备，以及 400.1.2(g) 注明的专用设备上，可使用铸铁或可锻铸铁，但用来制造承受压力的零件，限用于使用压力不超过 250psi(17bar)。

GB 50253 对于管道附件的材料有更为严格的要求，更为安全，而 ASME B31.8 中则有所放宽，管道附件有可以使用铸铁的情况，这样降低了材料的成本，但是安全性也下降了。

2.12　站　　　场

2.12.1　输气管道压缩机站

ASME B31.8 规定：压缩机站内应该有气体检测和报警系统；压缩机站管线和设备的最大允许操作压力不超过 10%，压缩机站内的每个压缩机房都有固定的气体检测和报警系统。ASME B31.8 有关于气柜的设计标准。

GB 50251 规定：压气站宜设置分离过滤设备，处理后的天然气应符合压缩机组对固液含量的要求；压气站内的总压降不宜大于 0.25MPa；当压缩机出口气体温度高于下游设施、管道以及管道敷设环境允许的最高操作温度或为提高气体输送效率时，应设置冷却器；离心式压缩机应设置喘振检测及控制设施，同一压气站内的压缩机组宜选用同一压缩机型；每一台离心式压缩机组均应设天然气流量计量设施；压缩机组能耗宜采用单机计量；压缩机组进、出口管线上应设截断阀，截断阀宜布置在压缩机厂房外，其控制应纳入机组控制系统。GB 50251 详细地阐述了压缩机组的选型和配置。

2.12.2　输油管道站场

ASME B31.4 规定：

所有泵站、储罐区、集散油库、设备装置、管道及有关设施的建造应按施工技术说明书的要求进行。这类技术说明书包含合同所列各方面的工作内容，并应详细到足以确保符合本规范的要求。这类技术说明书应包括：土壤条件、基础及混凝土工程、钢构件制作、房屋建造、管道、焊接、设备及材料的详细资料、影响安全的各种施工因素以及可靠的工程实施细则。

位置方面为保证实施适当的安全措施，泵站、储罐区、集散油库宜设置在管线的永租地或租用的地产上。泵站、储罐区、集散油库应与附近不受公司控制的财产间具有适当的间距，以免从附近地产上的构筑物引来火灾。对于站内管汇、储罐、维修设施、住房等的相对位置，也应给予类似考虑。房屋及管汇周围应留有足够的空地，以便为维修设备及消防设备提供通道。泵站、储罐区、集散油库应设置围墙以免闲人侵入，并宜修建道路和门以便进出。

GB 50253 规定：

（1）必须根据有效的设计委托书或合同，按照国家对工程建设的有关规定，并结合当地城乡建设规划进行选址。

（2）应满足管道工程线路走向和路由的需要，满足工艺设计的要求；应符合国家现行的安全防火、环境保护、工业卫生等法律法规的规定；应满足居民点、工矿企业、铁路、公路等的相关要求。

（3）应贯彻节约用地的基本国策，合理利用土地，不占或少占良田、耕地，努力扩大土地利用率；贯彻保护环境和水土保持等相关法律法规。

（4）站场址应选定在地势平缓、开阔、避开人工填土和地震断裂带，具有良好的地形、地貌、工程和水文地质条件并且交通连接便捷、供电、供水、排水及职工生活社会依托均较方便的地方。

（5）选定站场址时，应保证站场有足够的生产、安全及施工操作的场地面积，并适当留有发展余地。

（6）应会同建设方和地方政府有关职能部门的代表，共同现场踏勘，多方案比较，合理确定具体位置和范围，形成文件，纳入设计依据。

站场方面 ASME B31.4 更注重在设计、施工、维护中的基本安全性，GB 50253 除安全外注重的是对环境的保护、地区规划、多方案经济性比较。

2.12.3　清管器

对于输油管道：

ASME B31.4 规定：安装在干线集散站上并和其他管道或汇管连接的清管器收发装置，必要时应有足够的混凝土锚固墩使其固定在地面以下，并在地面上适当支撑，以防止由于热胀冷缩产生的管线应力传至相接的设施上。

GB 50253 规定：线路截断阀室应保证通过内检测仪，清管设施的设置应符合下列规定：

（1）输油管道应设置清管设施。

（2）清管器出站端及进站端管线上应设置清管器通过指示器；设置清管器转发设施的站场，应在清管器转发设施的上游和下游管线上设置清管器通过指示器。

（3）清管器接收、发送筒的结构、筒径及长度应能满足通过清管器或检测器的要求。

（4）当输油管道直径大于DN500，且清管器总重超过45kg时，宜配备清管器提升设施。

（5）清管器接收、发送操作场地应根据一次清管作业中使用的清管器（包括检测器）数量及长度确定。

（6）清管作业清出的污物应进行集中收集处理。

2.13　防　　腐

2.13.1　相关的规范标准及适用范围

ASME B31.8列出了露天、埋地和水下金属管线和各种构件腐蚀控制方面的最低要求和规程，与ASME B31.4的不同之处在于除了钢质管道外还包括其他金属材料和酸气管线的腐蚀控制。

ASME B31.4规定了防止钢质管道及部件外部和内部腐蚀的最低要求和规程，主要涉及管道。

GB 50253要求腐蚀控制符合《埋地钢质管道阴极保护设计规范》（GB/T 21448）和《钢质管道及储罐腐蚀控制工程设计规范》（SY 0007，已作废，可参考执行）的规定。

2.13.2　防腐层

1. 输气管道

在新建管道方面，ASME B31.8规定：除埋地和大气中管道外，其他材料若经试验或经验证明管子或构件的安装环境具有显著的腐蚀性，则应考虑：①材质和/或构件几何形状的设计应能耐有害的腐蚀；②涂敷适当的涂层；③采取阴极保护。国标中并无此要求。对于已建管道，ASME B31.8中包括铸铁管等的评价、纠正措施、管道设施的要求和其他金属材料的要求等，而国标中不涉及铸铁管等材料。

2. 输油管道

ASME B31.4对防腐层要求：①应检查焊缝，伸出涂层的不规则处应予清除；②管道埋地前对管道涂层做目视检查和电火花测厚仪检查，对损坏处进行处理并复检；③如用电绝缘型涂层，应具有低吸湿性和高电阻的特点；④必须检查回填作业的质量、压实情况及物料的填筑，以防损坏管道的防腐涂层；⑤在涂有防腐层的管道连接口处，应除去所有因开口损坏的涂层，并将连接件连同管子一起涂敷上新涂层。

2.13.3　阴极保护

1. 输气管道

ASME B31.8要求除能用试验或经验证明不需要阴极保护及为短期使用而安装的设施

外，所有具有绝缘防腐层的埋地或水下设施在施工后应尽快实行阴极保护。GB/T 21448 只提到了阴极保护的适用场合：埋地油气长输管道、油气田外输管道和油气田内埋地集输干线管道应采用阴极保护；其他埋地管道宜采用阴极保护。阴极保护系统应有检查和监测设施。

GB/T 21448 规定：

（1）阴极保护电位宜满足本标准表 1 的要求。在管道寿命期内，应考虑管道周围介质电阻率变化对阴极保护电位的影响。

（2）管道防腐层的限制临界电位 E_1 不应比 -1.20V（CSE）更负，并应防止防腐层出现阴极剥离、起泡、管体氢脆现象。

（3）当本标准表 1 中的阴极保护准则无法达到时，可采用阴极电位负向偏移至少 100mV 的准则。

（4）交流干扰防护措施及防护效果应满足 GB/T 50698 的规定。

（5）直流干扰防护措施及防护效果应满足 GB 50991 的规定。

（6）同沟敷设并行管道、同期建设管径相同或相近的并行管道、阴极保护站合建的并行管道宜采用联合阴极保护。同沟敷设阴极保护站分建的并行管道以及非同沟敷设的并行管道宜分别实施阴极保护。

ASME B31.8 规定：

（1）施加保护电流所产生的负（阴极）电压偏移至少为 300mV。此电压在构筑物表面和接触电解质的饱和的铜-硫酸铜参比电极之间测得。此条电压偏移准则适用于不与非同类金属接触的构筑物。

（2）构筑物-电解质间的负电压至少应与 $E-\log I$ 曲线中 Tafel 段起始点原先确定的负电压（阴极）相同。此构筑物-电解质间的电压应在构筑物表面与接触电解质的饱和铜硫酸铜参比电极之间测得，并且应在为获得 $E-\log I$ 曲线而进行电压测量时的同一位置上进行。

（3）从电解质进入构筑物表面的净保护电流应该用土壤电流技术在预定的构筑物电流输出点（阳极）处测得。

（4）铝构筑物的阴极保护施加保护电流面产生的负（阴极）电压偏移最小为 150mV。该电压偏移是在构筑物表面与接触电解质的饱和铜硫酸铜参比电极之间测得。但不宜采用超过 1.20V 的电压。除非事前的试验结果表明在此特殊环境中不会产生显著的腐蚀。另外当自然环境中的 pH 值超过 8.0 时，为制止铝构筑物表面的坑蚀，在采用阴极保护之前宜进行仔细的研究或试验。

（5）非同类金属构筑物：在所有的构筑物表面与接触电解质的一个饱和铜-硫酸铜参比电极之间的负（阴极）电压宜保持其等于最易受腐蚀的阳极金属所要求的保护电压。如果含有两种不同性质金属组成的构筑物将因为强碱性而损坏，则宜采用绝缘法兰或者相当者将两种金属进行电绝缘。

（6）替代用的参比电极：其他标准参比电极可用以替代饱和铜硫酸铜参比电极。以下为两个常用的电极，其电压相当于饱和铜-硫酸铜参比电极（-0.85V 的电压当量）：①饱和的氯化钾（KCl）-甘汞参比电极，-0.78V；②用于海水的银-氯化银参比电极，-0.80V。除此之外，亦可用一个金属材料或构筑物代替饱和铜-硫酸铜参比电极。但要确保其电极电位的稳定性并确定其产生的电极电压和使用饱和铜硫酸铜参比电极的电压之间的电压当量值。

2. 输油管道

ASME B31.4 规定：①阴极保护应附有测定埋地或水下管道系统能达到阴极保护效果的方法；②阴极保护系统应在全部工程施工完毕后一年内安装；③应控制阴极保护，以防损坏防腐涂层、管道或部件；④应将阴极保护的安装情况通知由于安装阴极保护而可能受到影响的各种已知的地下构筑物的业主，必要时应由所属各成员联合进行屏蔽接地调查；⑤电气装置应按国家电气规范、NFPA 70、API RP 500C 及有关的当地法规制作。

GB/T 21448 规定：输油管道与输气管道一样，阴极保护工程应与主体工程同时勘察、设计、施工和投运。当阴极保护系统在管道埋地三个月内不能投运时，应采取临时阴极保护措施保护管道；在强腐蚀性土壤环境中，应在管道埋地时施加临时阴极保护措施；临时阴极保护措施应维持至永久阴极保护系统投运；对于受到直流杂散电流干扰影响的管道，阴极保护系统及排流保护措施应在三个月之内投运。

2.13.4　电绝缘

1. 输气管道

ASME B31.8 规定：所有加防腐层的输配气系统应在与外部系统（包括用户的燃料气管线）相连的接头处实行电绝缘，若地下金属构筑物之间是电连通的，并作为一个整体进行阴极保护，可不受此限；钢质金属管道与铸铁、球墨铸铁或有色金属管线和构件之间应保持电绝缘。并重点提出如输气管线与架空输电线路平行时可能发生故障的应急补救方法。

GB/T 21448 规定：①阴极保护管道应与非保护金属结构和公共或场区接地系统电绝缘；②阴极保护线路管道应与工艺站场内管道、井场设施、非阴极保护的管道和钢质套管等金属结构电绝缘；③阴极保护管道在杂散电流干扰影响区可安装电绝缘装置分段隔离。

2. 输油管道

ASME B31.4 规定：①埋地的或水下的有防腐涂层的管道系统，应在连接外部管道系统的各点实行电绝缘，除非已安排了共同的阴极保护；②为有效实施腐蚀控制，当管道系统的一部分需要与泵站、储罐及类似装置实行电绝缘时，应安装一套绝缘装置，该绝缘装置不应安装在预计会有可燃气体的环境中，除非已采取防止电火花的措施；③应进行电气试验，以找出非故意性接触地下金属构筑物的位置，并且一经查出，就应整改；④当管线被拆开时，应在各个拆开点上跨接有足够载流容量的导线，并应在整个拆开期间保持连接。

GB/T 21448 规定：同输气管道。

2.13.5　电干扰和套管

输气管道：

ASME B31.8 要求用于减轻电干扰的设施应进行定期监测。从腐蚀控制观点出发，宜尽可能避免使用金属套管。如使用，在使用金属套管处，宜确保管子的防腐层在安装过程中不受损坏。管子和套管之间宜保持绝缘。应特别注意套管的管端以防止由于回填或下沉引起电气短路。没有做电绝缘处应采取有效措施，以减轻套管内壁的腐蚀条件和腐蚀。

ASME B31.8 要求对于原建管线的安装应建立规程，用于评价腐蚀控制程序的必要性和有效性，对所发现的情况应采取相应的措施。

2.13.6　特殊环境中的腐蚀

输气管道：

在极冷环境下，ASME B31.8 规定：在极冷环境中尤其是在永冻地区敷设埋地管线及其他设施时，其腐蚀控制要求必须给予特殊考虑。除了特别规定者外，应采用与温暖地区管线同样的方式涂敷防腐层及实施阴极保护，且内腐蚀和大气腐蚀的防护也应给予相同的考虑。具体涉及：①外防腐层要求，包括黏合力在低于冰点温度下抗开裂或抗搬运和安装过程中的损坏，现场接头防腐层或防腐层补修的涂敷性能，与所用的阴极保护系统的兼容性以及能抗由于冻胀、季节性温度变化或其他原因引起的土壤应力；②阴极保护设施要求，阴极保护的准则应与温暖环境中干线遵循的准则相同。国标中对极冷环境管线无相关要求。

在高温环境下的防腐，国外高温指温度在 150℉（65℃）以上，《埋地钢质管道聚乙烯防腐层》（GB/T 23257）中适用范围分为长期工作温度不超过 50℃ 的常温型和长期工作温度不超过 70℃ 的高温型两类。

2.14　压　力　试　验

2.14.1　输气管道

ASME B31.8 对操作环向应力等于或大于 30%$SMYS$ 的管道和集管的试压要求见表 2-14。

表 2-14　管道和集管的试压要求

地区等级	最大设计系数	试验介质	规定的试验压力		最大允许操作压力
			最小	最大	
一级一类	0.8	水	1.25p_{mo}	无	p_t/1.25 或 p_d
一级二类	0.72	水	1.25p_{mo}	无	p_t/1.25 或 p_d
	0.72	空气或气体	1.25p_{mo}	1.25p_d	p_t/1.25 或 p_d
二级	0.6	水	1.25p_{mo}	无	p_t/1.25 或 p_d
	0.6	空气	1.25p_{mo}	1.25p_d	p_t/1.25 或 p_d
三级	0.5	水	1.5p_{mo}	无	p_t/1.5 或 p_d

注：p_{mo} 为最大操作压力（不一定是最大允许操作压力）；p_d 为设计压力；p_t 为试验压力。

GB 50251 关于管道竣工后的强度试压要求见表 2-15。输气管线强度试验应在回填后进行，试验介质应符合下列规定：

（1）位于一级一类地区采用 0.8 强度设计系数的管段应采用水作试验介质；

（2）位于一级二类、二级地区的管段可采用气体或水作试验介质；

（3）位于三、四级地区的管段应采用水作试验介质。

表2-15　强度试压要求

地区等级	设计系数	试验介质	试验压力
一级一类	0.8	水	试验压力在低点处产生的环向应力不应大于管材标准规定的最低屈服强度的1.05倍
一级二类	0.72	水、气体	$1.1p_d$
二级	0.6	水、气体	$1.25p_d$
三级	0.5	水	$1.5p_d$
四级	0.4	水	$1.5p_d$

比较 ASME B31.8 和 GB 50251 关于管道竣工后的试压要求，有以下认识：ASME B31.8 对管道竣工后的试压要求相对宽松，GB 50251 要求相对较严；ASME B31.8 的试验压力值与 GB 50251 有所不同。

2.14.2　输油管道

ASME B31.4 对管道压力试验的要求：对于操作环向应力大于管子最低屈服强度20%的管道系统进行水压试验，试验压力为设计压力的1.25倍，保压时间不小于4h。在试验期间已经通过目测检查，确认没有泄漏的，则无需进行进一步的气密性试验。在试验期间未经目测检查的，应紧接着在较低压力下进行气密性试验，试验压力不小于设计内压力的1.1倍，保压时间不小于4h。水压试验的指导标准是 API RP 1110。对于操作环向应力小于等于管道最低屈服强度20%的管道系统，可以采用保压1h的水压试验或气压泄漏试验，也可以用气密性试验代替水压试验。水压试验压力不低于设计压力的1.25倍，气压试验压力应为0.7MPa，或等于使管道公称环向压力达到25%$SMYS$的压力，取两者中的较小者。

GB 50253 对管道压力试验的要求：管道必须进行强度试验和严密性试验。一般地段的输油干线，水压强度试验压力不小于设计内压力的1.25倍；大中型穿跨越及管道通过人口稠密区和输油站，水压强度试验压力不小于设计内压力的1.5倍；持续稳压时间不小于4h。当无泄漏时可降到严密性试验压力，其值不小于设计内压力，持续稳压时间不小于4h。当温度变化或其他因素影响试压准确性时，应延长稳压时间。采用气体作为试验介质时，强度试验压力为设计内压力的1.1倍；严密性试验压力等于设计内压力。

B31.4 对所辖管道的试压要求比 GB 50253 略宽松，设计者可以根据项目施工现场的试验条件和水平，提出比 B31.4 标准更高的要求。

2.15　无损检测

2.15.1　输气方面

ASME B31.8 规定：当管道需要在环向应力大于等于管道最低屈服强度20%的环境下运行时，无损检测焊缝的最低百分数为：一级地区，焊缝的10%；二级地区，焊缝的15%；三级地区，焊缝的40%；四级地区，焊缝的75%；压缩机站内、主要公路、铁路、河流的穿越，焊缝的100%（如果可行），任何情况下不允许少于焊缝的90%。检查方法采用射线、磁粉或其他适用的方法。

GB 50251规定：对所有焊接接头进行100%无损检测，首选射线和超声波，焊缝表面可用磁粉或液体渗透检测。在对焊缝进行100%超声波检测后，尚应按一定比例对焊缝进行局部射线复测，复测比例：一级地区，焊缝的5%；二级地区，焊缝的10%；三级地区，焊缝的15%；四级地区，焊缝的20%；输气站内管道和穿越主要公路、铁路、河流的管道焊缝，弯头与直管段焊缝以及未经试压的管道碰口焊缝，均应进行100%射线照相检测。

由此可见，GB 50251对输气管道无损检测的要求比ASME B31.8严格很多。在海外油田地面工程建设中，设计者可以根据项目施工现场检测条件和水平，提出比ASME B31.8标准更高的检测要求。

2.15.2　输油管道

ASME B31.4对管道焊缝的无损检测要求：当管道需要在环向应力大于等于管道最低屈服强度20%的环境下运行时，由作业公司任意选取至少为每天完工作业焊缝的10%采用射线照相或其他可行的无损检测方法（目测除外）进行检查，而且应对所选焊缝的整个圆周进行检查。下列地区和条件下的环向焊缝需要进行100%无损检测：住宅区、售货中心以及指定的工商业区；常受洪水淹没区域的河流、湖泊和溪流穿越管道，铺设在桥上的跨越河流、湖泊和溪流穿越管道；穿越铁路和公路的路权带，包括穿越隧道、桥梁、高架铁路和公路；近海或内陆水域；旧管道上的环焊缝；按标准第437.4.1节不做水压试验段的环焊缝。假如一些焊缝难以接近，则应对至少90%的焊缝进行检查。

GB 50253对管道焊缝的无损检测要求：焊缝采用无损检测进行检验，首选射线检测和超声波检测。采用射线检测时，对焊工当天所焊不少于15%焊缝的全周长进行检查，通过输油站场、居民区、工矿企业区和穿越大中型水域、一二级公路、高速公路、铁路、隧道的管道焊缝，以及所有的碰死口焊缝，均进行100%射线照相检测。采用超声波检测时，应对焊工当天所焊所有焊缝进行100%检查，并对其中5%环焊缝的全周长进行射线复查，但对通过输油站场、居民区、工矿企业区和穿越大中型水域、一二级公路、高速公路、铁路、隧道的管道焊缝，以及所有的碰死口焊缝，均进行100%射线照相检测。

ASME B31.4对所辖管道的无损检测要求比GB 50253略宽松，设计者可以根据项目施工现场的检测条件和水平，提出比ASME B31.4标准更高的检测要求。

2.16　中俄设计标准的比较

在输油气管道的设计、施工及运营过程中，管道的质量、使用寿命和维修维护的难易程度在很大程度上取决于所采用的设计标准。目前俄罗斯执行的强制工程设计规范《干线管道设计规范》于1996年11月10日开始执行。国内执行的强制工程设计规范为GB 50251《输气管道工程设计规范》和GB 50253《输油管道工程设计规范》。俄罗斯标准和国内标准在选线原则、埋地敷设要求、管道穿越、管道架空敷设等方面存在差异，充分吸收俄罗斯设计标准的先进和可取之处，对国内管道的设计施工和运营维护具有非常重要的意义。

2.16.1　选线原则

1. 总体要求

《干线管道设计规范》规定管道选线时，必须考虑未来20年中城市和其他居民点、工业和农业企业、铁路和公路、其他工程项目和设计中的管道的远景发展规划，必须考虑管道的施工条件和运行期间的维护条件（现有的、在建的、设计中的和改造中的建筑物和构筑物，沼泽化土地的改良，沙漠和草原地区的灌溉，水利工程的利用等），必须对干线管道施工和运行过程中自然条件的变化作出预测。GB 50251规定线路走向应根据地形、工程地质、沿线主要进气点、供气点的地理位置以及交通运输、动力等条件，经多方案对比后确定。GB 50253规定输油管道线路的选择，应根据该工程建设的目的和市场需要，结合沿线城市、工矿企业、水利设施等建设的现状与规划，以及沿途地区的地形、地貌、地质、水文等自然条件，在运营安全和施工便利的前提下，通过综合分析和技术经济比较，确定线路总走向。此外俄罗斯标准还给出了"20年"的具体设计依据，比国内标准更具可操作性。

2. 修路

《干线管道设计规范》规定通往管道的道路，应尽量利用现有的公用道路，只有在通过现有公用道路不能越过障碍的情况下，并经过充分的论证，才考虑修筑新的道路和道路设施。GB 50251、GB 50253中无相关条款。

3. 滑坡处的处理

《干线管道设计规范》规定在滑坡地段，管道应敷设在滑动面以下，或架空敷设在支架上；支架埋深要低于滑动面，以免支架产生位移。管道通过泥石流时，其线路应选择在泥石流动力冲击区以外。GB 50251规定对规模不大的滑坡，或经处理后能保证滑坡体稳定的地段，可选择适当区域以跨越方式或浅埋方式通过。管道宜避开泥石流地段，若不能避开时应根据实际地形和地质条件选择合理的通过方式。GB 50253规定输油管道应避开滑坡、泥石流等不良工程地质区，当受条件限制必须通过时，应采取防护措施并选择合适的位置，缩小通过距离。地上管道沿山坡敷设时，应采取防止管道下滑的措施。可见俄罗斯标准与国内标准对于滑坡处的敷设理念是截然不同的，前者要求深埋且低于滑动面，后者要求在适当区域跨越或浅埋通过，相对而言，前者施工量及施工难度较大，但后者维护难度较大。

4. 排油沟

《干线管道设计规范》规定当输油管道和成品油管道的敷设标高高于附近的居民点和工业企业，且距居民点和工业企业的距离小于500m（直径小于等于700mm的管道）和1000m（直径大于700mm的管道）时，应在管道较低的一侧建造排油沟，在发生事故时用以排放溢出的油品。排油沟的下游出口应设在对居民点安全不构成威胁的地方。山坡上的截油沟和排油沟应随地形开挖。挖出的土应成棱柱形堆放在沟的较低一侧，作为防止管道渗漏的辅助性保护措施。GB 50251、GB 50253中无相关条款。

2.16.2　管道的埋地敷设

1. 管道埋深

《干线管道设计规范》规定管道埋地敷设时，至管道顶部的埋深：公称直径<1000mm

时，为 0.8m；公称直径≥1000mm 时，为 1.0m；在需要排水的沼泽或泥炭土中，为 1.1m；在新月形沙丘地带，从沙丘间底部标高算起，为 1.0m；在没有运输车辆通过的多石土和沼泽地，为 0.6m；在可耕地和灌溉地，为 1.0m；管道与灌溉渠和排水渠（土壤改良渠）交叉时，为 1.1m。在确定输油管道和成品油管道的埋深时，除了上述要求外，还要根据工艺设计规范的规定，考虑输送的最佳工况和所输油品的特性。GB 50251 规定埋地管道覆土层最小厚度应为 0.5~0.8m。在不能满足要求的覆土厚度或外载荷过大、外部作业可能危及管道之处，均应采取保护措施。GB 50253 规定埋地管道的埋设深度应根据管道所经过地段的农田耕作深度、冻土深度、地形和地质条件、地下水深度、地面车辆所施加的载荷及管道稳定性的要求等因素，经综合分析后确定。一般情况下管顶的覆土层厚度不应小于 0.8m。

2. 构筑施工带

《干线管道设计规范》规定在设计应敷设于横向坡度为 8°~11° 的山坡上的管道时，必须要进行削土和填土作业，以构筑施工带。在这种情况下，应直接在山坡上填方修筑平台。当山坡的横向坡度为 12°~18° 时，必须考虑平台土壤的性能，防止土壤沿山坡滑动。当山坡的横向坡度大于 18° 时，只能靠削土来构筑平台。在横向坡度超过 350° 的山坡上敷设管道时，应构筑挡土墙。GB 50251、GB 50253 中无相关条款。

3. 泥石流地段

《干线管道设计规范》规定，当管道埋地通过泥石流或冲积锥时，在 20 年一遇的水位条件下，管道的埋深应低于河床可能的冲刷面以下 0.5m（从管顶算起）。管道通过泥石流时，管道敷设方式的选择和管道保护设计方案的选择，应保证管道的可靠性和技术经济核算的合理性。在上述地区敷设管道时，可采取下列管道保护措施：放缓坡度，构筑防水设施，排放地下水，构筑挡土墙和扶垛。GB 50251 规定管道宜避开泥石流地段，若不能避开应根据实际地形和地质条件选择合理的通过方式。

4. 冻土区

《干线管道设计规范》规定，根据超前的工程冻土学调查资料，管道线路应选择在冻土和工程地质方面最为有利的地段，应在下列图表的基础上选择管道线路和站场：冻土工程地质图和比例不大于 1：100000 的地区开发优势评价地形区划详图；植被恢复预测简图；土壤解冻相对沉陷图；开发比价提高系数图表。GB 50251、GB 50253 中无相关条款。

2.16.3　管道穿越

1. 所需的设计资料

《干线管道设计规范》规定管道水下穿越工程的设计应依据以下资料：水文勘察资料、工程地质勘察资料和地形勘察资料。同时还要考虑施工地区的下列条件：早期建成的水下穿越工程的操作条件，影响穿越处水域状况的现有水工构筑物和设计中的水工构筑物的操作条件，该地区疏浚治理工程的远景规划，以及保护渔业资源的要求。GB 50251 规定水域穿越工程应通过水文部门或调研获得设计所必需的水文资料。其上游建有对工程有影响的水库时，应取得通过水库防洪调度后的设防洪水及水库下游对工程所在位置的冲刷资料。

2. 管道穿越水域

《干线管道设计规范》规定水下穿越管段应敷设于河床中，在确定埋设深度时，要考虑到河床可能的变形和今后的疏浚作业。在设计水下穿越管段时，经压载加重后的管道，其顶部的设计标高应比在工程勘察基础上确定的河床顶预测最大冲刷剖面低 0.5m，同时要考虑穿越工程完工后 25 年内河床可能的变化，但距水底自然标高不得小于 1m。当水底为坚硬岩层时，管道的埋深，即从经压载加重的管道顶部至水底的距离应不小于 0.5m。当缺乏相应的挖沟技术装备而又不能移动穿越的基准线时，应通过设计论证，并征得有关水域管理部门的同意，允许降低管道的埋设深度，或将管道直接沿水底敷设。在这种情况下，要采取附加措施，保证水下管道的运行安全。GB 50251、GB 50253 中无相关条款。

3. 土堤的尺寸

《干线管道设计规范》规定当管径大于 700mm，且该管段的计算温差为正温差时，敷设管道的土堤尺寸应通过计算确定。计算要考虑管道内压的影响和运行过程中管材温度变化引起的纵向挤压力的影响。土堤的最小尺寸应这样取值：

（1）管道上方的土层厚度不小于 0.8m，并要考虑土壤是否下沉压实。

（2）土堤上部宽度等于直径的 1.5 倍，但不小于 1.5m。

（3）土堤的边坡坡度取决于土壤性能，但不小于 1∶1.25。

GB 50251 规定输气管道采用土堤埋设时，管道在土堤中的覆土厚度不应小于 0.6m，土堤顶部宽度应大于管道直径 2 倍且不得小于 0.5m。GB 50253 规定输油管道在土堤中的径向覆土厚度不应小于 1.0m，土堤顶宽不应小于 1.0m。

4. 管道的架空敷设

1）补偿纵向位移

《干线管道设计规范》规定管道及其某些管段架空敷设时，应规定补偿纵向位移的设计方案。不论采取何种方法补偿管道的纵向位移，都应当使用能通过清管器和隔离塞（用于输油管道和成品油管道）的弯管。直线梁式跨越管段的设计，允许对管道的纵向位移不予补偿。GB 50253 规定地上敷设的输油管道，应采取补偿管道纵向变形的措施。相对而言，前者的规定更为细致具体，更具有可操作性。

2）管道的出土部位

《干线管道设计规范》规定在设计跨越管段时，必须考虑管道在出土部位的纵向位移。为了减少管道在出土部位的纵向位移量，允许设置地下补偿装置或弯管，以承受埋地管道与架空管段毗邻处的纵向位移，在梁式架空系统中，允许在管道的出土部位不设支架。管道从黏结性较弱的土中出土时，应采取措施（人工固土、铺砌钢筋混凝土板等），保证管道处于设计状态。GB 50251 规定输气管道出土端及弯头两侧回填时应分层夯实。

3）跨越高度

《干线管道设计规范》规定管道跨越障碍物（包括冲沟和山谷）时，其跨越高度为：跨越冲沟和山谷时，管底或跨空结构至 20 年一遇水位的距离，不小于 0.5m；跨越可能有浮冰的不通航、不漂运木材的河流和大冲沟时，管底或跨空结构至百年一遇水位和最高浮冰面的距离，不小于 0.2m；跨越通航和漂运木材的河流时，上述高度不小于通航河流桥下净空设计标准和桥梁布置基本要求所规定的值；在不通航和不漂运木材的河流上有木材和树根堵塞时，应视具体情况提高管底或跨空结构的高度，但距百年一遇的最高水位的高度不应小于 1.0m。GB 50251、GB 50253 中无相关条款。

2.16.4   结论

通过以上对比分析，可以看到俄罗斯设计标准在选线原则、埋地敷设要求、管道穿越、管道架空敷设等方面的规定非常细致详尽，在多处直接给出了具体的施工方案和设计参数，对施工方的指导作用很强，例如在管道埋深、构筑施工带、冻土区设计资料、补偿纵向位移等领域均是如此。相对而言，国内设计标准 GB 50251、GB 50253 在上述方面的规定较为粗略，虽然规定在某些区域要"选择合理的措施"或"采取合理的措施"，但并未对具体措施进行详细描述；在某些情况下，国内设计标准缺乏相关条款。借鉴俄罗斯设计标准的先进之处，对提高我国油气管道的设计和完整性管理水平，减小营运维护成本具有重要意义。

第3章 管道建设期完整性质量控制

3.1 工程施工工序

长输管线由钢管焊接而成，管外包覆绝缘防腐层，通常埋于地下，不同管道类型以及不同地形、地貌、地质及气候条件下管道敷设难度差别很大，但施工过程都基本相同，工序内容和质量要求也基本相同。

3.1.1 线路工程基本工序

(1) 设计交桩 由设计单位向施工单位交代线路中心桩。

(2) 测量放线 确定沿线管道实地安装的中心线位置，并划出施工带界线。

(3) 施工作业带清理 为施工现场作业与管道运输创造条件。

(4) 土石方开挖 完成埋地管道的土石方开挖作业(根据现场环境与实际情况，也可先焊接后开挖)。

(5) 管材运输 把管材自车站或厂家直接运输到作业现场。

(6) 弯管预制 根据设计及现场条件，把管材按角度与曲率半径加工成弯管。

(7) 现场布管 把管材一根接一根地摆布在管道焊接作业线上。

(8) 管道组装 把待焊接的管材按要求对口并固定焊。

(9) 管道焊接 把单根的管材焊接成管段。

(10) 焊缝无损检测 用各种检测手段检查现场管道焊缝的外部与内部质量。

(11) 防腐绝缘 完成管道的外防腐层施工(现大多数管材已在厂家完成防腐)。

(12) 防腐补口 对合格的焊缝处进行防腐作业。

(13) 电火花检漏 用电火花检漏仪对管道防腐层的完整性与绝缘性进行检测，对破损处进行修补。

(14) 管道下沟 把管子或焊接完成的管段吊放于管沟内安装埋设的位置上。

(15) 管沟回填 把沟内就位的管道掩埋起来。

(16) 通球扫线 对安装完成的管段进行通球以清扫内部污物。

(17) 管道试压 利用气体或液体介质，将设计规定的压力施加于被试管道上，以检测管道的强度及严密性。

(18) 恢复地貌 清理施工现场，将地貌恢复到原来水平(如有必要采取水工保护措施)。

(19) 阴极保护施工 给管道施加电流，使之成为阴极，防止管道产生电化学腐蚀。

(20) 线路标志 沿线路设置里程桩、转角桩、标志桩、警示牌等标志。

（21）竣工验收　整理好竣工资料，会同相关部门对单位工程进行验收。

3.1.2　站场工程施工

（1）站场放线　根据设计提供的站场总图，确定站场范围及各个单位工程的具体位置。

（2）三通一平　由建设单位提供站场范围内的供水、供电、施工道路及整个站场的平整。

（3）土建施工　按施工图纸进行土方、混凝土、砌体等建筑工程施工。

（4）设备安装　土建施工完成后，按安装图纸对单个设备、工艺管线、仪器仪表进行安装。

（5）单机试运　安装工程完成后，按试运行规定对单个设备进行空运转试验。

（6）全站试运　单机试运后，进行全站内单机联合试运行。

（7）全线投产　试运行通过后，移交生产单位进行正常生产与管理。

3.2　管道线路施工质量控制要点

3.2.1　质量控制点的设置

为保证工序作业质量而确定的重点控制对象、关键部位或薄弱环节通称为质量控制点。根据每个工程质量控制要点的不同，通常将施工质量控制点划分为停检点、见证点、审查点几种情况区别对待。

（1）施工过程实行工序质量控制，即将施工对象按其施工工序的顺序，明确必须实行质量控制的若干个控制点。在各控制点中，可依据工序的重要程度和控制的必要性，将工序质量控制划定为停检点（A）、见证点（B）、审查点（C），实施不同级别的检查活动。

（2）工序质量控制要求对每个等级的工序都必须进行严格的检查，无论是对哪一级质量控制的检查，承包方都必须提供有关的施工记录和检验、试验报告。上述三个质量控制等级的检查应符合下列规定：

① 停检点（A级）：由监理工程师和施工单位技术负责人、专职质检工程师联合检查，结果必须得到监理工程师的书面确认。

② 见证点（B级）：由监理工程师和施工单位专职质检工程师联合检查，在合理通知期限内，如监理工程师不能到场，允许承包单位进行下一道工序的施工。

③ 审查点（C级）：由施工单位专职质检工程师检查，监理工程师审查施工过程资料并对质量情况进行现场抽查。

（3）在各级的联合检查中，当某一工序的质量符合设计文件、规范标准的要求后，检查各方履行签认手续，承包方可进行下一道工序施工，否则不得进入下一道工序施工。

（4）对于监理工程师在质量控制计划中确定的停检点、见证点，承包方应提前24h通知监理部。

（5）总监理工程师在监理周报、月报中应及时向业主报告工程质量情况，并提出相应措施。

3.2.2　质量控制点的划分

表 3-1 所示是城镇燃气线路工程质量控制点及主要控制内容，是项目质量控制检查的最低要求。

表 3-1　城镇燃气线路工程质量控制点及主要控制内容

序号	质量控制点	控制主要内容	等级	备注
1	施工图纸会审、设计交底	理解设计意图、解决图纸中存在的问题；落实设计文件是否齐全	A	设计参与
2	施工组织设计、方案的审查	进度、质量、安全等措施；施工工艺、工序；人员、机具的安排	A	
3	线路交桩	管线的定位	A	
4	测量放线	线路轴线、转角、变坡点等准确性	B	
5	材料与设备进场	产品合格证、检验报告、复试报告	A	
		材料的外观检查	B	
6	施工作业带清理	能否满足施工需要	C	
7	特殊工种的进场考核	焊接工艺评定审批、焊工考试	A	焊接专业
		持证上岗、操作技能、熟练水平	B	防腐等
8	管沟开挖	标高、深度、沟底宽度是否与图纸设计相符	B	
		石方、地下水位较高点、特殊段的开挖(需要特殊工艺的)	A	
9	防腐管材的运输与堆放	稳妥可靠、对防腐层的保护到位、安全防盗措施	C	
10	布管	是否按设计布管，不同壁厚、规格、材质、防腐等级的落实	C	
11	坡口加工和管口组对	坡口形式、清理程度、组对质量是否满足焊接需要	B	
12	管道焊接	现场环境、焊材使用情况、持证上岗情况、焊接表面质量、焊接记录	B	
13	焊缝检查及无损检测	检测位置、比例、数量的确定 检测结果的真实性、准确性	B	
14	焊缝返修	缺陷部位的落实与处理、二次返修情况(重点)	A	
15	管道防腐补口、补伤	除锈、底漆、预热、拉毛、收缩	B	
		剥离试验	A	
16	管道下沟回填	管道下沟前电火花检漏	B	
		沟底情况、吊装设备的选择、管位的检查、安全防护、细土回填情况	B	
		石方段开挖、石方段沟底细土垫层及回填	A	
17	大开挖穿越工程	定位、地下情况的落实、方案的审定	A	
		安全防护措施是否到位、隐蔽工程	B	

续表

序号	质量控制点	控制主要内容	等级	备注
18	定向钻穿越工程	定位、地下情况的落实、方案的审定、管段试压	A	
		安全防护措施是否到位、导向、回拖、泥浆的处理	B	
19	通球扫线及管道试压	方案的审定、人员设备的情况、安全防护措施、仪器仪表的校验	A	
20	连头	有无强力组对、落实无损检测情况	B	
21	阴极保护	阳极的安装、测试桩的埋设、参比电极安装、恒电位仪的安装调试	B	
22	三桩埋设	数量、位置	C	
23	干燥	方案的审批、干燥结果、安全防护、干燥完成后的密封	A	
24	水工保护	数量、形式、位置	B	土建专业
25	竣工测量	数据的真实准确	B	

3.2.3　线路交桩

1. 质量控制点性质

旁站。

2. 质量控制要点

（1）交桩前的准备工作情况，包括交桩图纸和资料的准备情况，野外工作的准备情况，有关车辆、仪表、通信设备、现场标志及有关工具的准备情况。

（2）交桩内容检查，包括线路控制桩(转角桩与加密桩)、沿线临时或固定水准点应与施工图对应交接。

（3）承包单位接桩后的保护措施应落实到位。

3. 技术要求

交桩各方交接应准确无误，对遗留问题有解决办法及处理措施。

4. 检查方法

（1）工作方法：随交接各方从起点开始，逐段交接至终点进行旁站检查。

（2）检查比例：全线。

3.2.4　测量放线

1. 质量控制点性质

巡检。

2. 质量控制要点

（1）测量放线仪器(经纬仪、全站仪、水准仪、测距仪等)使用前应检查是否经法定部门计量检定合格，并在有效期内。

（2）线路各类标志桩(水平转角桩、百米桩、标志桩、变壁厚位置桩、特殊地段起始桩等)的测量定位是否准确。

（3）作业带的宽度是否满足设计及施工的要求。

3. 技术要求

（1）承包单位应根据施工图进行测量放线，打百米桩及转角桩，并撒白灰线。控制桩上应注明桩号、里程、高程和挖深，转角桩上应标明角度、曲率半径，在地形地势起伏段和转角段应打加密桩。地下障碍物标志桩应注明地下障碍物的名称、埋深与尺寸。

（2）为了防止管沟开挖后标志桩损毁，承包商应将控制线路的各中心桩、转角桩及其他重要桩点设置保护桩，该保护桩应设置在堆土一侧，精度应符合设计图纸要求并保证在施工中不被破坏与掩埋。

（3）施工作业带应与标桩线路一致，占地宽度符合规定，施工作业带的边线应用白灰标清。

4. 检查方法

现场巡检，用仪器复核。

3.2.5　材料与设备进场

1. 质量控制点性质

巡检。

2. 质量控制要点

（1）工程所用的进场设备及材料的名称、型号、规格、数量及技术条件是否与设计规定相符，是否有损坏、缺、漏，施工单位是否有自检记录等。

（2）进场设备与材料是否提供了产品合格证、质量证明书、材质证明书、厂家生产许可证、出厂检验报告等质证资料，进口设备是否有商检证，对于新产品、新材料还需提供技术鉴定书。凡监造的非标设备需有出厂检验报告，并有监造人员签证。

（3）各种检测计量器具是否经过国家计量检定部门或授权机构的校验、标定或检定，并在有效期内。

3. 技术要求

（1）所有证明文件、资料必须齐全，并随同设备或材料一同到场。

（2）进场材料与设备与设计相符，并符合相应的质量标准和等级，且进场后无损坏，包装完好。

（3）复检项目齐全，且符合相关标准、规范要求。

4. 检查方法

（1）书面检查：检查质量证明文件是否齐全，各项质量指标是否符合规定。

（2）目视、测量、抽检：按要求或相关比例进行检查，对有复检要求的材料要求承包商对产品取样进行理化试验。

（3）检查施工承包商报审资料。

3.2.6　施工作业带清理和施工便道修筑

1. 质量控制点性质

巡检。

2. 质量控制要点

（1）用地手续是否办理完成。

（2）线路控制桩保护措施是否落实。

（3）清理的施工作业带是否满足施工及环保要求。

（4）施工便道是否平坦，是否有足够的承压力，是否满足施工机械行驶安全和施工过程需要。

（5）特殊地段的施工便道的修筑是否符合现场实际情况，并经监理审核同意及甲方批准。

3. 技术要求

（1）用地手续、赔偿手续办理完成。

（2）线路控制桩保护措施到位。

（3）施工作业带内已清理干净，现场平整，满足施工需要。

（4）环保措施得当。

（5）施工便道修筑和作业带清理应严格控制在设计范围之内。

4. 检查方法

现场巡视。

3.2.7　管沟开挖

1. 质量控制点性质

巡检。

2. 质量控制要点

（1）检查施工承包商质量保证体系是否健全，专职质检员是否经过培训，是否到位；"三检制"制度是否建立并有效运行，劳动、安全防护措施是否到位。

（2）管沟开挖前应报批管沟开挖方案是否符合施工要求，是否向施工人员进行了技术交底，现场的控制桩与管沟中心线是否进行了验收与核对，轴线桩是否已平移完成，施工安全措施是否已落实。

（3）管沟开挖深度应符合设计要求，管沟开挖边坡率应根据土壤类别确定，保证不塌方、不片帮，管沟边坡、堆土与沟底宽度应符合设计要求。

（4）需爆破地段施工需要有批准的施工方案，安全保护措施应到位，并应充分考虑爆破时对周围环境可能造成的不良影响，且应在布管前完成。

（5）施工机械在纵坡上挖沟，必须根据坡度的大小及土壤的类别、性质和状态计算施工机械的稳定性，确保施工安全。

（6）管沟开挖时须将弃土堆在与施工便道相反一侧，表层土与底层土分开，距沟边有一定距离。施工便道应在靠近公路一侧，应平整压实，并与公路平缓过渡连通。

（7）直线段管沟应保持顺直通畅，曲线段管沟应保持圆滑过渡，沟壁与沟底应平整，变坡点明显，沟内无塌方、无杂物、无积水，石方段沟壁无棱角与松动石块，沟底应铺细土保护。

（8）管沟开挖完成后，应及时检查验收，不符合要求处应及时整改，监理要作好巡视检查记录。

（9）管沟开挖过程中如发现古迹、文物应加以保护，并及时通知有关部门进行处理。

3. 技术要求

（1）管沟开挖深度应保证管道下沟后的最小埋设深度符合设计要求。

（2）管沟的沟底应符合下列规定：

① 管沟中心偏移：>100mm；

② 管沟沟底标高：+50~100mm；

③ 管沟沟底宽度：±100mm；

④ 变坡点位移：>100mm。

4. 检查方法

（1）书面检查、测量检查。

（2）工作方法：巡检、目视、测量，在工地跟踪检查，对重要地下构筑物、电缆、光缆、管线段的开挖进行抽查，必要时进行旁站。

3.2.8　防腐管材的运输与堆放

1. 质量控制点性质

巡检。

2. 质量控制要点

（1）防腐管出厂合格证、质量证明书、质量检验报告等质证资料齐全。

（2）防腐管卸车时检查防腐管的数量及质量，卸车的吊具、索具是否满足安全吊装要求，运输设备及捆扎索具是否满足保护防腐层的要求。

（3）装、卸、倒运时对管材的防腐保护措施是否得当。

（4）现场堆放是否符合要求，是否有安全警示标志和防滚措施。

3. 技术要求

（1）所有防腐管材质证资料必须齐全。

（2）管材应选择地垫平坦处堆放，场地内不得积水，不得有石块等损伤防腐层的杂物。

（3）根据管材的规格、防腐级别分类堆放，同向分层码垛。应均匀对称布置支承两道管垛，管垛以细土埂或砂袋形式制作，距管材端部距离宜为1~2m。管垛外侧应设置楔形物防止滚管。

（4）防腐管运至施工现场后，露天存放不得超过三个月，否则应采取保护措施。

（5）防腐管进场的检查：管口无损坏，防腐层无破损，防腐管外标识清晰、完整。

4. 检查方法

（1）书面检查、目视检查、测量。

（2）工作方法：巡视。

3.2.9　布管

1. 质量控制点性质

巡检。

2. 质量控制要点

（1）布管前是否进行了必要的管口匹配。

（2）布管的位置是否与设计要求的规格、型号、壁厚、防腐类型等级相符。

（3）布管采用的机械、设备是否能满足管口与防腐层不被损坏，并保证运输安全。

（4）钢管底部垫层是否满足保护防腐层的需要。

（5）布管位置距沟边是否满足施工与安全的需要。

3. 技术要求

（1）按设计图纸要求及控制桩点严格控制各管段变壁厚分界点和不同防腐类型、级别的分界点。

（2）布管时，运管车与管材的接触面应有软垫层，运输速度不宜过快。

（3）布管时必须使用专用吊具进行吊装，严禁滚、撬、摔、拖、拉等野蛮施工行为发生，不得有杂物进入管内。

（4）每根管底部应设置管墩，管墩应稳固、安全，管子下表面与地面高度不得小于500mm；管墩可用土筑并压实，不应使用石块、冻土块、硬土块、碎石土作管墩，取土不便可用袋装细土作为管墩，管墩每侧比管外壁至少宽出500mm，以防止滚管伤人。

（5）管子应一连串以首尾相接形式斜放在规范要求位置，两管间错开一个管口位置，避免磕碰操作管口。

（6）沟上布管及组装焊接时，管道边缘至管沟边缘应保持一定的安全距离，其值应符合表3-2的要求。

表3-2　安全距离

土壤类别	干燥硬土或石方	软土或潮湿土
安全距离	≥1500mm	≥1700mm

（7）布管后，不同壁厚、规格、材质、防腐类型和等级的分界点与设计分界点不应超过12m。

（8）在坡地布管，当线路坡度不大于10°时，应在下坡方向管端设置挡墩，防止窜管；当线路坡度大于10°时，应设置堆管平台，待组对时从管堆中随用随取。

4. 检查方法

（1）目视、测量。

（2）对照图纸抽查。

3.2.10　坡口加工和管口组对

1. 质量控制点性质

巡检。

2. 质量控制要点

（1）质检员、HSE监督员是否到位，是否持证上岗；操作工是否持证上岗；HSE监督员是否进行了班前安全讲话，是否进行了风险分析评价；劳动、安全防护措施是否到位。

（2）是否根据已经批准的《焊接作业指导书》对坡口加工进行了技术交底。

（3）根据已经批准的《焊接作业指导书》，核实钢管规格、材质、型号；核实焊接材料和设备；核实各项焊接参数是否符合施工要求。

（4）检查承包商的环境监测仪器(风速仪、温度仪、温度仪等)和测量器具(卡尺、焊接检测尺等)是否齐全，是否合格有效。

（5）检查坡口加工是否符合要求。

（6）检查管口组对是否符合要求。

3. 技术要求

（1）确保管内无杂物，并认真清理管端内外表面25mm内的油污、铁锈、积水，露出金属光泽。

（2）管口组对应符合以下规定(见表3-3)：

表3-3　管口组合规定

序号	检查项目	规定要求
1	坡口	符合焊接工艺规程的要求
2	管口清理和修口	管口完好无损，无油污、铁锈、油漆、毛刺
3	管端螺旋或直焊缝余高打磨	端部150mm内焊缝余高打磨，并平缓过渡
4	两管口的螺旋或直焊缝间距	错开不小于100mm弧长
5	错边量	沿周长均匀分布，≤1/8壁厚且<1.6mm
6	钢管短节长度	大于1.5倍管径
7	管子对接	不允许割斜口，由于管口没有对正而形成的偏斜不得大于3°
8	过渡坡口	厚壁管内侧打磨至薄壁管厚度，坡度为15°~20°
9	半自动与手工焊作业空间	沟上焊管壁与地面不小于500mm，沟下焊管壁与沟底不小于500mm，管壁与沟壁不小于800mm
10	自动焊作业空间	不小于500mm

① 对口时严禁使用有损防腐层的吊具进行吊装。使用内对口器时，根焊完成后方可撤出内对口器；使用外对口器时，根焊长度大于50%方可拆除外对口器。

② 冷弯管的管材、材质、规格应与所在管段相同，在施工前应对不同壁厚的冷弯管进行试弯，试弯结果应由承包商、监理和业主共同检验合格后，才能正式施工。

③ 当管道水平转角小于30°时，可采用弹性敷设，无需特殊处理；当管道纵向转角小于20°时，可采用弹性敷设，无需特殊处理。

④ 工程连头的含意是指将两端管道合拢时，将两个不可移动的管口组对连接，俗称"碰死口"。碰死口应用长度大于1.5倍管外径的短节连接两端固定的管段，若该短管两端管口错位较大，则应将两端固定管口间距加长，采用弯管连接，碰死口时严禁强力组对。

⑤ 弹性敷设困难时，可采用冷弯管，冷弯管的角度应符合设计与相关规范的要求，两端直管段不得小于2m，冷弯管禁止切割使用。

4. 检查方法

（1）书面检查、目视、用焊接检测尺等检查测量。

（2）巡检、抽检相结合，对重要位置(穿跨越、人口稠密、地形复杂等)应重点检查监督。

（3）抽查承包商资料，如管口组对记录。

3.2.11　管道焊接

1. 质量控制点性质

巡检。

2. 质量控制要点

（1）质检员、HSE 监督员是否到位，是否持证上岗；操作工是否持证上岗；HSE 监督员是否进行了班前安全讲话，是否进行了风险分析评价；劳动、安全防护措施是否到位。

（2）所有参加施工的焊工必须持有有效资格证书并参加施工前考试合格。

（3）焊条、焊丝、焊剂等材料是否符合设计要求及相关标准的要求，焊材的发放与保管是否符合要求。

（4）焊接环境（温度、湿度、风速等）是否满足施工需要，焊接操作是否符合要求。

（5）焊接工艺参数、预热温度、层间温度是否符合焊接工艺要求。

（6）焊接表面质量是否满足相关要求。

3. 技术要求

（1）现场所有使用的焊材，必须具有产品出厂合格证、材质证明书、出厂检验（试验）报告等资料。

（2）焊材应按相关标准进行验收和外观检查，合格后方能入库保管。焊材的运输、存放应做到防潮、防雨及防油类侵蚀，符合说明书所规定的保管条件。

（3）焊材使用前应按说明书的规定进行烘干，烘干后的焊条应存放于保温筒内，随用随取，焊条重复烘干不得大于两次。密封筒装的焊条开封后要在规定的时间内用完，开封后应盖严筒口，防止受潮。

（4）若发现焊条药皮有脱落和裂纹，不得再使用。纤维素型焊条在施工过程中如发现焊条发红，则此段焊条应作废。

（5）气焊时，焊口两侧应覆盖防护胶皮，以保护防腐层；管道固定应稳固，严禁管道摇摆、晃动，以避免焊缝在施焊过程中产生裂纹与附加应力。

（6）应根据管材材质、现场环境及焊接作业指导书的要求对管口进行预热，预热温度与宽度应严格控制，并保证不损伤防腐层。

（7）焊接环境低于5℃时，焊接作业宜在防风棚内进行，应采取措施保证层间温度。在组装与焊接过程中，当焊口温度降至焊接工艺要求的最低温度以下时，应重新加热。针对管道材质，应充分考虑焊后缓冷。

（8）焊接引弧应在坡口内进行，严禁在管壁上引弧或灼伤母材，管道焊接应采用多层焊接，层间熔渣要清理干净，并进行外观检查，合格后方能进行下一道焊接，不同管壁厚度的焊接层数应符合工艺规程的要求。

（9）下向焊接的起弧点应保证熔透，焊缝接头处可以打磨，根焊道内的突出金属应用砂轮打磨，以避免加渣。焊缝施工完成后应将表面的熔渣与飞溅物清理干净。

（10）每道焊口必须一次性完成，在前一层焊道没有完成前，后一层焊道不得开始焊接，两相邻的焊道起点必须在 30mm 以上。

（11）焊条应按焊接工艺规程规定的牌号、规格使用。

（12）被焊表面应均匀、光滑，不应有起鳞、磨损、铁锈、渣垢、油脂等影响焊接质量的有害物质。管口内外25mm内应用机械方法清理直至露出金属光泽。

（13）管道在组焊过程中，如中途停顿超过两个小时，应在管道开口处加装管帽，防止异物进入管道。管帽应采用机械方式固定在管口上，严禁使用焊接方法。

（14）预留的管沟内连头的管口必须用盲板焊死。

（15）所有焊口尽量保证当日完成，如当日不能完成必须保证完成50%壁厚的焊接，并用防水、隔热的材料包覆好。次日焊接前，应将焊口重新清理并加热到焊接规程规定的温度。

（16）在下列环境中，如不采取有效的防护措施，应停止野外焊接：

① 雨天和雪天；

② 相对湿度超过90%；

③ 低氢型焊条电弧焊时，风速大于5m/s；

④ 纤维素型焊条电弧焊时，风速大于8m/s；

⑤ 药芯半自动焊时，风速大于8m/s；

⑥ 熔化极气体保护焊时，风速大于2m/s。

（17）管道焊缝表面质量检查应在焊后及时进行，检查前应清除熔渣与飞溅，焊缝表面质量应符合下列规定：

① 焊缝表面及焊道周围不得有熔渣及飞溅物。

② 焊缝表面不得有裂纹、未熔合、气孔、夹渣、熔溅等缺陷。

③ 咬边深度不得大于0.5mm。咬边深度在0.3mm以内时，任意长度均为合格；咬边深度在0.3~0.5mm时，单个长度不得大于30mm，累计长度不得大于焊缝全周长的15%。

④ 焊缝余高应为0~2mm，焊缝外表面不得低于母材。当焊缝余高超高时，应进行打磨，打磨不得伤及母材，并应与母材圆滑过渡。

⑤ 焊后两管壁的错边量不得大于管壁厚的1/8，且小于1.6mm，并且均匀分布在管子的整个圆周上。根焊焊接后，禁止用锤击的方式矫正管子接口的错边量。

⑥ 焊道宽度每侧应比坡口宽0.5~2mm。

⑦ 焊口按本工程规定的方法标出焊口号，作好记录。

（18）焊接施工有关原始记录齐全、准确。抽查其检查记录与外观检查记录的及时性、真实性与准确性。

4. 检查方法

（1）书面检查、目视、测量（焊接检测尺、温度计、湿度计、风速仪等）。

（2）巡视、抽检相结合，对人口稠密区、复杂地形区、碰死口及不同壁厚管段的焊接应进行重点检查。

（3）抽查施工承包单位的施工记录等资料。

3.2.12 焊缝检查及无损检测

1. 质量控制点性质

巡检。

2. 质量控制要点

（1）无损检测规章制度是否已制定，是否编制了无损检测工艺卡。

（2）射线源保管与使用是否符合安全要求。

（3）参加无损检测人员是否全部经过了培训，并取得了锅炉压力容器无损检测人员Ⅱ级资格证书以及资格。

（4）无损检测仪器、设备是否经过法定部门检定合格并在有效期内。

（5）无损检测仪器、设备使用前是否经过调试、校验合格。

（6）无损检测结果是否真实准确。

（7）检查无损检测质量及评定结果是否正确。

（8）现场安全警示标志是否设立，防护措施是否落实到位。

3. 技术要求

（1）焊缝表面质量合格并接到无损检测通知后，方可进行无损检测。

（2）所有参加无损检测人员均应持有锅炉压力容器无损检测人员资格证书。

（3）射线检测记录与底片应对应统一，评定结果真实、准确。

（4）焊缝应按设计的规定进行检测。

4. 检查方法

（1）目视检查、测量，复核检测结果(底片等)。

（2）巡检、抽检相结合。

（3）抽查无损检测报告等资料，核查进场人员、设备、材料。

3.2.13　焊缝返修

1. 质量控制点性质

旁站。

2. 质量控制要点

（1）返修的焊工资格是否符合要求。

（2）返修位置是否正确。

（3）返修次数是否符合要求。

（4）返修质量是否符合要求。

3. 技术要求

（1）返修过程中，修补的长度应大于50mm，相邻两处缺陷的距离小于50mm时，应按一次缺陷进行修补。

（2）母材上的烧伤等深度小于0.5mm的缺欠应采用打磨平滑的方法修复。

（3）返修前，焊缝表面上所有的泥土、涂料、油渍等影响返修质量的污物应清理干净。

（4）返修焊接应采用评定合格的焊接工艺规程。返修前应对返修部位进行预热。

（5）当存在下列情况之一时，应将整个焊口割除重新焊接：

① 所有带裂纹的焊口；

② 二次返修不合格的焊口。

4. 检查方法

（1）书面检查、目视、测量(焊接检测尺、温度计、湿度计、风速仪等)。

（2）检查承包商的返修焊接记录。

3.2.14　管道防腐补口

1. 质量控制点性质

旁站。

2. 质量控制要点

（1）质检员、HSE 监督员是否到位，是否持证上岗；操作工是否持证上岗；HSE 监督员是否进行了班前安全讲话，是否进行了风险分析评价；劳动、安全防护措施是否到位。

（2）检查防腐人员上岗证件。

（3）检查设备、砂子是否符合要求，使用的防腐材料是否与设计规定的一致。

（4）防腐补口是否执行了相关标准及使用说明书要求，收缩套（带）外观质量、收缩后尺寸及外观成型质量是否符合要求。

（5）补口、补伤材料的合格证、质量证明书和出厂检验报告是否齐全。

（6）环氧底漆应涂刷在钢管表面及三层 PE 坡口区，三层 PE 防腐表面不允许涂刷。

（7）补口、补伤质量是否符合要求。

（8）防腐补口、补伤的剥离试验结果是否合格。

（9）管体防腐层的破损是否及时进行了补伤。

（10）抽查其检查记录数据的真实性、准确性和及时性。

（11）现场的施工垃圾是否清理。

3. 技术要求

（1）管道焊缝隙需经外观检查、无损检测合格后方可进行补口作业。

（2）除锈：当除锈等级达不到 Sa2.5 级时，所施工的补口视为不合格，需剥除重新补口。

（3）拉毛：补口处与管道防腐层搭接处用钢丝刷打毛。

（4）预热：严格按操作规程及产品说明书的要求温度进行预热。

（5）外观质量：当发现有气泡、褶皱、翘边等质量缺陷时，要求承包商整改；当发现收缩套（带）轴向、周向搭接少于规定值时，应剥除重新施工。

（6）三层 PE 补伤：小于 30mm 的损伤，用聚乙烯补伤片进行修补；大于 30mm 的损伤，先除去污垢，将原有防腐层打毛，并将破损处的防腐层修成圆形，边缘修成钝角，孔内填满与补伤配套的胶黏剂，然后贴上补伤片。补伤片的大小应保证其边缘与管材防腐层空洞之间的距离不小于 100mm，贴补时，应边加热边用辊子挤压，排出空气，直至热熔胶从四周均匀溢出，外面再包覆一周热收缩带，宽度大于补伤片两侧各 50mm。

（7）剥离试验：每 100 道口做一个剥离试验。管体温度在 $10°\sim35°$ 时拉力不小于 50N/cm，如不合格应加倍抽查，若再有一道不合格，则应视作当天施工全部不合格。补伤片的拉力不小于 50N/cm。

4. 检查方法

（1）目视、测量、试验（检测尺、测厚仪、测温仪、电火花检漏仪等）。

（2）对三穿、地下水位高等部位的补口、补伤质量进行重点检查。

（3）检查承包商的施工记录。

3.2.15   管道下沟回填

1. 质量控制点性质

旁站。

2. 质量控制要点

（1）质检员、HSE 监督员是否到位，是否持证上岗；操作工是否持证上岗；HSE 监督员是否进行了班前安全讲话，是否进行了风险分析评价；劳动、安全防护措施是否到位。

（2）对照图纸核实管沟的挖深、沟底标高、沟底宽度、水平转角及纵向转角的位置是否符合设计要求。

（3）管道下沟前是否已将沟底清理干净。

（4）石方段管沟是否已按要求将沟底加深，并铺细土做了对防腐层的保护措施。

（5）管道吊装下沟是否采取了妥善的安全措施，吊装设备是否完好。

（6）管道防腐层是否完好，对破损是否及时进行了修补。

（7）管道下沟后是否紧贴沟底(不得有悬空)。

（8）阴极保护测试线安装是否正确。

3. 技术要求

（1）管道下沟前管沟应符合下列规定：

① 管道下沟前应将管沟内的塌方、石块、积水、杂物清理干净。如积水较少，管道下沟后应尽快回填；如地下水位较高，沟内积水无法排净，应制定保证管道埋深的稳管措施。

② 检查管沟的深度、标高和断面尺寸，对塌方较大的管沟，清理后应进行复测。

③ 对于石方段和碎石段管沟，沟底应铺不小于 200mm 厚的细土，细土粒径不得大于 10mm。

（2）管道下沟前要按设计要求，用电火花检漏仪对防腐层进行仔细检查，检漏电压为 15kV，发现问题及时处理。

（3）管道组装完成，管沟检验合格后应及时组织管道下沟。在地下水位较高处，管沟开挖、管道下沟、管沟回填应连续进行。

（4）管道起吊下沟应符合下列规定：

① 管道起吊应至少有两台设备同时作业，起吊点距焊缝距离不小于 2m，两个起吊点的间距根据管径严格控制，起吊高度以不大于 1m 为宜。

② 起吊吊具以尼龙吊索为主，起吊时避免碰撞沟壁，以减少管沟塌方和防腐层的损伤。

③ 管道下沟应轻轻放下，不得摔管。

（5）石方段管道下沟应符合下列规定：

① 管道下沟前对沟底进行认真检查，对沟壁、沟底的突出石块要仔细清理。沟底的软土层应平坦、均匀，无碎石、杂物和积水。

② 下沟时应采用较软的材料挡住靠近吊装设备一侧的沟壁，防止沟壁石块擦伤管道防腐层。发现损伤要立即修补。

（6）管道沟底测量应符合下列规定：

① 管道下沟后应使管道轴线与管沟中心线重合，偏移不得大于 100mm。

② 管道下沟后应对管顶标高进行测量，在竖向曲线段还应对曲线的始点、中点和终点

进行测量，在公路两端穿越段还应进行高程测量。标高测量的允许偏差应控制在-100mm~50mm 之间。

③ 管道下沟后，不得出现管底悬空，否则应用细土填实。

（7）管沟回填应符合以下规定：

① 管道下沟检查合格后，应立即组织回填。回填前应将阴极保护测试线引出，待回填完成后再安装测试桩。

② 石方段或碎石段管沟，应先在沟底垫 200mm 厚的细土层（细土粒径不得大于10mm），并用细土回填至管顶 300mm 以上，然后用原土进行回填，但原土中的石块粒径不得大于 200mm。

4. 检查方法

（1）目视、测量、试验。

（2）抽查施工承包商的管道下沟质量检查记录、管沟复测记录、管道工程隐蔽检查记录等。

3.2.16　大开挖穿越工程

1. 质量控制点性质

巡检加旁站。

2. 质量控制要点

（1）质检员、HSE 监督员是否到位，是否持证上岗；操作工是否持证上岗；HSE 监督员是否进行了班前安全讲话，是否进行了风险分析评价；劳动、安全防护措施是否到位。

（2）三穿工程在施工前应制定专项施工方案，方案是否得到了监理及业主的批准。

（3）对照图纸核对穿越点的位置是否正确。

（4）是否按批准的施工方案组织施工。

（5）安全防护措施是否到位。

（6）单独出图（根据设计要求）的等级公路、高速公路、铁路、河流穿越管段是否经过了 100% 的射线与超声波检测合格。

（7）穿越段单独试压（旁站）。

（8）下沟、稳管（旁站）。

3. 技术要求

（1）等级公路大开挖穿越分为加套管穿越和不加套管穿越两种，埋深应符合设计要求。

（2）主管段穿越要采取有效的保护措施，保证在穿越过程中防腐层不被损坏，管道在套管中的位置应符合设计要求。

（3）穿越管段的试压必须符合设计要求。

（4）地下光缆、电缆及管道的交叉施工应符合设计的要求。管道沟开挖前承包商应将地下情况了解清楚，并做出明显的标记，必要时组织人工开挖。

（5）管道下沟前组织对防腐层进行电火花检漏，发现破损及时修补。

（6）对地下水位较高的管沟，应采取有效的稳管措施并及时回填。

4. 检查方法

（1）目视、测量。

（2）抽查施工承包商的下列资料：穿越施工方案、焊口组对记录、焊缝表面质量检查记录、无损检测报告、防腐补口补伤记录、管道试压记录、隐蔽工程检查记录等。

3.2.17　定向钻穿越工程

1. 质量控制点性质

巡检加旁站。

2. 质量控制要点

（1）现场交桩（参加）：定向钻施工的出入土点控制桩是最重要的控制点，监理必须参加交桩工作，并监督施工承包商作好交桩点的记录。标记点的永久参照物最少为两处。交桩记录由设计、业主、监理、承包商四方签字确认，同时对所有的控制桩、水准点进行移植与保护，以便进行复核。

（2）测量放线（旁站）：

① 依据图纸和施工组织设计，由测量技术人员对出入土点控制桩进行复核，监理必须参加。依据水准点复核出入土点的标高与坐标是否与设计图纸相符，两桩的水平间距是否与图纸一致，并作好复核记录，由监理和承包商测量技术人员签字确认。

② 依据出入土点放出穿越轴线和钻机一侧占地边线，如超出作业带边线应及时通知甲方协调。

（3）设备进场时监理要审查其报审的设备是否能满足施工需要。

（4）检查穿越管段的施工质量，包括焊接、防腐补口、电火花检漏、管道压力试验等。

（5）导向钻进及扩孔：

① 检查导向扩孔时的测量频率是否按施工方案的要求进行，检查施工承包商导向记录（绘制的平面与纵面坐标图）中定向钻导向孔的偏差范围不得大于3m，出土点的横向偏差不得大于3m，纵向偏差为+9～−3m。

② 了解钻进情况。

③ 检查扩孔是否按施工方案的要求进行。

④ 检查扩孔过程中泥浆的返回情况，避免污染环境。

（6）回拖准备：

① 检查发送沟情况，沟内不得有石块等可能损伤防腐层的异物，有条件时可利用泥浆润滑。

② 对穿越管段进行电火花检查，发现漏点及时修复。

③ 检查管段下沟情况，避免损伤防腐层并做好安全防护。

④ 检查钻具与穿越管段的连接情况，是否按施工方案的要求进行。

⑤ 检查各泥浆喷嘴是否畅通，回拖前要进行泥浆试喷。

（7）管段回拖（旁站）：

① 回拖过程中，要时刻注意防腐层受损情况，要安排专人巡视并在入土处进行监护，发现破损时应及时通知停止回拖并进行补伤。

② 掌握回拖情况，包括回拖压力、扭矩的变化情况。

③ 回拖完成后测量实际穿越长度，并与设计相比较。

（8）泥浆的处理必须达到环保要求。

3. 检查方法

（1）重点控制测量放线、穿越曲线和回拖。

（2）抽查施工承包商下列资料：穿越施工方案、焊缝质量检查表、管道无损检测报告、防腐补口补伤记录、电火花检漏记录、管道试压记录、隐蔽工程检查记录、定向钻穿越工程质量检查表、钻孔导向质量检查记录等。

3.2.18　通球扫线及管道试压

1. 质量控制点性质

旁站。

2. 质量控制要点

（1）质检员、HSE 监督员是否到位，是否持证上岗；操作工是否持证上岗；HSE 监督员是否进行了班前安全讲话，是否进行了风险分析评价；劳动、安全防护措施是否到位。

（2）管道吹扫压力不得大于设计压力，分段试压长度不得超过 10000m，检查吹扫、通球和试压方案是否可行，并经监理与甲方批准。

（3）清管试压人员是否已落实到位，上岗前是否经过培训和技术交底。

（4）清管及试压介质的选择是否符合设计要求，安全措施是否到位。

（5）清管器是否合格，数量是否充足；参与试压的封头、工艺管线是否经过检查合格，阀门在试压前是否单独进行了强度与严密性试验。

（6）清管的放空及排污口设置是否合适，是否符合安全要求；温度计、压力表等计量仪表的设置是否合理，仪器、仪表使用前是否经过校验合格。

（7）清管器的过盈量、运行速度、介质压力是否满足设计要求。

（8）清管与试压的过程是否满足设计及相关规范的要求。

3. 技术要求

（1）吹扫：吹扫的压力和长度应满足设计的要求，吹扫结果以合格为止，否则不得进行下道工序。

（2）管道清管试压：应在管沟土方回填后进行，试压前应对所有试压所用的仪表、阀门、管件进行检查与校验，合格后方可使用。重点为试压用阀门，使用前应采用与管道相同的试压方法对其进行单独试验，保证合格后方可使用。

（3）强度试验压力表的精度等级不得低于 1.5 级，表盘直径不得小于 150mm，最大量程不小于试验压力的 1.5 倍。严密性试验压力表的精度等级不得低于 0.25 级，表盘直径不得小于 200mm，最小刻度值不得大于每格 0.01MPa，最大量程不小于试验压力的 1.5 倍。压力表应不少于两块，分别安装于管道两端。温度计应安装在无阳光直射处或采取有效的遮挡措施，最小刻度值不大于 1℃。

（4）应采用水为介质进行压力试验，试验最大长度不得超过 10000m，试验管段的高差不宜超过 30m。试验的过程严格按照批准的施工专项方案进行。

（5）采用清管器进行两次以下清管作业，直至管道内部无杂物、污物。管道清扫合格后方可进行试压工作，清管扫线应安排在白天进行。

（6）清管作业应设置临时收发装置和放空口。清管器行走速度应控制在 4~5km/h，工作压力宜为 0.05 ~ 0.2MPa，如遇阻力，可适当提高工作压力，但最高压力不得超过 2.4MPa。当清管器最大推动压力达到设计压力而清管器仍受阻未能前进时，应考虑将受阻处管道割开清扫出污物，重新清管。

（7）管道干线截断阀门与管道一同试压。

（8）管道试压注水时，为排尽管道内空气，应先装入清管器(隔离球)，杜绝在高点开孔排气。注满水 24h 后，开始升压。管道分段试验的压力值、稳压时间及允许压降应符合《城镇燃气输配工程施工及验收规范》的要求。

（9）强度试验时，试验压力应分三次缓慢上升，升压速度以每小时不超过 0.1MPa 为宜，当压力上升到 30%、60% 的试验压力时，暂停升压并稳压 15min，沿线检查无异常、压力表显示无压降时再继续升压。

（10）管线用水试压后应尽快进行排水，排水口应选择在低点位置，并在一侧设置进气口。当利用重力排水结束后，应采用清管器进行排水清管。

（11）试压合格后的管段连接所焊的死口，经过 100% 射线和超声波检测合格后，可不再进行试验。

（12）在进行管道试压期间，必须划出试压禁区及防护地段，并用彩旗警示，同时在防护带外设置观察哨进行巡察，防止无关人员进入。

4. 检查方法

（1）目视、测量、检查、试验。

（2）重点检查计量设备仪表的检定。

（3）检查承包商的管道吹扫、清管、试压方案和相关施工试验记录。

3.2.19　连头

1. 质量控制点性质

旁站。

2. 质量控制要点

（1）连头用的钢管、弯头材质、壁厚、防腐层是否符合设计要求。

（2）连头口的组对、焊接、检测等工序是否符合规定的要求，是否存在强力组对。

3. 技术要求

（1）连头焊接必须执行连头焊接操作规程。

（2）连头用的钢管、弯头材质、壁厚、防腐层是否符合设计要求。

（3）连头施工现场作业面平整，满足施工要求，作业环境符合安全要求。

（4）尽量将施工环境温度选择在 20℃ 左右，以减少由于温度变化引起的应力集中。

（5）现场切割防腐管时，应将切管部分不小于 50mm 宽的内涂层与不小于 150mm 宽的外防腐层清理干净，去除切割产生的氧化皮，按规定加工坡口，并留出热胀冷缩的余量，尽快完成施工。

（6）连头完成后，立即进行外观检查与无损检测作业(100% 射线与超声波检测)，合格后抓紧组织防腐与管道回填。

4. 检查方法

（1）目视、测量检查。

（2）现场检查是否存在强力组对现象。

（3）检查施工单位的管口组对记录、焊缝表面质量检查记录等施工记录资料。

3.2.20　阴极保护

1. 质量控制点性质

巡检。

2. 质量控制要点

（1）设备的规格、型号。

（2）阳极、电缆等材料的规格、型号和数量。

（3）管道及其设施的防腐绝缘情况。

（4）恒电位仪的安装调试和验收。

（5）参比电极、保护参数。

（6）电源系统调试结果。

（7）测试桩类型、数量，桩埋深度与垂直度。

（8）资料记录的完整性与真实性。

3. 技术要求

（1）所用的设备与各种材料、器材的类型、质量与数量符合设计要求。

（2）确保电源设备的安装质量，如变压器、整流器、电缆、阳极电池等应按设计图纸施工，并应达到设计要求，包括：

① 各插件齐全，连接牢固，接线正确；

② 工作接地可靠，电极接线正确；

③ 电源电压与恒电位仪额定电压相符；

④ 参比电极的硫酸铜饱和溶液的配制及所使用的硫酸铜的纯度符合设计要求，埋深达到规定；

⑤ 为避免土壤应力，所有埋地电缆应留有余量；

⑥ 主电缆与阳极之间的接头要有良好的密封。

（3）系统测试良好。

（4）管道保护电位符合设计要求。

4. 检查方法

（1）目视、测量、试验。

（2）抽查施工承包商下列资料：测试桩安装检查记录、阴极保护测试记录、隐蔽工程检查记录等。

3.2.21　三桩埋设

1. 质量控制点性质

巡检。

2. 质量控制要点

（1）线路标志桩的制作、安装质量。

（2）线路保护工程的施工质量。

3. 技术要求

（1）地貌恢复完成后，全线进行复测，并按测量结果埋设里程桩、转角桩、标志桩。

（2）里程桩、标志桩、转角桩及警示牌的制作形式、几何尺寸、材料、标志、涂色均应符合设计要求，埋设位置与方式符合图纸要求。

（3）管道与地下重要设施交叉时，应按设计要求埋设交叉标志桩。

（4）管道穿越公路、河流、铁路等重要设施时，应按设计要求埋设警示标志。

（5）三桩埋设应符合相关规范的要求。

4. 检查方法

（1）目视、测量。

（2）抽查施工承包商的三桩埋设记录。

3.2.22　干燥

1. 质量控制点性质

旁站。

2. 质量控制要点

（1）是否有已获得批准的施工方案。

（2）进场的人员、设备、材料是否能满足管线干燥的要求。

（3）检测方法。

（4）过程检测数据。

（5）结果验收。

3. 技术要求

（1）空气干燥法：

① 当管道末端出口处的空气露点达到-20℃时，将管道置于微正压（50~70kPa）的环境下密闭 4h 后检测管道露点。

② 密闭试验后管道空气露点升高不超过 3℃，且不高于-20℃的空气露点为合格。

③ 在干燥验收合格后，应向管道内注入露点不高于-40℃、压力为 50~70kPa 的干空气或氮气，保持管道密闭，并对管道进行密封和标识。

（2）真空干燥法：

① 当管内压力降到 0.1kPa 时（管内气体相对露点为-20℃）应关闭真空泵组，密闭 24h，观察管道内压力变化，如压力变化值小于 0.6kPa，即为合格，否则应继续进行抽真空作业，直到合格。

② 验收合格后，应向管道内注入露点不高于-40℃、压力为 50~70kPa 的干空气或氮气，保持管道密闭，并对管道进行密封和标识。

4. 检查方法

（1）工作方法：随交接各方从起点开始，逐段交接至终点进行旁站检查。

（2）检查施工记录，包括干燥人员、设备、材料的入场报验、施工方案、干燥施工验收记录。

3.2.23　水工保护

1. 质量控制点性质

巡检。

2. 质量控制要点

（1）是否有已获得批准的施工方案。

（2）进场人员、设备、材料是否满足施工方案及设计的要求。

（3）对照图纸核对水工保护的位置、形式、数量是否正确。

（4）施工质量是否满足设计要求。

（5）过程控制资料是否齐全。

3. 检查方法

观察、测量、查验报告及资料。

4. 工作方法

（1）测量放线检查方法：复测。

（2）材料验收检查方法：外面检查，核对检测报告。

（3）基础土方开挖、回填检测方法：测量。

（4）灰土结构水工保护：灰土材料配合比要符合设计要求，搅拌均匀，随拌随用，应分层夯实，分层夯实厚度与压实度符合设计要求，检查压实系数报告。

（5）浆砌石水工保护：砌筑砂浆配合比通过试验来确定，浆砌石应采用铺浆法来砌筑，砂浆应饱满，施工应满足相关规范的要求。

（6）草袋素土结构水工保护：草袋护坡应置于老土层上，基础埋深及砌筑方法应符合设计及相关规范的要求。

（7）干砌石结构水工保护：干砌石护坡、坎堡两端应与原壁坡连接牢靠、平顺，石块应彼此交错，搭接紧密，不得松动，砌石材料、规格与做法满足设计及相关规范的要求。

（8）砼结构水工保护：砼配合比应通过试验来确定，强度应满足设计要求，检查砼配合比报告、原材料试验报告和砼强度报告。

3.2.24　竣工测量

1. 质量控制点性质

巡检。

2. 质量控制要点

（1）是否按要求进行了竣工测量。

（2）测量的数据及结果是否准确。

3. 检查方法

（1）观察、测量。

（2）抽查施工承包商的测量数据。

（3）复测。

3.3　管道建设期环境保护控制

管道管线工程是一个应用多种现代科学技术的综合性工程，同时又作为特殊产品的载体，在经济发展和人民生活中占有重要的地位。而同时管道管线工程又是以生态影响为主的线性建设项目，加强工程建设过程中的环境保护工作意义重大。管道管线工程环境监理的任务是根据《环境保护法》及相关法律法规，对工程建设过程中污染环境、破坏生态的行为进行监督管理，使施工过程符合环境保护要求，同时对建设项目配套的环境保护工程进行施工监理，确保施工项目"三同时"的实施。

3.3.1　管道管线工程类别与环境影响特点

1. 管道管线工程类别

管道管线工程从输送物质上分为石油管线(含汽油、柴油等)工程、天然气管线工程、输水管线工程、光纤光缆管线工程、输送其他介质的管道工程；从性质上分为管道工程、管线工程、水下管线工程、光纤光缆工程；从施工类别上分为主体工程、辅助(附属)工程、公用(临时)工程、环保工程。

管道是运输各种介质的通道，根据管道所处的空间位置，分为地上管道、地下管道和水下管道3种，但是对于一个管道工程项目而言，既有地上部分，又有地下和水下部分。

2. 管道管线工程环境影响特点

作为大型线性生态影响型建设项目，管道管线工程环境影响特点是：

(1)综合性强　管道管线工程是应用多种现代科学技术的综合性工程，既包括一般性建筑和安装工程，又包括一些具有专业性的工程建筑、专业设备和施工技术，在国际上被视为大型的、综合的有严重生态影响的建设项目。

(2)复杂性高　大型的油、气管道往往长数千公里，沿途翻越高山峻岭，穿越大河巨川，穿越极难通过的沼泽地带，穿过沙漠地区，伸入高寒地区和高原的永冻土地带，并向深海发展；同时，工程穿越多个特殊地段，如自然保护区、风景名胜区、文物保护区和严重水土流失区，涉及的环境要素更多。另外，管道管线工程与所经地区的城乡建设、水利规划、能源供应、环境保护和生态平衡等问题密切相关，而且在数公里的施工线上组织施工，需要解决大量的临时性问题。这些都使管道管线工程更加复杂。

(3)技术性强　管道管线工程是技术性较强的现代工程。各种油、气的性质不同，需要使管道能满足不同的输送工艺要求。同时，管道敷设环境千差万别，技术要求都是十分复杂的，需要多专业、多学科来综合解决。

(4)严格性高　管道管线工程质量必须严格达到设计和规范的要求；管道管线工程跨越多个行政区，环境监理除必须遵循国家环境监理的法律、法规与标准外，还需要遵循相应的地方法律和法规；同时施工期和交工试运营期的环境管理也不同。

管道管线工程通常较长，因此项目施工环境监理中常常根据不同的地质、地貌、地形和时段情况进行分段环境监理。

3.3.2 管道管线工程生态保护措施环境监理实施要点

管道管线工程在施工期和交工验收或试运营期均能对生态环境造成一定的影响，但施工期对生态环境的影响较为显著。因此，环境监理要特别关注施工期对重要生态功能、重要保护目标的生物量和生物多样性的影响。

1. 设计阶段的生态保护措施

选址选线应避绕自然保护区、风景名胜区、水源保护区、人口密集区等环境敏感区域；路线应绕避城市规划区、多年生长经济作物区；管道应尽量减少与河流、沟渠交叉，合理选择大型河流穿跨越位置；山区丘陵区应选择较宽阔、纵坡较小的河谷、沟谷地段通过；应避开大面积的林区，尽量减少对森林植被的破坏。

合理设计丘陵和山区段弃渣场，根据管道管线工程沿线的地形，将渣场沿管道的施工带范围进行设置。对于横坡，将弃渣堆放在坡的下端，在一侧沿线设挡墙，防止弃渣下滑；对于管道爬坡，弃渣沿管道呈带状堆放在管道一侧，挡墙呈梯田式布设。在丘陵和山区段不另设渣场，以减少对植被的破坏。

管道管线工程发生事故时，要有相应的环境保护措施或环保方案（通常包含在应急计划或应急预案中）。

2. 施工期的生态保护措施

施工期生态环境影响是指管道管线工程施工对生态环境的影响。由于管道管线工程是线型工程，因此对于某一施工段而言，其施工期比较短，影响时间也比较短。但是必须采取切实可行和有效的措施防止短期影响发展成长期影响。特别要注意生态保护措施与主体工程施工必须实行"三同时"制度。

环境监理应确定生态环境的敏感保护目标及其与管道管线的位置关系，减少施工对生态敏感保护目标的影响，减少水土流失，保护土地生产力，保护生物多样性、生态系统完整性及生态系统服务功能。

3. 施工期主要的生态保护措施

（1）施工时严格执行划定的施工带　按施工实际需要划定施工带，通常管道管线工程以 15m 为原则宽度，不要超过这一限度。施工时所有车辆、机械设备、施工人员的活动要严格限制在施工带内。对于临时占地要严格控制面积，以减少对土壤与植被的不必要的破坏，同时控制永久占地面积，将管道建设对现有植被和土壤的影响控制在最低限度。

（2）做好施工现场清理　定向钻穿越工程要设置防渗泥浆池。待施工结束时，泥浆清理运走，废弃泥浆池要进行植被恢复，并按原貌进行生态恢复。施工结束时，要尽快清理施工现场，恢复原有的地形地貌，运走施工垃圾，严禁将其随覆土埋入地下。管道敷设回填后的地表要保持与原地表高度一致，严禁抬高地表高度，渣场弃倒垃圾尽量用于修路、修建生态工程的塘坝等，以减少弃渣运量及堆放量。

（3）进行植被恢复　施工时的表土要保留，用于施工结束后进行植被恢复工作（耕地除外），原为草地的要植草，原为林地的要植树，不能植树的区域（管道两侧附近）可植草，以减少水土流失和提高植被覆盖率；对站场进行绿化，绿化面积不得低于 10%。落实渣场的水土流失治理措施，进行植被恢复，减少对环境的次生影响。

（4）水土保持措施　对于水土流失比较严重的管道工程区段，需要设计水土保持措施，以减少水土流失对于环境的影响。合理安排施工进度，避开雨季和大风天气。穿越河流和沟渠施工要避开汛期。施工要分段进行，采取分层开挖、分层堆放、分层回填的方式进行，以利于土壤生产力的恢复；做到随挖、随运、随铺、随压，废弃土方要及时清运处理。

（5）规范钻穿施工　管道定向钻穿越河流、沟渠及顶管穿越交通道路时，要规范施工，严格管理。在施工前制定出泥浆、土石方处置方案，限制临时堆放占地面积和远距离转移，开挖的土石不允许在河道内长时间堆放。施工完毕后，要及时清理恢复河道原状，运走施工废弃物和多余土石方。

（6）基本农田保护措施　管沟开挖区外的施工带内土壤，由于施工因素，土壤的机械结构和理化性质被改变。施工结束后，可通过加大对作业带有机肥料的投入，增加土壤有机质含量，恢复土壤团粒结构，减轻对土壤的压实效应，同时及时进行田间疏松土壤，以尽快恢复耕地的生产力。覆土时将原表土覆盖在表层可大大缩短土壤生产力恢复的时间，减小工程影响的时间。

（7）隧道及地下水保护　根据隧道顶部地下水位和泉水（如果有的话）流量，对施工方提出防止隧道周围地下水漏失的措施，环境监理要从保护地下水的角度，验证隧道施工工艺和防漏措施的环保可行性。对地下水的保护，要以堵为主，以排为辅，尽量不排。对于饮用水、灌溉用水和生态用水受到影响的，要提出相应的补救措施（如供水来源及补充方式）。

（8）生态系统保护　采取措施减少对脆弱生态系统的影响，包括减少扰动面、采用合适的施工方式、选择合适的施工季节等。注意加强对生态系统完整性、生态系统服务功能和生物多样性的保护，保护珍稀濒危物种及其栖息环境。对于不能避开的不良工程地质段，应做好工程保护和植被恢复；通过断裂带时要选择合适的通过方向，并做好管壁加厚、回填细土等保护措施。

3.3.3　管道管线工程污染防治环境监理实施要点

1. 噪声环境影响控制措施

站场与居民区保持一定距离；设备选型时选择低噪声设备；根据情况进行降噪处理，如采用封闭机房以及利用隔音窗、吸音材料、减振器、消声器和隔音墙等。例如在压缩机的进气口、排气口设置消声装置，机组设置机罩等，将噪声控制在85dB以下。

事故状态下，天然气放空噪声为不可避免的突发性噪声，因此放空管要远离人群或居民区；在站场周围、厂区内工艺装置周围和道路两旁，种植花卉、树木绿化，以降低噪声，同时还具有吸收大气中一些有害气体和阻滞大气中颗粒物质扩散的作用。

对于超标（可能是夜间）情况，采取的措施有：选择施工时段，减少对敏感目标的影响；增加隔音设备，以减少影响；使用低噪声的施工设备。特别是针对噪声设计的绿化对于降噪具有很好的作用，有条件的情况下可以通过设置专门设计的绿篱进行噪声隔离。

2. 水环境影响控制措施

管道管线工程对水环境的影响主要在施工期。

定向钻穿越可以显著减小其对于河流、沟渠、水源地的环境影响，有条件的情况下尽量采用。定向钻穿越产生的泥浆要堆放于泥浆池，干化后用于植被恢复。

工程弃渣集中堆放，不可排入水体污染水环境。大开挖施工会对水环境有一定影响，应选择枯水季节和浅水地段进行，并设置导流渠，减少对水环境的影响。

水污染主要包括清管废水、站场冲洗污水和生活污水等。将交工试运营期废水纳入市政污水管网，实现达标排放；对于不能进入城市污水管网的，设置相应的污水处理设施。

交工试运营期的管道试压水进行适当处理，选择Ⅳ类或Ⅴ类水体排放，达到地表水Ⅲ类以上标准，再排入环境。

水环境污染控制主要采取以下措施：充分利用已有的污水处理系统，减少投入，提高污水处理率；站场采用清污分流，少量设施场地冲洗水汇入雨水沟（管）排出站外；清管废水汇入污水池进行自然干化处理；各站场产生的生活污水经化粪池处理后，汇同生产废水一起经一体化污水处理装置处理，达到标准后作为站场的绿化用水或外排，或进入市政管网进行处理。

3. 大气环境影响控制措施

管道管线工程对大气环境影响主要发生在交工验收或试运营期。

输气管道大气污染主要是指清管作业时产生的废气、管道泄漏或事故排放的废气以及生活废气造成的污染。由于废气排放量少，且天然气密度小于空气密度，容易逸散，因此管道管线工程对大气环境影响有限。其控制措施主要是加强日常管理，减少泄漏和事故发生，加强对清管作业产生的废气的处理。

大气污染防治措施如下：

施工单位要选用符合国家标准的施工机械和运输工具，确保其废气排放符合国家标准。加强对机械设备的维护、保养，减少机械设备的空转时间，以减少尾气排放。混凝土搅拌及水泥堆放与运输要防止扬尘。保持对渣土场的覆盖，减少风吹或降雨造成的二次污染。

清管作业采用密闭不停气清管流程，清管时进站天然气通过旁路越站输送，不进行放空引球作业；事故状态下排放的天然气送到站外放空立管，使用火炬燃烧后排放，以减少对大气环境的影响。

对于交工试运营期的清管作业，采用密闭清管工艺，减少污染物排放。正确选用管道材质和防腐措施；定期进行清管、维护和检修，发现问题及时处理；避免管道爆管、穿孔和断裂造成的天然气泄漏。

提高对风险事故的防范意识，在不良地质地段做好工程防护措施；加强控制跑、冒、漏产生的空气污染源管理；对于挥发性较强的油品，其大气污染主要来自油品泄漏及储油罐挥发等。主要采取的措施是加强巡检，防止油品泄漏和采取先进的储罐技术以减少油品挥发。

4. 固体废物影响控制措施

管道管线工程固体废物的影响主要发生在施工期。

施工期的固体废物主要是施工产生的弃渣土石。对于这些固体废物要及时清运，不能清走的要设立渣土场，统一堆放。定向钻施工产生的泥浆排入泥浆池，施工结束后应将泥浆清走。施工渣土不能随意埋入地下，要进行统一处理。交工验收或试运营期的固体废物主要是清管作业产生的废渣（主要是粉尘和氧化铁粉末）和生活垃圾。

交工验收或试运营期的污染控制，重点在于加强管理和监督，建立和完善相应的监控管理体系，减少事故性污染的发生；建立快速的应急响应机制，通过设置自动截断阀和放空管，可以减少事故状态下的污染损害。对于危险废物要按相应的危险废物管理办法进行处理。

3.4　管道建设期实施完整性管理的核心问题

管道完整性管理是以管道安全、设施完整性、运行可靠性为目标并持续改进的系统管理体系，贯穿管道全生命周期，包括设计、采购、施工、投产、运行和废弃等各阶段。管道建设阶段作为管道全生命周期的重要一环，建设质量的优劣和所处环境条件是管道运行期管理的基础，其很大程度上决定了运行维护条件的优劣和管道能否安全平稳运行，因此认真做好建设期的风险管理，从源头上识别和消减风险至关重要。本节结合建设期完整性管理要求和近几年管道建设实例，提出管道设计、施工应重视和改进的核心问题。

3.4.1　建设期完整性管理的主要内容

管道设计、施工阶段均包括数据采集、高后果区（HCA）识别、风险评价、完整性评价和风险消减与维修维护等内容（见表 3-4），其中影响管道安全运行和完整性管理的关键问题应重点关注。

表 3-4　建设期设计、施工各阶段的完整性管理工作

阶　段	数据采集	HCA 识别	风险评价	完整性评价	风险消减与维修维护	效能评价
可行性研究	√	√	√		√	
初步设计	√	√	√	√	√	
施工图设计	√	√	√		√	
施工	√	√	√	√	√	

1. 可行性研究阶段

通过各项评价和政府核准，选择经济合理的宏观路由。管道线路选择以现场踏勘调研取得相关数据为主。完整性管理数据收集包括可研报告、沿线环境数据、专项评价报告及评审意见等。高后果区识别包括沿线高后果区的调查和识别（含规划调查与分布预测）。风险评价包括对专项评价报告审核、危害因素识别和高后果区评价等。风险消减与维修维护主要是根据高后果区识别和风险评价的结果，对管道路由进行调整和设计防控措施。

2. 初步设计和施工图设计阶段

随着管道的勘测数据不断完善和设计方案的逐渐细化，完整性管理的数据采集、高后果区识别、风险评价等工作需要重新循环开始，结合沿线环境数据的变化和新增高后果区情况，进行风险评价和落实调整优化设计。在初步设计阶段，管道完整性评价需要针对管道设计路由图、工艺流程图、收发球装置等进行可行性评价，以保证满足后期运行内外检测和完整性评价的需要；在施工图设计阶段，主要针对设计方案（包括施工期间的设计变更）进行高后果区识别和风险评价等工作。

3.4.2 建设期完整性管理的核心问题

1. 提升设计理念和方法

目前管道设计方案比选主要是基于建设期的工程量、施工难易和投资，运行维护多采用定性描述，其维护成本和管道失效风险难以进行量化计算。同时，国内外目前多采用的基于应力的设计方法，亦不能实现管道设计、施工和运行维护的有机统一，对于采用的新工艺、新材料和新方法，同样不能说明其安全可靠度。为此，推广采用基于可靠性的管道设计方法和建立管道全生命周期费用模型，以弥补现有设计方法和经济比选的不足。

2. 完善设计文件内容

管道完整性管理是个持续过程。一项管道工程从管道前期可行性研究到建设施工至投产，时间跨度较长，管道周边环境受到经济快速发展的影响变化较快。为保证管道的可实施性，管道路由在不同阶段需要不间断地开展数据采集、高后果区识别和风险评价及消减等工作。

目前国内管道设计在初步设计阶段均开展了管道高后果区识别、风险评价及消减等工作，但在管道可行性研究和施工图设计及施工阶段尚未推行这项工作。应结合《油气输送管道完整性管理规范》（GB 32167—2015），完善相关设计文件内容与深度编制规定。

3. 重视做好管道选线

（1）做好多方案路由比选 在可行性研究阶段，对不少于3个宏观路由走向方案进行比选，择优推荐。在初步设计阶段，应结合各专项评价报告和地方报批情况，进一步进行局部路由方案的比选和调整。方案比选时不应局限于单纯建设期的技术经济比较，应统筹考虑运行期的维护成本和潜在失效风险成本，即进行管道全生命周期费用比选。

（2）选定线路依法合规 油气管道与周边设施的关系涉及众多法律法规和标准规范，如《城乡规划法》《管道保护法》《饮用水水源保护区污染防治管理规定》《自然保护区条例》《公路安全保护条例》《铁路安全管理条例》《电力设施保护条例》《军事设施保护法》等法律法规，以及《输气管道工程设计规范》《输油管道工程设计规范》《石油天然气工程设计防火规范》《油气输送管道穿越工程设计规范》和《铁路工程设计防火规范》等，管道设计人员应充分掌握并严格执行。

（3）与地方部门沟通协调 在设计各阶段，积极与地方各相关部门沟通和协调，如西气东输三线中段路由涉及1198个报批部门，包括规划、国土、林业、环保、水利、文物、交通等。可行性研究阶段一般到区县级部门报批，在初步设计阶段还要延伸到乡镇报批，甚至要协调村级组织。

（4）与专项评价有效衔接 在可行性研究阶段，需要进行环评、安评、地质灾害、地震安全、水土保持、矿产压覆和文物调查等专项评价。为保证工作有序进行，避免返工，对于设计提供的路由，各专项评价宜先进行资料收集和现状调查，确定无制约性因素再开展评价工作，评价结论和建议应与设计单位进行沟通、确认，保证方案的一致性。

4. 合理划分地区等级

近几年在役管道由于地区等级升高被迫对存在重大隐患的管段进行改线的事例屡见不鲜，应引起高度重视。应按照《输气管道工程设计规范》对地区等级划分规定，进行相关设计工作。当地区发展规划足以改变该地区现有等级时，管道设计应根据地区发展规划划分地区等级，且遵循"宜高不宜低"的原则，科学确定沿线地区等级，以便为后续发展留有充分裕量。

5. 重视高后果区识别

《油气输送管道完整性管理规范》和《输气管道工程设计规范》分别规定了高后果区划分标准和设计系数选取条件。管道设计应针对一、二级地区详细调查管道两侧各 200m 范围内特定场所分布情况，对于学校、医院以及其他公共场所，应严格按照三级地区选取设计系数。

6. 做好线路用管设计

（1）管型选择 对于大口径油气输送管道宜采用埋弧焊钢管（直缝或螺旋缝），对于中口径油气输送管道宜选用埋弧焊钢管或高频焊钢管，对于小口径油气输送管道宜选用无缝钢管或高频焊钢管。

（2）强度和韧性 管道按照不同的设计系数进行壁厚计算，并通过强度、刚度和稳定性校核，进行管道韧性设计。输油管道钢管母材和管体焊缝以满足不起裂为原则，所需的韧性值相对较低；输气管道钢管母材除满足不起裂外，还要求具有止裂能力，因此其韧性值相对要高，如西气东输二线一级地区钢管母材韧性值要求为 200J。

（3）可焊性良好 管道钢管在现场要进行环焊缝的焊接施工，要求具有良好的焊接操作性能和良好的环焊缝力学性能。输气管道 X70、X80 等高钢级管材，自保护药芯焊丝半自动焊的环焊缝的冲击韧性波动较大，常出现不达标现象。为此，对于高钢级钢管尤其是 X80 钢，对其合金成分应作出严格的限定。

7. 严格控制焊接施工

国内某研究机构对 2011~2012 年国内新建 11000km 管道环焊缝的 8 种失效原因进行了研究，研究表明：75% 失效是由焊接施工缺陷引起的，主要是冲击韧性不符合要求和内壁起裂；25% 失效是由外部荷载引起的，如地面移动和强力组对。为控制管道环焊缝质量，规避环焊缝断裂风险，应做好以下几点：

（1）采用自动焊接工艺 高钢级管道的焊接施工量大，传统的自保护药芯焊丝半自动焊的冲击韧性不易保证，应大力推进采用自动焊接工艺。目前在建的中靖联络线、陕京四线、漠大复线和中俄东线天然气管道工程，自动焊接的应用规模均超过 50%。

（2）控制连头碰死口施工 管道连头碰死口时容易出现错边和斜接，同时受制于两端固定约束作用，会产生焊接残余应力，环焊缝容易发生开裂失效。因此管道连头碰死口要放在弯管两侧的直管段处，同时要求管道连头处两侧管道要预留足够的未回填长度，以便自由调整。

8. 做好管道防腐补口

腐蚀是除外力破坏之外的管道第二大失效因素。做好管道防腐、补口的设计施工至关重要。山区石方等地段管道宜采用三层 PE 防腐层，沙漠等地段可采用单层熔结环氧粉末防腐层或双层熔结环氧粉末防腐层。三层 PE 防腐层管道宜采用热熔胶型热收缩带（套）和液体聚氨酯补口。熔结环氧粉末防腐层管道宜采用熔结环氧粉末涂料静电喷涂补口，或采用无溶剂液体环氧涂料补口，也可采用热熔胶型热收缩带（套）补口。为避免传统的手工热缩带补口带来的施工质量问题，应大力推进机械化补口和干膜施工。

9. 开展石方段变形检测

管道经过山区石方段施工时易受到磕碰，或因沟底不平或细土回填不到位，管底部分容易形成凹坑。根据统计数据，大于2%管径深度的凹坑密度在0.15~0.76个/km左右，且凹坑多位于管底5：00~7：00位置。为及时开挖验证和消除超标凹坑，山区石方段的大口径管道宜在管道试压后采用智能变形检测。中缅油气管道、兰成原油管道和在建的陕四线、中俄东线天然气管道等均在建设期采用了智能变形检测，取得了较好的效果。

10. 加强地质灾害防治

建设期的地质灾害规避和处理是管道完整性管理的一个重点。可行性研究阶段应开展管道沿线地质灾害调查、评价，为管道地质灾害的防治提出建议，并对建设项目场地适宜性作出评价。初步设计阶段要完成管道全线的地质灾害调查、勘察评价和防治工程的初步设计，并纳入工程概算。施工图设计阶段要完成管道全线的地质灾害防治工程的详细勘察和施工图设计。施工阶段要开展地质灾害防治工程施工，进一步实现线路优化、设计优化，施工采用信息法施工，预防管线施工诱发地质灾害。

11. 做好数据采集录入

良好的地理信息平台和完善的数据采集系统是完整性管理的必备条件，管道相关数据的完整性和准确性直接决定管道全生命周期完整性管理的成败。基础数据的积累、完善、及时录入等，大部分在管道建设期内完成。建设期采集的数据包括管道属性数据、管道环境数据、设计文件、施工记录和评价报告等。各个阶段的参与者，应各尽其责，录入完整、准确、具有时效的数据，以保障后期管道内检测数据分析和风险评价等工作。

3.4.3 建设期管道完整性管理失效控制

建设期完整性管理的核心是从源头控制管道失效，为保证管道各阶段的安全运行，削减管道面临的风险和隐患，提前对管道失效的风险进行预控，使管道完整性管理向工程建设源头延伸，实现完整性管理范围全覆盖，需要将失效控制的经验、做法上升为标准，从而促进管道完整性管理的各项措施强制落实。

中石油某管道企业编制了《建设期管道完整性管理失效控制导则》，参照中华人民共和国管道保护法、环境保护法、GB 50251《输气管道工程设计规范》、GB 50253《输油管道工程设计规范》、GB 32167《油气输送管道完整性管理规范》、SY/T 6621《输气管道系统完整性管理规范》等10余部法律法规和标准规范，对建设前期管道完整性管理失效控制问题进行了详细的规定，形成了《建设期管道完整性管理失效控制导则》，参见本书附录A。导则实施以来，促进了我国管道企业建设期管道完整性管理的规范化，并发挥了重要的示范作用。

第4章　管道建设期立项评价

4.1　管道建设安全

4.1.1　设计依据

1. 建设项目合法性证明文件

列出建设项目审批、核准或备案等相关合法性证明文件，并标注发文单位、日期和文号等。

2. 依据的法律、法规及规章

列出建设项目适用的现行国家有关安全生产法律、行政法规、部门规章，以及地方性法规、规章和规范性文件，宜按法律–法规–规章顺序排列，并标注发布机构、文号和施行日期。包括但不限于：

(1)《中华人民共和国安全生产法》；

(2)《中华人民共和国消防法》；

(3)《中华人民共和国水土保持法》；

(4)《中华人民共和国防洪法》；

(5)《中华人民共和国突发事件应对法》；

(6)《中华人民共和国石油天然气管道保护法》；

(7)《中华人民共和国防震减灾法》；

(8)《特种设备安全监察条例》；

(9)《公路安全保护条例》；

(10)《铁路运输安全保护条例》；

(11)《电力设施保护条例》；

(12)《防雷减灾管理办法》；

(13)《非煤矿矿山建设项目安全设施设计审查与竣工验收办法》；

(14)《建设项目安全设施"三同时"监督管理暂行办法》；

(15)《生产经营单位安全培训规定》；

(16)《特种作业人员安全技术培训考核管理规定》；

(17)《安全生产培训管理办法》。

3. 依据的标准规范

列出建设项目引用的主要标准规范，名称后应标注标准号和年号，宜按国家标准–行业标准–国外标准–企业标准的顺序排列，并按照专业进行排序。注意引用标准规范的适用范围，其中国外标准和企业标准仅作为参考标准，如需引用，必须说明原因及具体引用条款，且内容不得与国家标准、行业标准冲突。包括但不限于：

(1)《输气管道工程设计规范》(GB 50251)；

(2)《输油管道工程设计规范》(GB 50253)；

(3)《石油天然气工程设计防火规范》(GB 50183)；

(4)《油气输送管道穿越工程设计规范》(GB 50423)；

(5)《油气输送管道跨越工程设计规范》(GB 50459)；

(6)《建筑设计防火规范》(GB 50016)；

(7)《建筑抗震设计规范》(GB 50011)；

(8)《建筑工程抗震设防分类标准》(GB 50223)；

(9)《油气输送管道线路工程抗震技术规范》(GB 50470)；

(10)《工业企业总平面设计规范》(GB 50187)；

(11)《建筑地基基础设计规范》(GB 50007)；

(12)《建筑物防雷设计规范》(GB 50057)；

(13)《供配电系统设计规范》(GB 50052)；

(14)《爆炸和火灾危险环境电力装置设计规范》(GB 50058)；

(15)《火灾自动报警系统设计规范》(GB 50116)；

(16)《泡沫灭火系统设计规范》(GB 50151)；

(17)《建筑灭火器配置设计规范》(GB 50140)；

(18)《钢质石油储罐防腐蚀工程技术规范》(GB 50393)；

(19)《储罐区防火堤设计规范》(GB 50351)；

(20)《安全色》(GB 2893)；

(21)《安全标志及其使用导则》(GB 2894)；

(22)《石油天然气工业管线输送系统用钢管》(GB/T 9711)；

(23)《钢质管道外腐蚀控制规范》(GB/T 21447)；

(24)《埋地钢质管道阴极保护技术规范》(GB/T 21448)；

(25)《石油天然气管道安全规程》(SY 6186)；

(26)《原油管道输送安全规程》(SY/T 5737)；

(27)《石油天然气工程总图设计规范》(SY/T 0048)；

(28)《石油设施电气设备安装区域一级、0区、1区和2区区域划分推荐作法》(SY/T 6671)；

(29)《埋地钢制管道直流排流保护技术标准》(SY/T 0017)；

(30)《埋地钢制管道交流排流保护技术标准》(SY/T 0032)；

(31)《钢制储罐罐底外壁阴极保护技术标准》(SY/T 0088)；

(32)《管道干线标记设置技术规定标准》(SY/T 6064)；

(33)《油气输送管道线路工程水工保护设计规范》(SY/T 6793)；

(34)《石油天然气工程可燃气体检测报警系统安全技术规范》(SY 6503)；

(35)《石油天然气安全规程》(AQ 2012)。

4. 其他设计依据

列出建设项目安全预评价报告、地质勘察报告、地质灾害危险性评价报告、地震安全性评价报告、压覆矿产资源评价报告、水土保持方案、初步设计以及其他有关安全设施设计的文件，并标注文件名称、编制单位和日期等。

4.1.2 概述

1. 项目概况

说明项目概况，包括但不限于：建设时间及地点、气象条件、输送介质、建设规模、输送工艺、管道设计压力、管径、管材、长度以及站场设置、防腐保温、阴极保护、大型穿(跨)越、难点地段、总投资等。从安全角度突出工程特点，必要时可用示意图描述。说明建设单位、运营管理单位的基本情况。

2. 设计界面

说明工程与已建、在建或规划的油气田处理厂、LNG 接收站、炼厂、城市输配气门站、储气库、储油库、燃气发电厂、其他油气管线等衔接工程的界面，必要时可用示意图描述。对于分期实施的项目，应说明项目总体情况；对于联络线工程，应说明上下游管道情况；对于改(扩)建项目，应说明原有站场情况；对于多个设计单位共同设计的项目，应说明各设计单位的分工情况。

4.1.3 工程设计及采取的安全防护措施

分类说明工程初步设计内容，针对具体危险有害因素，说明采取的主要安全防护措施。若工程采用了新工艺、新技术、新材料或新设备，应根据类别分析其危险有害因素及安全可靠性，并提供国家标准、行业标准、企业标准或省部级以上鉴定、验收、评审结论等文件。对于改(扩)建项目，应分析其与在役站场管线动火连头以及与其他系统、相邻设施衔接的安全可靠性。

1. 线路工程

1) 线路走向

(1) 设计原则　说明线路走向选择所遵循的原则及主要关注因素。

(2) 沿线敏感区域　根据各专项评价(估)报告结论及现场调研踏勘成果，说明管道沿线附近可能有相互影响的主要敏感区域情况，包括城镇规划区、人口密集区、军事区、海(河)港码头、风景名胜区、饮用水源地、保护区、采空区、压矿区等。

(3) 沿线不良地质分布　根据地质灾害危险性评价报告结论，说明管道沿线不良地质分布情况。

(4) 与已有设施的相对关系　说明管道与公路、铁路、水利设施、高压电力线、通信光缆、其他油气管线等已有设施的并行或交叉情况。

(5) 线路选定　根据管道沿线敏感区域、不良地质分布情况以及与已有设施的相对关系，说明管道路由的选定依据。对于无法绕避的城镇规划区等敏感区域，应说明当地政府主管部门的意见和要求。说明所确定的线路总体走向情况，主要包括线路(干线、支线)的起点(首站)、中间站、终点(末站)的地理位置及线路长度。给出线路走向示意图，列表说明沿线行政区划分情况。

2）钢管选用

说明管道的输送介质、设计压力、设计温度和管径情况。列表说明管道沿线地区等级的分类情况，说明天然气管道的设计系数选用情况。对于人口密集区等特殊区域，应说明设计系数选用方面的特殊考虑。根据工程特点，说明管道材质、壁厚、等级、制管方式、化学成分和力学性能等参数的选用依据。

3）管道敷设方案及特殊地段采取的措施

说明一般地段管道的敷设方式、管道埋深、管沟开挖、管沟回填和地貌恢复等要求。针对管道特点和经过的特殊地段，说明所采取的特殊处理措施，包括但不限于：

（1）说明管道经过城镇规划区、人口密集区、军事区、海（河）港码头区的情况，说明在设计系数、管道壁厚、管型选择、管道埋深、无损检测、地面标识等方面采取的措施。

（2）列表说明管道经过保护区、风景名胜区、饮用水源地等环境敏感区的情况，说明在设计系数、管道壁厚、无损检测、水工保护、线路阀室设置和作业带设置等方面采取的措施。

（3）列表说明管道经过采空区和压矿区的情况，根据地质灾害危险性评价报告和压覆矿产资源评价报告，说明按照其提出的要求和建议所采取的措施。

（4）列表说明管道经过滑坡、不稳定斜坡、泥石流、危岩和崩塌等地质灾害的情况，根据地质灾害危险性评价报告以及相关地质勘察评价报告，说明采取的措施。

（5）列表说明管道经过湿陷性黄土、盐渍岩土、膨胀岩土、多年冻土、季节性冻土、风沙等特殊岩土段的分布情况，说明在管道壁厚、管道敷设和水工保护等方面采取的措施。

（6）说明管道经过地震强震区及地震断裂带的情况，根据地震安全性评价报告，提供管道抗拉伸和抗压缩应力计算结果，说明在管材选择、管道壁厚、管型选择、管道埋深、管沟开挖、回填土等方面采取的措施。

（7）说明管道经过沟谷地段的情况，重点介绍沟谷的工程地质、水文地质和沟谷岸坡侵蚀情况，说明在管道敷设位置、管道埋深、水工保护等方面采取的措施。

（8）说明管道经过复杂山区的情况，重点介绍管道翻越高陡边坡、大段横坡敷设地段的分布和下覆地质情况，说明在敷设方式、管道埋深、水工保护和边坡支护等方面采取的措施。

（9）说明管道经过软土、水网地段的情况，重点介绍软土、水网地段的地质情况，以及水网耕作区、水产品养殖区、河道清淤等人为活动情况，说明在管道埋深、稳管、护管、水工保护、管道标识等方面采取的措施。

（10）列表说明管道与已建管道并行（同沟）敷设的情况，说明在并行间距、敷设要求、管道壁厚、无损检测、防腐、阴极保护、水工保护、管道标识等方面采取的措施。

（11）列表说明管道与高压电力线和电气化铁路并行敷设的情况，说明在管道壁厚、管道敷设、防腐、阴极保护、排流、检测等方面采取的措施。

4）阀室设置

列表说明阀室设置及地区等级（输气管道）情况。重点说明对阀室设置和选型的特殊考虑，如在全新世活动断裂带和部分敏感区域两端增加阀室设置等措施。

5）伴行路

列表说明沿线伴行路设置情况，根据维（抢）修的需要，说明伴行路的主要技术指标。

6）管道标志

说明沿线里程桩、转角桩、阴保测试桩、交叉标志桩、警示牌、警示带等管道标志设置情况，根据工程特点，重点说明特殊地段管道标志设置情况。

2. 穿（跨）越工程

1）河流大、中型穿（跨）越

列表说明河流大、中型穿（跨）越工程情况。

对于穿越工程，说明工程地质、水文地质情况及穿越方案。针对挖沙、抛锚、通航安全、冲刷、堤防沉降、敏感点保护、施工安全、地震等因素，说明在管材选用、焊接及检测、试压、防腐、抗震等方面采取的措施。

对于跨越工程，说明工程地质、水文地质情况及跨越结构。针对边坡稳定、地质灾害、应力分析及热补偿、强风、冰凌、第三方破坏、施工安全、地震等因素，说明在管材选用、焊接及检测、试压、防腐、抗震等方面采取的措施。

2）山岭隧道穿越

列表说明山岭隧道穿越工程情况。

说明工程地质、水文地质情况及隧道结构。针对泥石流、洪水、雪崩、崩塌、涌水、涌沙、瓦斯、有毒气体、渣土堆放、施工安全、地震等因素，说明在管材选用、应力分析及热补偿、焊接及检验、试压、防腐、锚固、排水、抗震、通风、有害气体检测等方面采取的措施。

3）公路、铁路穿（跨）越

列表说明公路（二级以上）和铁路穿（跨）越情况。

针对管道穿越公路、铁路段地表沉降等因素，说明在穿越结构、管材选用、焊接及检测、试压、防腐等方面采取的措施。

3. 工艺

1）物料

列表说明原油、天然气等输送介质的组分和性质，特别说明硫化氢、二氧化碳等有毒有害物质的组分含量，并说明工程所涉及的其他危险物质（如甲醇）或化学药剂的名称和用量。当有多种物料时，应分别说明各种物料的组分和性质。

原油管道应说明原油的凝点、反常点和黏温特性，改性输送的原油应说明改性前后的特性。天然气管道应说明天然气是否满足国家二类气标准，并说明设计压力条件下天然气的烃露点和水露点。

2）设计基础参数

说明管道沿线大气温度、管道埋深处地温等数据。说明管内壁粗糙度、内涂层、保温层厚度和导热系数及总传热系数等相关数据。

3）工艺方案

说明原油管道应说明采用的输送工艺方案，并附典型条件下的水力、热力计算结果表及水力坡降图。说明采取的安全措施，包括但不限于：

（1）预防凝管的措施，包括保温加热、加降凝剂等。

（2）各种工况下的水击保护措施。

（3）防止管道高点拉空（液柱分离）的措施，若翻越点后采用不满流设计方案应说明其安全可靠性。

（4）管道泄漏事故工况下的措施。

天然气管道应说明采用的输送工艺方案，并附典型条件下的水力、热力计算结果表。说明采取的安全措施，包括管道泄漏事故工况下的措施等。

4）工艺与储运设施

列表说明全线站场设置情况，说明各站场的功能、工艺流程、主要设备设施和技术参数。

原油管道采取的安全措施包括但不限于：

（1）站场内设计压力分界处采取的措施。

（2）站场发生紧急情况时采取的措施，包括截断、泄压等。

（3）站场各单元工艺运行参数（压力、流量、温度、液位等）超出限定值时采取的措施。

（4）管道内流体停止流动时，防止静压超压的措施。

（5）管道内流体停止流动时，加热设施防止超温、超压的措施。

（6）离心泵防气蚀的措施。

（7）开车、停车时防低温冻结、冻裂的措施。

（8）站内其他主要设备的安全措施，包括容器、储罐等。

天然气管道采取的安全措施包括但不限于：

（1）站场内设计压力分界处采取的措施。

（2）站场发生紧急情况时采取的措施，包括截断、泄放等。

（3）站场各单元工艺运行参数（压力、流量、温度、液位等）超出限定值时采取的措施。

（4）站场、阀室放空系统的安全可靠性，包括放空管的可燃气体扩散范围、放空火炬的热辐射影响范围以及火炬设施防止热辐射的措施等。高低压放空采用同一系统时采取的安全措施。

（5）站内加热设施防止超温、超压的措施。

（6）防止管内积液、冰堵及局部节流引起土壤冻胀的措施。

（7）离心式压缩机防喘振的措施。

（8）开车、停车时防低温冻结、冻裂的措施。

（9）站内其他主要设备的安全措施，包括清管、容器维护时防自燃、爆炸的措施。

4. 自动控制与仪表工程

1）设计原则

说明工程自动控制的整体设计原则，说明安全仪表系统的安全完整性等级。

2）系统控制方案

说明数据采集与监视控制系统（SCADA 系统）、站控制系统［顺序控制系统（SCS）、分散控制系统（DCS）或可编程逻辑控制器（PLC）等］的总体控制方案、构成、配置、功能及各级控制方式。

说明站控制系统各主要控制回路、控制原则及安全可靠性。

3）安全仪表系统（SIS）

说明安全仪表系统的构成、配置及功能。

（1）紧急停车系统（ESD）　说明紧急停车系统各级的功能及触发条件，说明其安全可靠性。

（2）联锁保护系统　说明安全联锁保护系统的分类，分别说明超压（温度、液位）、水击保护系统等的功能、设置、回路的安全可靠性。

（3）消防控制系统　说明站场消防控制系统构成、配置、功能及触发条件，说明传感器的设置、报警及联锁控制的功能。

（4）管道泄漏检测系统　说明管道泄漏检测系统的设置、配置及联锁控制的功能。

（5）单元控制系统（UCS）　说明单元控制系统的设置、配置及联锁控制的功能。

4）仪表的选型及安装

（1）安全仪表系统仪表设备　说明安全仪表系统中的检测元件、执行元件设置、选型原则及安全等级。

（2）其他系统仪表设备　根据工程性质、站场分类、站场爆炸危险场所分类，说明仪表的防爆、防护等级。

（3）防浪涌保护器和接地系统　说明防浪涌保护器的设置及要求，说明接地系统的设置及要求。

（4）仪表的故障诊断功能　说明所选用仪表的故障诊断功能。

5）其他安全措施

（1）说明控制室内安全措施。

（2）说明电缆敷设方式、选型及抗干扰等的安全措施。

（3）说明温度、压力、流量、液位等仪表安装要求。

（4）测量管路的防护与保温伴热等其他安全措施。

5. 通信工程

（1）通信方案　说明自动化控制数据主用通信方式和备用通信方式。说明主、备用通信系统的设置方案，自动化数据利用主、备用通信信道的传输方向以及备用数据的环回方式。

（2）防范系统　说明站场安全防范系统设计，包括工业电视系统架构、系统容量、室外摄像机数量、防爆等级、安装位置，摄像机监视范围等。说明周界防范报警系统设计和报警前端的设置位置等。

（3）防雷及接地　说明通信设备的防雷及接地方式，包括机柜间各通信设备、室外摄像机、周界报警前端的防雷措施及接地方式。

（4）光缆防护　说明光缆防强电、防水、防腐等防护措施。

6. 防腐保温与阴极保护

（1）防腐保温　根据区域环境特点，说明管道外防腐层及保温层的材料结构和补口方式。说明站内管道及设备防腐、保温和伴热设计，重点说明大型容器和储罐内、外壁的防腐措施。

（2）阴极保护　说明采用的阴极保护方案。采用强制电流阴极保护时，说明阴极保护站的分布、数量、供电方式和设置情况；采用牺牲阳极保护时，说明阳极材料的选用、数量和分布情况。说明大、中型穿越段加强阴极防护、管道临时阴极保护情况以及阴极保护系统的防雷措施。列表说明管道沿线干扰源情况及采取的措施。说明站场、储罐的阴极保护方案，进出站管线绝缘接头设计。说明阀室内设备的阴极保护方案和放空管阴极保护措施。

7. 供配电工程

1）供电电源

（1）说明站场、阀室的负荷性质、负荷等级、总负荷计算结果。说明供电电源位置、电压等级、线路容量、送电回路、上级变电所系统结构。如有自备电站，说明其驱动机类型、装机容量、台数、运行方式、并网方式等。

（2）说明变（配）电所的数量、主变容量、设备位置及布置形式。从站场主变电所的主接线、主变压器容量和台数、配电系统形式及运行方式等方面分析站场供配电系统的安全可靠性。

（3）说明对消防、通信、控制、仪表、建（构）筑物应急照明等重要负荷的安全供电措施。

2）配电设备设置

（1）说明变（配）电所内电气设备布置、设置及防火要求。说明对于可能引起误操作的高压电气设备的防护措施。

（2）说明可能有 SF_6 气体泄漏空间的防护措施。

3）电气设备的防爆、防火、防腐措施

说明爆炸危险场所区域的划分及设备、材料选型，附爆炸危险区域划分平面图，并说明所采取的防爆措施。说明供配电系统及设备、材料选型的防火措施。说明接地材料的防腐措施及户外电气设备的防护等级和防腐措施等。

4）防雷、防静电措施

说明站内各建（构）筑物防雷等级、类别，并分别说明不同建（构）筑物的防雷措施。说明大型跨越设施的防雷保护措施，包括悬索桥、斜拉索桥、桁架管廊以及站内防静电保护措施。说明站内接地系统设计，说明主要建（构）筑物及电气设备的接地电阻要求。说明信息设备的防电涌保护措施。

5）防电击保护措施

分别说明直接电击和间接电击的保护措施，包括电气防护、设备选择、配电线路保护、等电位连接等。

8. 给排水系统

（1）给水方案　根据生产、生活及消防用水量、水压的要求，说明设置消防水系统站场的供水方案，包括水源和加压设施。

（2）排水方案　根据站场地形地貌、地表水系、气象资料及降雨最大径流量等，说明工业污水、生活污水及雨水排放系统设计，说明事故状态下总排污量的处理措施。

9. 站场区域和总平面布置

（1）站场选址区域安全性　说明选定站址与周边的安全距离。列表说明各站场安全距离的合规性。说明选定站址周边的生产、生活社会依托资源情况，包括交通道路、生活设施、水电设施等公共资源。

（2）站场总平面及竖向布置　列表说明站内设施安全距离。说明站场道路设置和边坡稳定设计。对于可能存在洪水隐患的站场，应说明站场防洪标准、设计标高与当地历史最高洪水位的关系以及防洪措施。

（3）安全通道　说明站场的安全出口、消防通道、逃生通道以及建筑物的安全出口设置情况。

10. 建筑与结构

（1）主要建（构）筑物　列表说明建筑物的规模、火灾危险性类别、耐火等级、层数及建筑高度等。重点说明防火、防爆安全防护措施。列表说明场区各建（构）筑物的结构形式、基础形式、抗震设防烈度、抗震设防分类、抗震等级、基本风压、基本雪压等。重点说明抗震措施。

（2）地基处理　说明液化土、湿陷性黄土、盐渍土、膨胀岩土、厚填土、淤泥、溶洞等不良地质土层的地基处理设计，以及采取的安全措施。

11. 供热

说明站场供热设施或外接热源情况，说明供热系统自身的防火、防爆措施。

12. 暖通

说明有爆炸危险性气体和毒性气体散放场所的通风措施，以及防爆区域内空调机的选型。

13. 事故应急

1）消防

（1）消防现状　说明站场附近的消防力量，主要包括其消防能力及到达站场的距离、时间、沿途道路状况等，确定可依托的消防力量。对于改（扩）建项目，应说明已有的消防能力。

（2）消防站设置　根据站场等级、消防设施完备情况以及消防依托条件，说明消防站设置规模、人员和设备配备等。

（3）站内消防设施　说明站场的消防设施状况，主要包括消防设施类别、设置区域、消防规模、各消防系统组成、运行控制方式及主要消防设施技术参数等。

2）维（抢）修

说明维（抢）修总体方案及新建或依托的维（抢）修队伍数量、规模和设备配置情况，明确各维（抢）修队伍的管辖范围。对于特殊地质地段管道，应说明配置的特殊维（抢）修器具及对人员的配置和能力要求。

14. 试生产准备及试生产

说明试生产准备及试生产期间的安全要求，包括试压、清管、干燥、置换等。

4.1.4　安全管理机构

提出管道建设项目运营单位安全管理机构设置、人员配备的建议，附组织机构图，说明安全专（兼）职管理人员的配置情况。依托原有安全管理机构的项目，说明有无新增安全管理人员。

4.1.5　预评价报告对策措施采纳情况

逐条说明安全预评价报告提出对策措施的采纳情况。完全采纳的，说明具体设计内容；未采纳或部分采纳的，说明原因。

4.1.6　安全设施投资

说明建设项目安全设施投资总额及占项目建设总投资的比例，列出安全设施明细。

4.1.7　有关问题和建议

提出需进一步落实的问题，并对施工图设计、施工、运营等环节提出相关建议。

4.1.8　附件

包括但不限于：①建设项目审批、核准或备案文件；②建设项目初步设计委托书或合同书；③建设项目安全预评价报告及备案表；④新工艺、新技术、新材料或新设备的省部级以上鉴定、验收、评审结论等文件。

4.1.9　附图

附图应按照设计单位正式图纸格式签署，包括但不限于：①线路走向示意图；②大型穿(跨)越平面图、纵断面图；③工艺系统图；④站场工艺及自控流程图(PFD 和 PID)；⑤典型阀室工艺及自控流程图(PFD 和 PID)；⑥站控系统配置图；⑦爆炸危险区域等级划分图；⑧火焰、可燃气体检测仪及报警点位置分布图；⑨通信设备平面布置图(主要包括站内室外的工业电视、周界防范报警等通信设备的布置)；⑩站场区域位置图[标注周边道路、建(构)筑物、电力设施等敏感点]；⑪站场总平面布置图及竖向布置图(包含地形图、风玫瑰、距离尺寸或坐标，标注周边敏感点的坐标或距离尺寸)；⑫典型阀室总平面布置图；⑬消防器材布置图；⑭消防工艺及自控流程图。

4.2　地质灾害评价

管道地质灾害评价，按照以下步骤和要求编写地质灾害评价报告。

4.2.1　评价工作概述

(1) 工程和规划概况与用地范围，地理位置与交通条件，工程概况(建设工程类型、建设规模、用地面积、主要的工程设计与施工方案等基本情况，各项建设工程与具体技术经济指标、建筑地基与基础、挖填方情况)。可插入或附上评价区地理位置图以及拟建工程设计或方案平剖面图。

(2) 以往工作取得的成果，包括收集到的与评价项目有关的各项资料名称(插附收集资料表)。

(3) 工作方法及完成工作量，包括评价工作程序(插附程序图)、评价方法和完成的工作量(插附工作量表)。

（4）评价范围与级别的确定，确定评价范围和评价级别的确定与依据。

（5）评价的地质灾害类据，包括收集已有资料、现状地质环境条件和地质灾害调查，以及工程建设对地质环境的影响，分析确定评价地质灾害种类（包括现有和潜在的地质灾害，并按重要程度顺序排列）。

4.2.2　管道地质环境条件

（1）区域地质背景　评价区在区域地质构造成中的位置，区域断裂、褶皱构造特征，活动断裂的分布和特征，地震情况和地震动参数，区域地壳稳定性分级。

（2）气象、水文　主要包括历年平均降水量、年最大降水量、月最大降水量、日最大降水量和时最大降水量；地表水系的名称、长度、流域面积、河床宽度、水深、最高和最低水位标高、历史洪水及洪涝灾情（海岸区要包括海潮、海浪情况）。

（3）地形地貌　地貌类型、地貌特征、海拔标高、地形相对高差、地形起伏、地面坡度以及微地貌特征。

（4）地层岩性　评价区的地层名称、地质年代、成因、岩性、产状、厚度、分布及接触关系，岩浆岩的岩类、分布、岩性、形成年代及与围岩接触关系。

（5）地质构造　评价区的褶皱和断裂构造的名称、分布、形态、规模、性质及组合特点；结构面特征的类型、性质、产状、形态、规模、延展程度、粗糙程度、闭合程度、密度、充填情况以及相互关系。

（6）岩土类型及工程地质性质　包括岩组名称、分布，岩组内各岩性层的名称、成因、结构及主要物理力学性质，特别注意未固结土、膨胀岩土、软土、填土和岩体中软弱夹层的分布范围及工程地质特征。

（7）水文地质条件　区域水文地质条件（地下水类型名称、分布、富水性）；评价区水文地质条件（含水层和隔水层的分布，各含水层水位、水量及其动态特征，地下水水力坡度、强径流带的分布，地下水开采与补径排条件）。

（8）人类工程活动对地质环境的影响　评价区及周边人类活动的类型、强度、规模、分布及其对地质环境的影响，以及诱发或加剧的地质灾害发生的状况。特别是挖填边坡的坡度、高度、边坡的岩土体类型、边坡结构及变形破坏迹象，地下采空区的范围及变形破坏迹象，以及其他重要工程建设与各种灾害和问题。

（9）其他地质环境问题　分类列出已存在和可能存在的地震安全性、高坝和地基稳定性、地下开挖和矿山生产过程中产生的各种灾害（岩爆、热害、冒顶、片帮、鼓胀、突水、突泥、流砂、管涌、渗漏、瓦斯突出等），排土场、矸石山、矿渣堆、尾矿库产生的各种灾害，水土污染、基坑崩塌滑坡、地（路）基不均匀沉降等环境地质问题，对其进行适当论述，并提出建议由具有相关评价资质的单位按有关行业要求、专业标准进行评价。

4.2.3　地质灾害危险性现状评价

（1）地质灾害类型特征　根据收集到的评价区及周边资料、现场地质环境和地质灾调查结果，分析确定评价区已发生或潜在的地质灾害种类，并以重要程度为顺序逐一论述各灾种灾害名称、分布、形成条件、规模、变形特征、诱发因素。

（2）地质灾害危险性现状评价　评价已发生或潜在地质灾害发育程度、危害程度和危险性；宜插附有关图表。

（3）现状评价结论　总结评价区各地质灾害类型的危险性评价结论。

4.2.4　地质灾害危险性预测评价

（1）工程建设中可能引发或加剧地质灾害危险性预测评价　确定工程建设与地质灾害的位置关系，地质灾害发育程度因工程建设的改变，分析预测评价工程建设过程中引发或加剧地质灾害发生的可能性、危害程度和危险性；宜插附有关图表。

（2）工程建设后可能引发或加剧地质灾害危险性预测评价　确定工程建设与地质灾害的位置关系，地质灾害发育程度因工程建设后的改变，分析预测评价工程建设后引发或加剧地质灾害发生的可能性、危害程度和危险性；宜插附有关图表。

（3）建设工程自身可能遭受已存在的地质灾害危险性预测评价　根据所评价已存在的地质灾害与建设工程的位置关系，分析预测评价建设工程自身可能遭受已存在地质灾害的可能性、危害程度和危险性；宜插附有关图表。

（4）预测评价结论　工程建设中、建设后可能引发或加剧各类地质灾害危险性预测评价结论；建设工程自身可能遭受已存在地质灾害危险性预测评价结论。

4.2.5　地质灾害危险性综合分区评价及建设用地评价

（1）地质灾害危险性综合评价及分区（段）　根据各地质灾害种类、地质灾害危险性现状评价结果和预测评价结果，综合确定地质灾害危险性综合评价分级；充分考虑评价区地质环境条件的差异，根据"区内相似、区际相异""就高不就低"的原则，采用定性、半定量分析方法，对评价区地质灾害危险性等级进行分区（段）；分区（段）说明地质灾害危险性级别、编号、地质环境条件、地质灾害类型与特征、发育程度、危害程度和防治建议。

（2）建设用地适宜性分区评价　根据地质灾害危险性综合评价结果、防治工程难易和复杂程度，对建设用地的适宜性作出评价。

4.2.6　地质灾害防治措施

（1）地质灾害防治分级：按地质灾害危险性综合评价的大、中、小区，确定重点防治区、次重点防治区、一般防治区。

（2）已存在地质灾害的防治措施建议。

（3）各地质灾害种类的防治措施建议。

4.3　管道建设期防洪水利评价

水利行政主管部门对涉河建设项目防洪评价的审批制度日趋完善和严格，加强管道建设期防洪水利评价工作意义重大。因此，总结油气管道河流穿越防洪评价报告需要开展的水文资料、工程地质勘察资料等基础数据收集工作，结合管道穿越河流段埋深、水工保护工程现状及河流近年水文、河道变化情况、较大洪水统计分析，对管道工程建设时设计的防洪标准能否满足当前的管道防洪安全要求进行评价，并对管道工程遭遇洪水时发生水毁漂管、断管的风险进行评价，提出应对处理措施，在此基础上完成防洪安全评价报告编制工作，以期使防洪评价报告在类似条件下更好地指导油气管道水工保护措施的实施、安全运行与适时观测，更好地为生产实际服务。

4.3.1　资料收集

1. 水文资料

油气管道穿河工程除较大河流具有较为完整的水文资料外，大多没有水文站、水文资料的收集和积累以及稳定的径流资料，更没有形成系列水文资料。尤其是偏僻的山洪沟，发生洪水具有不确定性，只有通过选用临近或相似河流（河沟）的水文站作为参证站的方法才能获取水文系列资料，资料的真实性、准确性难以把握。水文资料不准确或不真实，将造成后续工作无法开展：诸如穿越工程洪水流量无法确定，洪水分析与评价无法进行，冲刷计算没有依据，无法判断洪水对穿越工程的影响，无法判明应采取的保护措施。若在穿越河流设置水文设施进行观测，短时间内无法取得所需数据，且投资巨大，对于有些河流，水文部门暂时也无必要设置水文设施。因此，穿越河流现状水文资料收集、洪痕勘查、历史洪水调查、临近有水文站的相似河流水文资料的收集就成为防洪评价报告编制的关键。

2. 工程资料

已实施的穿越工程具有完整的设计，经过了完善的分析、缜密的论证过程。已有的设计资料、最后的竣工资料和防洪影响评价，都围绕着穿越工程进行。因此原设计资料、竣工资料不仅仅是作为工程的档案，更重要的是作为防洪评价的依据。

4.3.2　现场勘查

1. 地质勘查

之前的防洪评价报告大多依据已有的设计地勘报告进行地质条件的描述与评价，由于这部分工作在防洪评价报告中所占的比重较小，容易被忽视。鉴于报告编制费用一般不含地质勘察费用，在进行防洪评价报告地勘内容编写时，主要对已有设计地勘报告进行分析，看其内容是否完善，描述是否到位，参数是否准确。如果判明设计地勘报告真实、可用，还要对穿越现场进行必要的勘查，以核对穿越位置的地质状况和所需参数，必要时也需要取样做相应的勘察试验。地勘资料是防洪评价报告中的基础性资料，缺少勘察试验参数作依据，防洪评价报告的真实性就值得怀疑。根据调查，收集到的多数设计地勘报告和地勘资料基本上都能较好、较全面地反映穿越工程的真实面貌，从而为编制完善的防洪评价报告打下了坚实基础。

2. 水工保护工程措施勘查

按照相关专业规范要求，穿越工程要采取相适应的水工保护工程措施，首先是避免洪水的影响加剧，其次是保护穿越工程不受水毁损失。大体上讲，穿越工程水工保护措施主要有护底措施、护坡措施、稳管措施、防冲墙措施和其他水工保护等。通过对已做的穿越工程进行调查，水工保护措施常因穿越工程而异，因洪水流量、河道断面、河床河势、穿越距离、上下游情况等方面的不同，导致所采取的水工保护措施各不相同。对现状已采取的水工保护措施进行勘查，分析其水工保护功能的完整性和存在的缺陷，并对现状水工保护措施作出恰当的评价，以准确判别是否需要采取相应的修复、补充防护措施，以及采取何种措施进行。只有对现场进行认真的勘查和了解，才能对症下药，促使所采取的水工保护措施具备相应的功能。水工保护工程措施现场勘查主要通过眼观、手摸、脚踩、尺测、雷达探测、摄影、摄像等手段获取第一手现场资料，通过现场资料反映已采取的水工保护措施的真实面貌，为下一步工作作铺垫。

3. 外业调查

目前，管道现状埋深的探测与调查主要是通过管线测深仪来进行的。当管线测深仪发射机未接管道阴极保护桩时，管道埋深的测量误差较大；当管线测深仪发射机接管道阴极保护桩时，管道埋深的测量值也小于标记桩的标示值，但较未接阴极保护桩的测量数值更接近标示值。在管道巡护测量管线埋深时，未接阴极保护桩的测量深度远小于标示桩标示值，给管道的安全维护带来困难，并有可能威胁管道的防洪安全。因此需对巡护班队员进行管线测深仪的使用培训，在对管道埋深进行每年一次的测量时，需接上管线的阴极保护桩，并更新标记桩上的埋深标示。

4. 采取的水工保护措施

常规的油气管道水工保护措施主要有抛石(石笼)稳管、打桩稳管、潜坝稳管、防冲保护截墙等，其在防洪评价报告编制中占有很大比重，也决定了今后将要采取的工程措施和投资，对管道安全起着至关重要的作用。

(1) 打桩稳管　当管道暴露或埋深较浅时，采用管套每隔一定距离打管桩加固是一种常用工程固管方式。其优点是工程费用小、桩基稳定等；缺点是对冲刷性河床会产生严重的局部冲刷，在卵石河床打桩困难。

(2) 抛石(石笼)稳管　在冲刷性河床中，当不能保证管道埋设在冲刷线以下时，可采用顶铺石笼的方法防止管线受冲刷。其优点是适用于水流流速较快的河流，可有效保护管道；缺点是工程量大、费用高、施工期长，会被挟沙水流磨损，引起编材损坏，会在石笼布置的周围产生新的冲刷位置。

(3) 潜坝稳管　潜坝稳管一般用于中小河流或季节性河流中，这种防护措施刚性较大，易在上游产生淤积，下游产生一定的跌水，尤其是当河道处于长期冲刷下切时，下游落差会越来越大，遇到大洪水或特大洪水时容易损坏。

(4) 防冲保护截墙　防冲保护截墙的布置形式与潜坝类似，不同的是潜坝的顶高程往往与河道底高程齐平，而防冲保护截墙的顶高程布置在河道底高程以下，施工结束后恢复河道，尽量保持河床的天然状态。

4.3.3　现场运行观测和后期运行管理

(1) 加强管线巡查制度，巡查范围扩大至油气管线上下游1~2km范围内；

(2) 穿越河流左右岸设立标志，现状完好的标志保留，对损毁的标志牌进行更换；

(3) 必须做到汛前预防、汛期观察了解水情、汛后及时发现问题及时补防，注意加强对穿越河道断面河床的疏浚和整理，严禁在穿越断面附近采砂、取土，确保穿越断面河道的通畅、稳定；

（4）管道运行中存在对周边防洪工程有影响的地方，在汛前要及时修复；

（5）在穿越断面上下游150m处和左右岸设立标志，禁止任意采沙，且范围外附近挖沙深度应小于1.5m。

4.3.4　防洪评价报告编制

防洪评价报告的重点在于评价：

（1）项目建设与有关规划的关系及影响分析；

（2）项目建设是否符合防洪防凌标准、有关技术和管理要求；

（3）项目建设对河道泄洪的影响分析；

（4）项目建设对河势稳定的影响分析；

（5）项目建设对堤防、护岸及其他水利工程和设施的影响分析；

（6）项目建设对防汛抢险的影响分析；

（7）建设项目防御洪涝的设防标准与措施是否适当，项目建设对第三方合法水事权益的影响分析。

准确把握上述评价内容，就达到了防洪评价目的。

4.3.5　评价结论

通过各主要环节的分析、论证，基本上就能掌握管道现状的真实情况，再通过相应的计算和风险评价，判断出管道工程存在的风险和隐患，针对这些风险和隐患就可以对症下药，从而采取相应的水工保护措施，提出切实可行的防治与补救措施，构成一个完整的管道工程防洪评价报告，为管道工程管理单位科学决策和实施管理提供直接依据，真正为安全生产服务、为全社会服务。

4.4　社会稳定性评价

4.4.1　工程概况

提供项目名称以及项目建设单位、业主单位、项目背景说明、项目管道线路路由、起点终点、管道输送介质、路由经过的地区、管线设计压力、管径、工程沿线多次穿越主要河流、主要公路、重要铁路名称及次数等，以及工程主要设备和材料的选用情况。

4.4.2　工程合法合理性分析

确定工程立项流程合法性，以及前期工作细致程度。工程选址是否符合《中华人民共和国城乡规划法》及地方规划部门文件的有关要求；项目推进过程中是否协调各方，征求项目沿线各级政府部门的意见；是否通过网上公示等方式宣传工程概况，提高大众知晓度。

4.4.3 评价依据

(1)《风险管理 原则与实施指南》(GB/T 24353—2009);

(2)《中共中央办公厅、国务院办公厅关于建立健全重大决策社会稳定风险评估机制的指导意见(试行)》(中办发〔2012〕2号);

(3)《国家发展改革委重大固定资产投资项目社会稳定风险评估暂行办法》(发改投资〔2012〕2492号);

(4)《国家发展改革委办公厅关于印发重大固定资产投资项目社会稳定风险分析篇章和评估报告编制大纲(试行)的通知》(发改办投资〔2013〕428号);

(5)现行的地方关于重大固定资产投资项目社会稳定风险分析的文件、规章、制度等;

(6)其他有关重大项目社会稳定性风险评价标准、规范、规程;

(7)项目建设单位提供的其他资料。

4.4.4 评价说明

根据《国家发展改革委重大固定资产投资项目社会稳定风险评估暂行办法》以及地方各级政府关于重大固定资产投资项目社会稳定风险评估的通知,项目社会稳定风险分析的主要内容如下。

1. 社会稳定风险识别

在对项目建设和运营的主要利益相关者识别的基础上,针对各利益相关者关注重点,开展有针对性的调查。主要采取的调研形式有问卷调查、群众访谈和资料收集等,调查项目的基本情况、受影响的范围、各利益群体对项目建设期和运营期最关注的因素以及接受程度等,全面识别项目的社会稳定风险因素,形成社会稳定风险识别清单。

2. 项目合法性分析

项目合法性风险主要有两方面:法律风险和政策风险。

(1)法律风险 分析该项目的决策机关是否享有相应的决策权,决策内容和程序是否符合有关法律法规以及相关规定,是否有严格的审查审批和报批程序,是否经过严谨科学的研究论证。

(2)政策风险 分析该项目是否符合国家发展政策,是否符合所在地区国民经济和社会发展规划、城市总体规划。

3. 项目合理性分析

项目合理性风险包括选址风险、安全距离风险、施工辐射风险、天然气特性风险和大气污染风险、文物保护风险、生态环境破坏风险。

(1)选址风险 施工及运营期噪声是否符合国家标准,是否会产生扰民现象。

(2)安全距离风险 厂房建设与周边小区的距离是否在安全范围内,管道沿线铺设与电力、通信、市政管网等地下预埋设施的安全距离是否符合法律文件和规范的要求。

(3)施工辐射风险 管道验收使用超声波进行100%焊口检验和20%的射线检验,以确定是否对人体有辐射影响。

（4）天然气特性风险　天然气管道在运营期是否能正常运作，是否会因为漏气等不确定因素而造成毒性风险，或引发大型爆炸事故。

（5）大气污染风险　分析该项目施工期及运营期噪声、排气是否能达到国家标准要求，是否会产生扰民现象，是否会产生集体上访事件。

（6）文物保护风险　分析该项目的建设是否会造成附近重点文物的破坏，是否会引发公众的不满情绪，进而产生阻挠施工的风险。

（7）生态环境破坏风险　分析该项目是否会造成绿地植被、水环境、大气、城市景观等破坏，引起环境恶化，造成公众上访事件。

4. 项目可行性分析

（1）工程方案风险　论证该项目工程技术标准是否符合相关规范标准，工程方案是否合理，是否经过充分的技术论证，是否为当地的社会环境所接纳。

（2）沿线地形地貌、建设时机风险　分析该项目建设条件是否具备，建设时机是否成熟。

5. 项目可控性分析

（1）资金筹措和市场运用风险　分析该项目资金筹措是否有保证，市场运用是否能配合工程建设进度，确保工程建设顺利。

（2）运营安全风险　分析该项目运营技术是否具有稳定性，运营安全是否有保障，是否会造成附近公众的担忧，面对突发事件运营是否有保障等。

（3）社会舆论风险　分析该项目是否会引发社会负面舆论、恶意炒作，宣传解释和舆论引导工作是否充分。

6. 社会稳定性风险综合评价

在风险识别的基础之上，根据专家经验和前期调研结果，对风险因素的发生概率和影响程度进行加权综合，对项目整体风险水平进行预测、评价。

7. 社会稳定风险防范及应急预案

对于可能出现的社会稳定风险进行有效的防范化解，对可能存在的问题制定相关的措施，维护社会稳定。同时为确保对可能发生的社会稳定问题尤其是较大群众事件发生后能及时、高效、有序地开展工作，提高应急反应能力和处理突发事件的水平，需制定相应的应急处理预案，并根据实际情况实施动态跟踪不断调整完善。

4.4.5　主要风险因素及等级预判

根据国家对重大决策社会稳定风险评价机制的指导意见，将社会稳定风险事件发生概率分为5个级别，即很小、较小、中等、较大、很大。综合分析社会稳定风险发生的概率、潜在的后果、对社会稳定造成的影响程度（见表4-1），根据《国家发展改革委重大固定资产投资项目社会稳定风险评估暂行办法》第四条，重大项目社会稳定风险等级分为三级：高风险、中风险和低风险。

表 4-1 项目社会稳定风险识别表

序号	风险因素			相关各方	可能引起的原因	潜在的后果
1	合法性	法律风险	决策机关是否享有相应的决策权，并在权限范围内进行决策，决策内容和程序是否符合有关法律法规以及党和国家的相关规定	相关决策部门、项目参与各方	1. 越权决策 2. 决策程序不合法，决策不科学	1. 决策不合法 2. 项目程序违规
		政策风险	是否符合国家发展政策，是否符合区域国民经济和社会、发展规划、城市总体规划	相关决策部门、项目参与各方	1. 不符合区域总体规划 2. 政绩工程 3. 项目方案贪大	1. 导致项目失败 2. 项目重新审查，影响项目进度 3. 造成资金浪费
2	合理性	选址风险	施工及运营期噪声是否符合国家标准，是否会产生扰民现象	项目单位、施工单位、周边群众	噪声防治措施不到位，噪声超标	1. 施工噪声扰民，群众阻碍施工 2. 运营期群众不满，上访事件
		安全距离风险	施工及运营期厂址与邻近建筑以及天然气管道铺设过程中与各项设施的安全距离是否符合国家标准，是否会产生扰民现象	项目单位、施工单位、周边群众	安全距离不够	1. 运营期群众不满，上访事件 2. 国防、电力、通信、市政(雨污水管网、给水管网)、公路等相应配套设施无法正常运行
		施工辐射风险	管道验收使用超声波进行100%焊口检验和20%的射线检验	项目单位、施工单位、周边群众	1. 管线与周边小区的距离小于安全距离 2. 安全防卫措施不到位	1. 有辐射影响，群众阻碍施工 2. 运营期群众不满，上访事件
		天然气风险	易燃、易爆、有毒	项目单位、施工单位、周边群众	1. 管道漏气 2. 周围有火源	1. 空气中甲烷、氮气含量的不同，会引发相应不同程度的后果 2. 燃点低，爆炸威力大 3. 施工或运营期群众不满，上访事件
		大气污染风险	施工及运营期大气污染是否符合国家标准，是否会产生扰民现象	项目单位、施工单位、周边群众	大气防治措施不到位，噪声超标	1. 施工期大气污染扰民，群众阻碍施工 2. 运营期群众不满，上访事件

续表

序号	风险因素			相关各方	可能引起的原因	潜在的后果
2	合理性	文物保护风险	项目是否造成周边重点文物的破坏，引起群众不满	全体市民和文物部门	1. 工程穿越文物保护区范围 2. 施工对周边文物造成影响	1. 对重点文物产生破坏等影响 2. 群众认为历史文化受到影响，导致对项目建设的不满 3. 阻碍施工
		生态环境破坏风险	项目是否造成生态环境破坏，引起环境恶化	全体市民和单位	1. 施工、运营期对地表水、空气、环境卫生造成影响 2. 生态环境保护措施不到位	1. 群众认为生活品质受到影响，导致集体上访事件 2. 阻碍施工
3	可行性	工程方案风险	技术标准和设计方案是否可行	决策部门、项目参与各方	1. 技术标准偏高或偏低 2. 设计方案不合理	1. 项目重新审查，影响项目进度 2. 项目实施后引发社会负面舆论
		沿线地形地貌建设条件时机风险	建设条件和建设时机是否成熟，是否得到大多数群众的支持	决策部门、项目参与各方	1. 政绩工程，急于开工 2. 资金紧张，延后立项	1. 建设时间不成熟，造成资源浪费 2. 项目迟迟不开展，造成群众意见很大，引发社会负面舆论
4	可控性	资金筹措风险	项目筹措方案是否可行，资金是否有保障	项目单位、相关银行	与相关银行未达成贷款约定	项目开展不顺利，造成群众意见很大，引发社会负面舆论
		市场运营安全风险	项目运营是否具有稳定性，运营安全是否有保障	项目使用者	1. 市场运营不稳定 2. 群众对运营项目不了解	1. 运营故障，引发社会负面舆论 2. 群众安全得不到保障
		社会舆论风险	是否会引发社会负面舆论、恶意炒作，宣传解释和舆论引导工作是否充分	相关政府部门、项目单位、周边群众、媒体	1. 政府部门宣传不到位 2. 缺乏有效的正面舆论引导工作 3. 媒体不负责任，恶意炒作	1. 群众不了解拆迁安置政策，盲目反对 2. 引发社会负面舆论，给项目实施造成很大困扰 3. 宣传引导不到位，造成群众对政府对党工作的不信任

（1）高风险　大部分群众对项目有意见、反应特别强烈，可能引发大规模群体性事件。

（2）中风险　部分群众对项目有意见、反应强烈，可能引发矛盾冲突。

（3）低风险　多数群众理解支持但少部分人对项目有意见，通过有效工作可防范和化解矛盾。

第 5 章　管道建设期数据采集

当前我国石油天然气工程项目繁多，各种新技术新方法的应用日益广泛。其中，数字化技术以涉及范围广、信息量大等优势，在油气管道工程建设领域发挥着重要作用。数字管道是对真实管道及其相关事物的统一的数字化重现和认识，用数字化手段来处理和分析整个管道方面的问题，在管道的整个生命周期内，为管道可行性研究、勘查设计、施工和运营管理提供高效率的数据采集和处理工具以及协助管理决策支持。管道施工数据的采集和系统建设宜从全生命周期考虑，遵循实用性、规范性、易操作性、开放性、可扩展性、安全性、实时性、可靠性和先进性的原则，围绕精细施工管理、完整数据支撑、安全高效生产的目标组织数字管道建设，为优化运营、科学调度提供支持和决策依据。

5.1　基础地理数据要求

5.1.1　数据格式及坐标系统要求

（1）要求数字地图文件为 ArcGIS GeoDatabase 格式；

（2）要求遥感影像为 GeoTiff 格式。

5.1.2　数字地图要求

（1）1∶250000 数字地图　应提供覆盖管线（含支线）两侧至少各 50km 范围；地图应至少包含行政区划、公路、铁路、水系、居民地、等高线等基础地理图层和数字高程模型（DEM，Digital Elevation Model）；数字地图标准依据国家同比例尺地图的分层、属性、编码标准。

（2）1∶50000 数字地图　应覆盖管线两侧至少各 10km 范围；地图应至少包含行政区划、公路、铁路、水系、居民地、建筑物、土地及植被、地震带、等高线、DEM 数字高程模型等基础地理图层；数字地图标准依据国家同比例尺地图的分层、属性、编码标准。

（3）（1∶2000）~（1∶5000）数字地图　应覆盖管线两侧至少各 2km 范围；主要包含建筑、道路、水系、应急资源等数据层。

5.1.3　影像数据

（1）影像数据类型　可应用的遥感影像类型包括卫星遥感影像和航空摄影影像。

（2）影像精度要求　针对不同人口密度的地区，影像分辨率要求不同，对于三、四级地区，影像应能够清晰地识别出建筑物轮廓及道路河流等要素；对于大型河流等环境敏感区，应按其所在地区等级的高一级地区等级要求执行。具体要求见表 5-1。

表 5-1　对影像精度及宽度的要求

地区等级	分辨率	覆盖宽度	现势性
四级地区	≤1m	两侧各 3km	≤2 年
三级地区	≤1m	两侧各 2km	≤2 年
二级地区	≤2.5m	两侧各 2km	≤2 年
一级地区	≤5m	两侧各 2km	≤2 年

注：地区等级的划分方法按照 GB 50251 执行。

（3）卫星遥感影像技术要求　在订购卫星遥感影像时，应符合以下技术参数要求：

① 云量：<20%；

② 拍摄角度（垂向夹角）：<30°；

③ 地图投影：UTM 投影；

④ 椭球体：WGS84；

⑤ 数据格式：GeoTiff。

（4）航空摄影影像技术要求　航空摄影影像技术要求按 GB/T 19294 执行。

（5）影像纠正　影像纠正应利用数字高程模型（DEM）及通过野外高精度控制点进行平面校正的方法，将原始影像纠正为具有地理坐标的正射影像；影像观测刺点应在满足影像控制要求的前提下，优先选择距离管道两侧 200m 的范围内布设点位，以保证管道中心线附近的校正精度；刺点精度、地面观测误差、影像纠正误差遵照 GB/T 6962 和 GB/T 15968 执行。

（6）影像数字化　依据影像，对管道中心线两侧各 200m（如果管道是直径大于 711mm，并且最大操作压力大于 6.4MPa 的输气管道，则为管道中心线两侧各 300m）范围内的建筑物、道路（含管道伴行路）、水系等全部详细要素分层完成数字化；对影像全图的应急设施（包括等级医院、消防队、公安局等）、面状居民地（包括村庄、居民区等）、乡级以上公路、铁路、重要河流、水源及其他重大风险源（如油库、化工厂）等要素分层完成数字化；公路、水系等地理数据应分别建立拓扑关系，以满足道路路网分析、河流流向分析的要求。

5.1.4　GPS 首级控制点的要求

（1）应沿着管道建立 GPS 首级控制点，在管道建设期间用于管道放线及管道测量期间临时首级控制点的埋设间距、埋设方法、测量方法等，执行 GB 50251。

（2）在管道线路竣工后，选择基础稳定并易于保存的地点，如站场、阀室建立永久 GPS 首级控制点，永久 GPS 控制点间距在 10~30km 之间，永久控制点应与附近的临时首级控制点做联测并进行误差分析。

（3）点位应便于安置接收设备和操作，视野开阔，视场内不应有高度角大于 15°的成片障碍物，否则应绘制点位环视图。

（4）点位附近不应有强烈干扰卫星信号接收的物体。理论上点位与大功率无线电发射源（如电视台、微波站等）的距离应不小于 400m，与 220kV 以上电力线路的距离应不小于 50m。

（5）埋石规格参考国家 D 级 GPS 控制点要求，埋设的控制点应注意保护，避免被意外移动。

（6）要求达到国家 D 级 GPS 控制点精度。

（7）选定的点位及控制测量所引用的国家控制网点应标注在 1∶10000 或 1∶50000 的地形图上，并绘制 GPS 控制网选点图。

（8）应提交 2000 国家大地坐标系、西安 1980 坐标系统、WGS84 坐标系统下的点位坐标成果（1985 黄海高程系），同时提交作业引用的国家控制网点（含 2000 国家 GPS 大地控制网）成果。

5.2　管道专业数据要求

5.2.1　中心线测量成果

（1）管道中心线成图比例尺为 1∶1000 或 1∶2000。

（2）管道中心线测量应在管道下沟后、回填前进行，采用全站仪测量或者 GPS 实时动态测量（RTK，Real Time Kinematic）、GPS 后动态测量（PPK，Post Processing Kinematic）方法测量管顶经纬度及高程；

（3）测量的其他技术要求，执行 SY/T 0055 中 3.2、3.3、3.4、3.5 的规定。

5.2.2　管道桩测量

（1）管道桩测量成图比例尺为 1∶1000 或 1∶2000。

（2）应在竣工测量中测量管道桩号。

（3）桩测量应做好测点编号，并建立编号和桩号对应关系。

（4）测量的其他技术要求，参照 SY/T 0055 中 5.1 第 4 条执行。

5.2.3　站场、穿（跨）越

（1）站场、大中型穿（跨）越成图比例尺一般为 1∶500 或 1∶1000。

（2）测量技术要求执行 SY/T 0055 中第 4 章的规定。

5.2.4　管道设备设施测量

（1）管道设施测量应获取管道沿线设备设施的位置和属性信息。

（2）测量应包括但不限于以下要素：收发球筒、水工保护设施、阴极保护设施（阴保地床、阴保电缆、阴保电源、牺牲阳极、阴保通电点）、穿跨越、场站边界、阀室边界。

（3）对于由于建筑阻挡等原因难以测量的设施应结合设计资料，使用测距仪、皮尺等设备进行测量成图。对于定向钻、隧道等无法测量部分，应对设施起点、终点进行测量，同时结合原始设计图纸（由运营公司提供）在内业完成无法测量部分管道中心线成图。

（4）水工保护设施窄边宽度≥1m 的应采集为面状要素，否则采集为线状要素。

5.2.5　外部管道及公用设施测量

（1）外部管道及公共设施测量应获取管道沿线一定范围内第三方管道和公共设施的位置信息。

（2）测量应包括但不限于以下要素：线状要素包括地下电力电缆、污水管道、自来水管道、地下电话电缆、光纤、电视电缆、高架电力线路、高架电话线、光纤、外部输油管道、外部输气管道、索道、实体墙、栅栏、地下障碍物；点状要素包括油井（抽油机）、气井、电力变压器、建筑物和构筑物。

5.2.6　地理信息

（1）应获取管道沿线两侧一定范围内的地理信息。

（2）测量应包括但不限于以下要素：水系信息、居民地、交通道路、境界与政区、地貌信息、植被信息。

5.3　数据表格清单

在管道建设期间，应采集但不限于表5-2中的数据表清单。

表5-2　建设期完整性数据表格清单

NO	类别	数据表名称	编号
1	A-管道中心线	1. 数据成果坐标系	A-1
		2. 站列	A-2
		3. 标段	A-3
		3. 控制点	A-4
		4. 管线	A-5
2	B-阴极保护	1. 阴保电位	B-1
		2. 带状牺牲阳极	B-2
		3. 阴保电缆	B-3
		4. 阴保通电点	B-4
		5. 牺牲阳极	B-5
		6. 阳极地床	B-6
		7. 阴保电源	B-7
		8. 排流装置	B-8
		9. 柔性阳极	B-9
3	C-设施	1. 附属物	C-1
		2. 套管	C-2
		3. 封堵物	C-3
		4. 防腐层	C-4
		5. 穿跨域	C-5
		6. 弯管	C-6
		7. 水工保护	C-7
		8. 收发球筒	C-8
		9. 非环焊缝连接方式	C-9

续表

NO	类别	数据表名称	编号
3	C-设施	10. 钢管信息	C-10
		11. 异径管	C-11
		12. 桩	C-12
		13. 桩号变更对应表	C-13
		14. 开孔	C-14
		15. 阀	C-15
		16. 焊缝和补口	C-16
		17. 三通	C-17
		18. 隧道	C-18
		19. 地面标识带	C-19
		20. 光缆敷设	C-20
		21. 光缆接头	C-21
		22. 光缆人(手)孔	C-22
4	D-第三方设施	1. 外业记录	D-1
		2. 建筑物和构筑物(公用设施)	D-2
		3. 路权	D-3
		4. 地下障碍物	D-4
5	E-检测维护	1. 内检测分段信息	E-1
		2. 内检测记录	E-2
		3. 地面参考点	E-3
		4. 开挖定位信息表	E-4
		5. 内检测修复信息	E-5
		6. 防腐层质量较差管段	E-6
		7. 防腐层破损点	E-7
		8. 阴极保护欠保护段	E-8
		9. 阴极保护运行评价结果	E-9
		10. 杂散电流干扰评价结果	E-10
		11. 管体开挖检查评价结果	E-11
		12. 焊缝射线检测	E-12
		13. 焊缝全自动超声波检测	E-13
6	F-基础地理	1. 等高线	F-1
		2. 管道埋深	F-2
		3. 断层线	F-3
		4. 地表高程	F-4
		5. 第三方管道	F-5

续表

NO	类别	数据表名称	编号
6	F-基础地理	6. 河流	F-6
		7. 洪水区域	F-7
		8. 土地利用	F-8
		9. 行政区划	F-9
		10. 铁路	F-10
		11. 沿线降雨量	F-11
		12. 公路	F-12
		13. 活动地震带	F-13
		14. 边坡	F-14
		15. 土壤	F-15
		16. 面状水域	F-16
7	G-运行	1. 地区等级	G-1
		2. 线路失效	G-2
		3. 水工保护失效	G-3
		4. 通信设施失效	G-4
		5. 地质灾害	G-5
		6. 试压	G-6
		7 巡线	G-7
		8. 看护点	G-8
		9 站场边界	G-9
		10. 维修可达	G-10
		11. 管道沿线气候	G-11
		12. 管道地质灾害易发区段	G-12
		13. 线路检测及预警系统	G-13
		14. 清管	G-14
		15. 干燥	G-15
8	H-管道风险	1. 高后果区	H-1
		2. 管段风险	H-2
		3. 地区风险活动	H-3
		4. 半定量风险评价结果	H-4
		5. 地质灾害风险评价结果	H-5
9	I-事件支持	1. 合同	I-1
		2. 活动	I-2
		3. 地址	I-3
		4. 公司	I-4
		5. 联系人	I-5

NO	类别	数据表名称	编号
10	J-应急管理	1. 应急组织机构	J-1
		2. 外部应急服务	J-2
		3. 站场人员	J-3
		4. 应急组织机构人员	J-4
		5. 应急装备信息	J-5
		6. 应急预案	J-6
		7. 抢修人员	J-7
		8. 抢修设备	J-8
		9. 抢修记录	J-9
		10. 储备物资信息表	J-10

5.4　管道建设期数据采集入库

管道完整性管理要求对管道实施全生命周期的完整性管理，包括前期调研、设计阶段到后期施工、运行、报废的各个阶段。随着科学技术的快速发展和智能化管道在管道全生命周期的成熟应用，管道管理运行企业积累了海量数据。管道大数据是以地理位置为定位基准的数据模型，以管道内检测数据为基线，实现内检测信息、外检测数据、设计施工资料数据、历史运维数据、管道环境数据和日常管理数据等的校准并对其整合，使各类数据均可对应各环焊缝信息，形成统一的数据库或表格。国内外已经证明，确保海量的管道数据收集的质量和准确性、完整性，是做好管道完整性管理的一个关键因素。

国内大部分管道企业建立的管道完整性数据模型无法满足大数据环境下的技术要求，致使数据产生"信息孤岛"，所以需要研究适用于大数据环境的管道建设期数据模型。

管道建设期数据分散、不完整、不精确，大量数据无法定位与结构化，使得管道运营后缺乏数据基础，历史数据难以追溯，数据采集难度加大。建设期数据依靠手工操作录入，并且没有统一的数据标准，致使保存的管道档案资料缺失严重、精度不高、格式不统一，数据很难得到有效利用。存在数据采集不规范、竣工成果移交滞后等问题，而管道的特殊性决定了埋地后进行数据恢复的高成本和低质量。现役管道数据变更管理不及时，部分管道改线、标桩更新、维修维护、环境风险、管道失效等数据没有及时得到采集上报，数据错误和缺失制约了分析评价的准确性，增加了管道的风险。

5.4.1　建设期数据采集入库

1. 建设期数据采集原则

管道建设期数据是管道完整性数据管理的核心，应充分认识到数据采集及其质量控制的重要性。数据采集应遵循以下原则：

（1）采用先进的数据模型，保证数据采集的准确性、完整性和有效性。

（2）以 GIS 为工具，实现 GIS 技术、管理业务模型融合，建立先进的数据管理系统。

（3）遵循相关标准和要求，结合数字管道项目具体要求，制定数据字典、数据管理和数据采集模式。

（4）制定严格的数据采集方法、数据采集流程、质检方法流程和技术规范。

2. 数据建设期采集方法和流程

管道建设期数据主要包括：管道中心线数据、管道三桩数据、管道设施设备数据、管道无损检测数据。管道建设期数据的采集是否及时准确至关重要，建设期完整性数据采集的主要任务是建立以质量追踪为主线的建设期数据与以空间位置为定位基准的运行期数据模型之间的关联关系。数据模型所包含的管道要素大致可以分为三类：核心要素、在线要素、离线要素。

（1）核心要素　核心要素是模型的框架，主要用于管线的空间定位和组织数据间的结构关系。核心要素包含站列、控制点和管网。

（2）在线要素　在线要素是根据管线设备与管线位置关系而确定的要素，包括点要素和线要素，它们在管道中心线上，例如阀门、焊缝、钢管等。在线点和在线线存储于已知 M 值的点要素类中，通过先行参考，在线点要素可以直接定位在管线上。

（3）离线要素　离线要素是根据管线周围事物的位置关系确定的一类要素，点要素不在管道中心线上，线要素与管道交叉或者平行，例如收发球筒、整公里桩、水工保护、铁路等。离线点要素存储于已知 M 值并偏离中心线定位的点要素类中。离线点要素需要通过地理坐标来定位。

3. 管道测量数据入库

控制点数据是由测量单位提供的，数据模型要求控制点必须有 M 值，才能完整、准确地反映管道走向。管道模型对测量数据的要求，超出了测绘单位提交的内容以及测绘单位的能力，所以需要入库人员在整理测量数据时添加里程位置信息。控制点按照管道输送方向连线生成站列，按照模型要求进行处理，需要与控制点建立关联关系，进行站列统一命名、划分站列、站列连通追踪、挂接管网等处理。控制点入库需要特别注意是否有明显偏出管道走向范围的点，验证控制点 M 值计算是否符合要求以及是否正确。生成站列后利用GIS 软件作拓扑分析检查，检查是否存在交叉或者"Z"形和"L"形走向，站列里程是否和控制点对应。

站列节点里程检查如图 5-1 所示，拓扑检查如图 5-2 所示，站列检查如图 5-3 所示，测量数据入库流程如图 5-4 所示。

4. 管线设施设备入库

管道深埋地下，所以建设期数据主要来源于施工、竣工资料的整理。由于资料年代久远，加上后期管道改线等因素，采集数据的真实性、完整性与运行数据存在较大差异。同时在数据采集控制点、中心线、桩全部都是现场测量的精准坐标，带来了管道中心线与管道设备设施数据无法匹配的问题。管道上的各种设施设备都依附于管道上，属于在线要素，因此录入时除了录入属性数据之外，还需要录入位置信息(见图 5-5)。

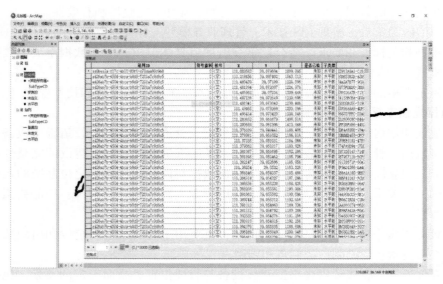

图 5-1　站列节点里程检查

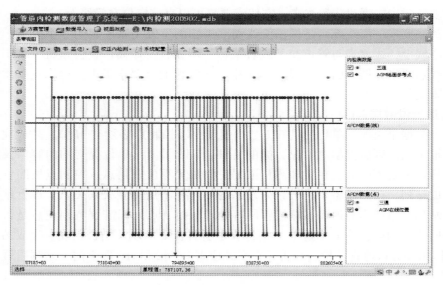

图 5-2　拓扑检查

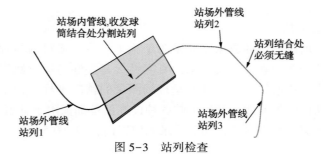

图 5-3　站列检查

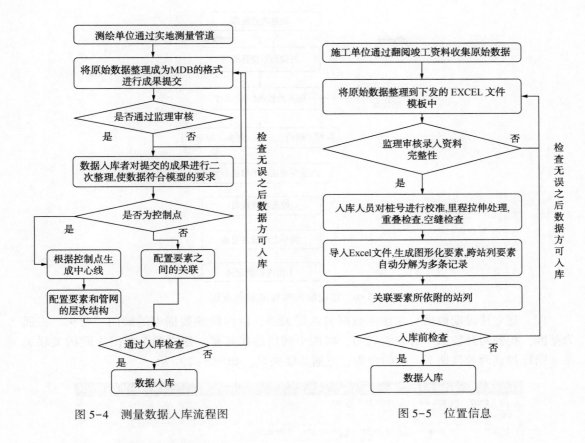

图 5-4 测量数据入库流程图   图 5-5 位置信息

5.4.2 建设期数据校准对齐

管道建设期数据通过施工记录、竣工资料等记录管道信息，由于是人工录入所以存在数据质量和精度不是很高的问题。管道内检测过程中会记录管道的特征点等信息，相对于建设期数据而言内检测数据质量以及精度相对更高，管道里程更接近于真实情况，建立内检测数据焊缝编号与建设期焊缝编号的对应关系，使管道建设期管道本体所有属性与运营期间检测结果以及管道周边环境之间建立关联关系。以内检测数据为准线，按照内检测中收发球筒、阀门、三通、焊缝等地面特征点来实现对管道中心线以及管道建设期数据的校准、对齐以及里程拉伸。

建设期数据校准对齐流程如图 5-6 所示。

建设期数据校准、对齐方法如下：

（1）打开内检测数据库后，选择需要导入的内检测数据信息，检查数据合法后，将内检测成果导入内检测库中。以陕京管道"靖边-榆林"试验段为例：在靖边-榆林段数据入库中发现内检测数据中焊缝数量少于焊缝手册中的焊缝数量、缺少"壁厚"字段、"金属损失类型"错误、"环向位置"格式错误，导致数据入库过程中出现错误，对以上错误在内检测数据导入前必须进行修改。

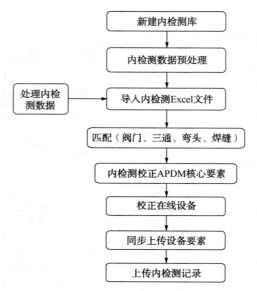

图 5-6　建设期数据校准对齐流程

（2）建立建设期数据与内检测数据的匹配关系，以内检测数据中的阀门、弯头、三通为基准，找到两种数据下对应的阀门，将两个阀门连接起来，建立两个阀门之间的关联关系。同理找到两种数据下对应的弯头、三通关联关系，如图 5-7 所示。

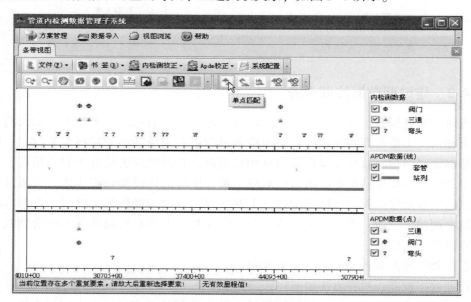

图 5-7　弯头、三通关联关系

（3）在两种数据建立关联关系后对建设期核心数据进行校准对齐拉伸处理（见图 5-8）。利用已开发的算法模型以内检测里程为准，校正 APDM 在线点数据的里程信息。通过选择内检测数据中地面参考点、阀门、三通的位置信息对建设期核心数据进行校准，例如标志桩、站列。

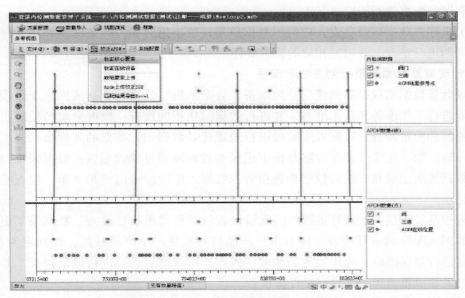

图 5-8　建设期核心数据的校准对齐拉伸处理

（4）在两种数据建立关联关系以及核心要素的基础上，根据里程和容差技术，进行其他数据的校准拉伸对齐，以保证在线要素位置信息和核心要素位置信息的关系保持一致。在线要素包括焊缝、钢管、防腐层等要素。

5.4.3　数据质量控制

在数据入库之前，要对数据全面检查以保证数据的准确性和完整性。长输管线工程一般是由多家施工单位共同完成的，考虑到检查、修改等工作，对每个施工单位提交的成果数据分别按照各类数据的要求进行检查。数据应满足以下基本要求：

（1）准确性：数据应真实、准确，不得编造；

（2）及时性：数据应及时更新和上报；

（3）完整性：数据应完整，必要信息不可缺少，确因无法获取的数据需要说明原因；

（4）逻辑一致性：数据之间的逻辑关系应一致；

（5）规范性：数据应符合规定格式要求。

1. 质量控制机制

（1）承建方应纳入监理的统一监管范围，进度、质量与工程进度同步，数字化单位负责人对数据质量负总责任。

（2）承建方负责制定数据质量控制要求和岗位责任制，明确各组和各岗位工作人员数据质量控制的职责，明确各工作环节质量控制的要点，应明确分工，责任到人，出现问题时追究相关人员的责任。

（3）承建方应安排专人对购买的地理背景数据的质量进行检查、审核。

（4）各单位上报的数据提交至承建方，由承建方安排数据检查人员负责数据的检查验收，记录结果并上报数据质量负责人审核。存在问题的数据，应填写数据质量问题跟踪表，对存在问题的数据进行跟踪。

（5）承建方数据质量负责人应组织数据质量评价小组对相关人员的工作进行评价，对发现的问题进行整改，并追究相应的质量责任。

2. 地理背景数据质量控制方法与流程

地理背景数据质量控制的流程分为准备、数据采集与处理和数据入库三个阶段。准备阶段主要进行工作准备和技术准备，并进行数据源质量的检查；数据采集与处理阶段包括数据的更新和质量检查；数据入库阶段进行地理背景数据和元数据的入库及检查。要求在准备阶段输出数字化生产建库方案及评审记录和数据源质量验收报告；数据采集与处理阶段输出数据更新记录和更新后数据检查报告；数据入库阶段输出成果清单、检查验收记录和备份记录。

质量控制关键点：地理背景数据的质量检查包括数据源质量检查、数据采集更新质量检查和数据入库后的质量检查；任意单位产品只要出现一个严重缺陷，则判定为不合格；问题数据进行错误跟踪，改正后重新验收、入库；检查通过后，进行成果提交，并提供检查验收记录和成果清单，出具质量评价报告。

质量控制流程如图5-9所示。

3. 管道路由数据质量控制方法与流程

管道路由数据质量控制内容包括控制点测量、图根控制测量、管线测量，测量规范应由建设方、监理和测量单位三方根据国家标准、行业标准以及项目的实际情况共同制定。管道路由数据的产生主要涉及测量单位和承建方，同时也包括建设方、监理单位、第三方复测单位和施工单位的配合。测量单位按照测量任务进行测量工作并上报日报，按规定时间解算测量数据并上报；第三方复测单位对控制测量的精度和管线测量的精度进行复测检查；承建方检查测量进度与监理下发的测量任务是否一致，并进行数据质量检查，对出现问题的数据进行跟踪修改，直至数据合格。

质量控制关键点：在测量之前，需要对仪器进行检测，并出具检测报告；测量单位根据测量规范的要求施测，并进行室内的拓扑、焊口编号、钢管长度、高程等必要性检查，之后向承建方提供测量成果和解算数据；复测第三方单位对测量单位的测量结果进行复测检查，出具检查报告，当检验时发现观测数据不能满足要求时，测量单位应对问题数据进行补测或重测，必要时全部数据应重测；承建方对测量单位的数据进行室内检查，检查测量日报数据是否与监理下达的测量任务一致，如果不一致，追查原因，同时，进行成图检查，包括位置关系、焊口编号、长度、高程等的检查。

质量控制流程如图5-10所示。

4. 管道属性数据质量控制方法与流程

按照数据表对各单位上报的数据进行规范性检查；对各单位填报数据的唯一性进行检查，包括钢管编号、弯头编号、焊口编号等的唯一性检查；通过和监理提供的施工进度进行对比，检查填报数据是否和施工进度保持一致；对各单位间填报数据的一致性检查，包括采办、施工单位、检测单位、测量单位间数据的一致性检查；由于填报表格众多，即使是完整性管理要求的核心信息，也并非是各个阶段都存在的，比如地下障碍物信息、穿越

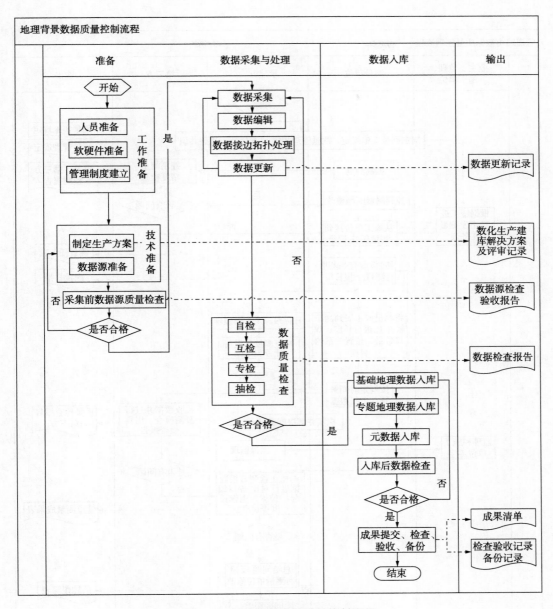

图 5-9　地理背景数据质量控制流程

信息，这就要求检查人员定期与施工单位沟通，获取现场情况，及时要求施工单位填报该信息。管道属性数据填报过程中涉及的部门主要有施工单位、检测单位，另外还有采办以及承建方；承建方要分别对施工单位和检测单位填报的数据进行内部一致性检查，检查合格后进行这两个单位间填报数据的一致性检查；最后，与采办过程生成的钢管详细信息表进行一致性检查，确定是否合格。

质量控制关键点：必填字段不能为空；检测数据中的"报告编号""焊口编号""标段名称"在各表格中应保持一致；施工数据中的"焊口编号""钢管编号"在各表格中应保持一致；

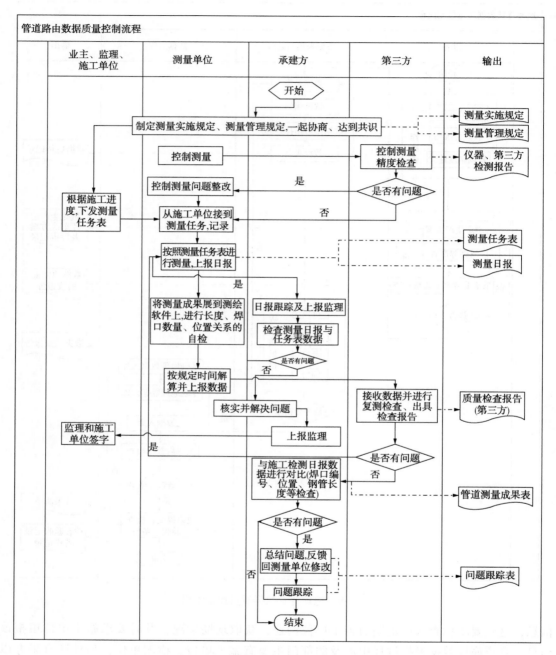

图 5-10　管道路由数据质量控制流程

同一表格中的"报告编号""焊口编号""焊口编号""钢管编号"不得重复；不同单位填报表格中的"焊口编号""钢管编号"应一致。

质量控制流程如图 5-11 所示。

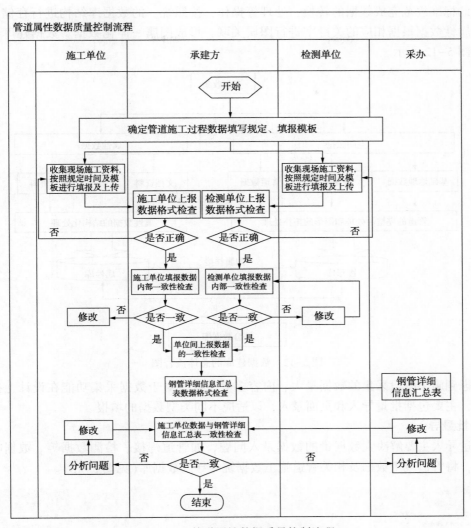

图 5-11 管道属性数据质量控制流程

5. 总结

建设期数据是管道完整性数据的重要组成部分，是基于大数据管道完整性管理建设的基础。建设期数据采集必须遵循统一的原则，制定合理明确的入库流程，明确采集范围和内容，加强数据质量管理。建设期涉及单位较多，需要各方协调管理、密切合作，保证数据的准确性、完整性、及时性和真实性，为管道完整性管理提供可靠的基础数据。

5.5 数 据 整 合

5.5.1 数据整合建库

对于可研、勘察、设计数据(含图纸)由管道工程及相关专业设计院提供；各类数据依据相应的标准规范完成数据的转换、处理等操作，按照统一的数据库结构进行存储，空间数据和属性数据根据相应的关键字进行图属关联，形成图属一体化数据。数据建库的总体流程如图 5-12 所示。

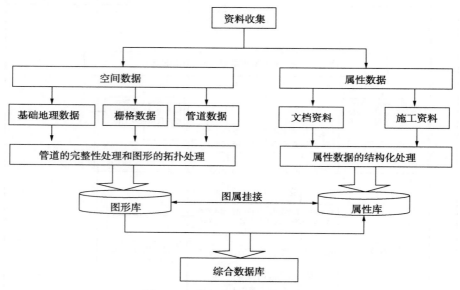

图 5-12　数据建库的总体流程图

　　考虑到施工阶段采集的数据量大、内容多等特点，对于数据采集功能在设计上提供多种方式，主要包括批量导入和页面录入，以适应不同类型数据的填报。

1. 批量导入

　　批量导入主要解决大数据量的数据录入问题，如管道焊接、检测数据等。数据收集整理完毕，将管道竣工数据及相关管道施工数据统一导入数据库（见图 5-13）。

图 5-13　批量导入数据库图

2. 页面填报

　　页面填报主要是解决小数据量数据的填报以及针对特定数据的修改、更新操作。在管道资料收集的过程中随时录入数据库。采用这种方式，需要将管道完整性数据即时录入（见图 5-14）。这种方式需要具有良好的网络环境、通信条件及专业人员，先期购买数据服务器并提供环境，其优点是基于 GIS，缺点是填报过程中对环境及人员的要求较高，特别是有些专业地理空间数据需要处理后才能进行入库工作，很多时候不好操作。另外许多数据需要随时反复修改，冗余数据会比较多。

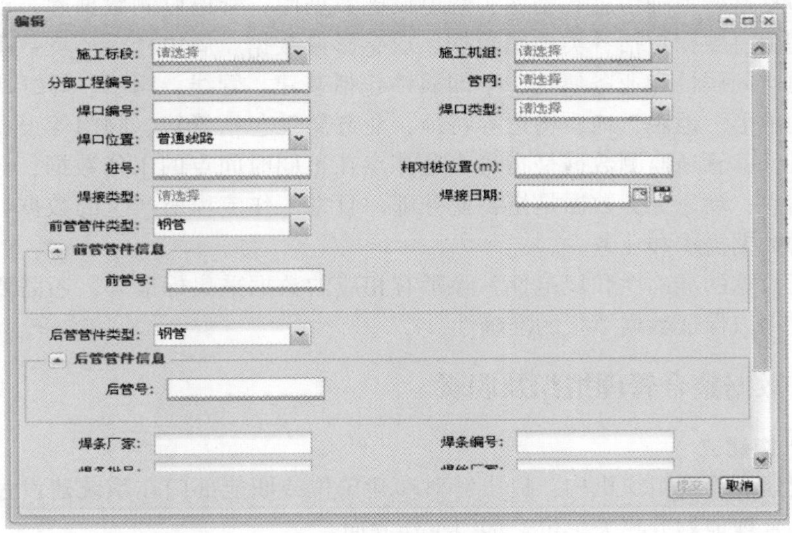

图 5-14 页面填报图

5.5.2 数据采集管理重要性

正确、可行、实用的过程管理方式或方法是保障系统得以成功建设的重要基石。在整个系统建设过程中，应做到合理引导、细致规范、严谨要求，使得各个相关业务部分融入到系统建设工作中来，形成一个整体，自上而下、自内而外严格按照管理制度开展工作，从而取得系统建设的最终成功。

系统建设的基础在于数据，系统能否成功的关键也在于数据。数据采集流程如图 5-15 所示。

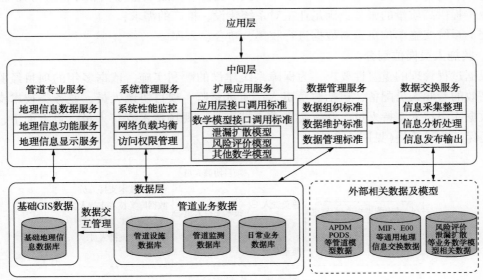

图 5-15 数据采集流程

数据层包括基础地理信息数据库、管道设施数据库、管道监测数据库、动态业务数据库。基础地理信息数据包括各类地图数据、遥感影像数据、周边社会环境数据；管道设施数据包括管道空间属性和业务属性，空间属性包括基建、管线、阀门、焊缝所处地理坐标位置、相关的地形、地貌、地质构造等特征，业务属性包括管线、阀门等设备的材质、材料、口径等特征；管道监测数据是指每个监测点在不同时间点的工作数据，包括流量、压力、温度等信息；动态业务数据是指各业务部门日常工作流程所产生的数据，以适应管道完整性管理的数据需求和业务。

为了保证数据的准确性和规范性，除了有相应的数据采集标准外，还需要有相应的过程管理办法，用以保证数据填报的准确性。

5.5.3 数据整合管理组织及职责

1. 组织机构建立

建立系统建设管理组织机构，提出针对参建单位或职能部门在系统建设过程中的具体要求，清晰、合理地划分相关单位、部门工作界面。

2. 过程管理职责划分

（1）系统建设领导小组是系统建设计划、组织、协调、控制的执行者，有权监管、协调本系统建设过程中所出现的所有问题；

（2）各业务职能部门、管理处、站场负责提供已有的施工数据；

（3）数据审查小组负责对各个职能部门提供的数据进行审查，保证只有审查通过的数据才允许入库，并制定相应的管理办法，及时发现数据整合入库过程中发现的问题，并上报系统建设领导小组进行协调解决；

（4）系统实施单位负责根据需求开发系统软件平台，并在系统运行过程中进行系统维护、更新、完善以及使用指导、培训推广、技术支持、数据质量考核和评价等方面的工作，并向业主提供高质量的服务，满足业主对系统建设、推广的需求；

（5）系统实施单位负责对数据进行收集、整合、入库。

3. 实施人员岗位划分

根据过程管理的重要性要求，为保障系统建设的顺利实施，依据多年的项目经验进行合理高效的专职人员配备，包括总负责人、质量总监、项目协调人员、业务类技术支持人员、数据库类技术支持人员、开发类技术支持人员、现场技术支持人员，自上而下、自内而外地保证项目质量（见图5-16）。

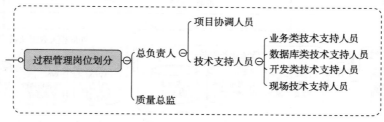

图5-16 人员岗位图

4. 建立明确的沟通机制

成立系统建设领导小组，建立明确的沟通机制。协调各个职能部门、管理处、站场、系统实施单位等组织在系统建设中的工作。

定期协助业主组织召开系统建设项目例会，协调各方单位，解决项目中的问题，接受业主的监督。

每周形成项目进展及工作报告上报至项目部或系统建设领导小组责任人。周报应包含本周工作总结、下周工作安排、待解决和协调事宜等内容。

5. 体系文件制定

协助业主制定系统建设的各项标准体系文件，包括数据采集标准、系统建设管理办法等管理体系文件，并明确各单位、职能部门的工作内容和职责、范围。

基于完整性管理的数字化管道 GIS 系统项目管理体系文件主要包括以下部分：

（1）系统建设数据采集标准　通过对标准的执行，确保数据能够真实反映施工实际情况，包含可行性研究、勘察测量、设计、施工、投产、运营阶段所产生的数据。

（2）系统建设管理办法　由主管部门下发，主要内容包括工作界面划分、参建单位各方职责、数据上报审批流程、数据检验办法和奖惩措施。各有关单位、部门应根据领导小组下发的管理办法编制自己单位或部门内部的系统建设管理办法，并报主管单位审批备案。

（3）数据信息保密管理规定　由主管部门下发，主要内容包括保密职责、保密负责人、涉密数据处理流程、信息保密检查及奖惩措施、保密协议。各有关单位应根据主管部门下发的保密管理规定编制自己单位或部门内部的保密管理办法，并主管部门主审批备案。

（4）系统建设协调手册　由主管部门下发，主要内容包括工作目标(包括工期、质量、投资和 HSE)、各责任单位关系、参建单位或部门系统建设组织机构图及联系方式、参建单位或部门工作界面与工作程序、文件控制等。

（5）系统建设程序文件　由主管部门下发，主要内容包括相关技术要求、基础数据(施工单位、机组、标段等)编码、各参建单位或部门系统建设负责人和填报人员管理规定、数据上报审批的公文名称和编号规定、数据上报审批操作流程、数据采集管理规定、职责范围、奖惩措施、数据采集表格及填写说明等。

5.5.4　数据质量控制流程

1. 前期培训

（1）在开展基础知识、基本技能培训的基础上，学习领会有关规范及技术文件的精神，并针对数字线划图的产品模式、编码体系、图式等开展技术培训，使从业人员熟悉资料源，掌握数据入库工艺流程和技术环节。分析已有数据源，制定技术设计书，指导作业。

（2）对项目涉及的相关软件进行培训。

2. 质量管理

（1）项目施工单位对重大技术问题的处理意见，应及时与验收方沟通，并作好相应记录。

（2）作业前，各作业单位应组织有关质检员、作业员认真学习设计书及有关生产技术规定，作业中不能超规范作业。对各关键工序应严格监控，各关键岗位及关键人员不得中途易人，各工序须作好相应的质量记录，做到有据可查，切实保证工程合格。

（3）项目施工单位应组织相应检查人员对各工序进行过程检查，保证最终产品质量。参照《数字测绘成果质量检查与验收》（GB/T 18316）组织项目实施，在作业员自查的基础上，采取两级检查一级验收制度。两级检查包括中队级和大队级检查，由项目承担单位进行；一级验收由甲方负责组织实施，并作为最终成果验收的依据。两级检查一级验收的检查或抽样比例按《测绘产品检查验收规定》（CH 1002）、《测绘产品质量评定标准》（CH 1003）和《数字测绘成果质量检查与验收》（GB/T 18316）执行。

3. 数据检查

数据成果在作业员自检的基础上要求进行二级检查，以控制质量，质量检查根据实际数据情况，以回放打印图纸和上机检查数据的方式为主。

4. 数据库

在调查数据建库基本情况基础上，检查数据库与《1∶10000 基础地理信息数据生产与建库总体技术纲要》及设计书与相关规定的符合性。主要包括以下几个方面的检查内容：

（1）文档资料完整性，包括生产技术设计书及补充技术规定、数据建库技术设计书及补充技术规定、数据字典、建库的有关记录、项目评审报告、项目检查验收报告等是否完整；

（2）数据库结构，包括逻辑结构、物理结构、数据库表名称、表空间定义等；

（3）数据体，包括数据组织、坐标系统、投影系统、数据质量等；

（4）数据库系统功能；

（5）安全性。

5.5.5 数据质量保证措施

数据的真实性、准确性、完整性、及时性将直接影响系统建设的质量，为此必须加强系统建设过程中对数据质量的监管工作（见图 5-17）。

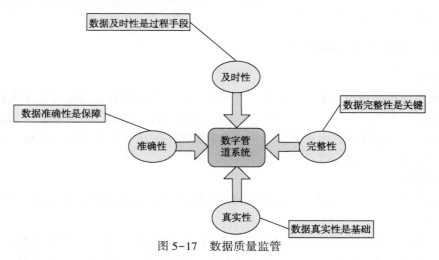

图 5-17　数据质量监管

根据系统建设的具体要求，所收集、整合、入库的数据需要满足以下条件。

1. 数据的真实性

现场所采集的数据为完全根据现场实际施工情况记录的数据，而不是杜撰、推测、推演等结合主观因素得到的数据。

保障措施：通过现场监理、原始数据采集表格的关联性、GIS 技术分析、现场测量等手段保证数据的真实性。

2. 数据的准确性

即数据的有效性，该数据是否能真实反映实际施工情况。

保障措施：严格的数据审核机制是保证数据准确性的关键；同时，现场实施人员应定期辅助检查系统中数据的合理性，并根据实际情况确保录入系统数据的合理与准确。

3. 数据的完整性

所要求的业务数据要按照数据采集表格要求采集，不可缺项。

保障措施：同业务紧密相关的软件系统能严谨地控制数据的完整程度，同时严格的数据审核机制也是保证数据完整性的重要因素。

4. 数据健康度保证

从两个方面来保证数据健康度，一是通过系统自身的数据校验来确保，二是通过现场实施人员来保证(见图5-18)。

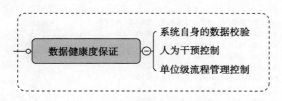

图 5-18　数据健康度保证

系统提供功能强大的数据自动校验和验证功能，根据各类数据之间的逻辑关系，检查数据的完整性、一致性和准确性，为数据审查责任单位进行数据质量检查提供有力的工具。同时，系统还自动记录数据上报、审核过程，做到全过程跟踪，有据可查，保证系统数据的追溯性。可以实现系统数据内部的准确、完善，并记录录入数据时的时间及操作过程等，让系统从数据录入的第一步就开始进行各种形式的校验。

根据管理规定，通过人为定期或者周期性地检查数据的合理性，以完善系统对数据的管理，确保数据的健康度。

(1) 实施人员每日检查数据上报情况，确保第一时间数据的准确及合理性；

(2) 实施人员每周统计系统数据上报情况，并根据实际情况确保数据的准确无误；

(3) 实施人员每月底记录本月数据上报情况，并向系统建设领导小组和公司上报数据录入情况。

5. 系统数据校验

利用系统关于所使用坐标系的相关设置和坐标数据自身的特点，对坐标数据进行格式和坐标范围的校验(见图5-19)。

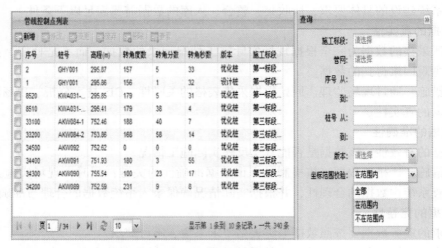

图 5-19　管线控制点校验

系统中有很多关于里程的数据，都是通过桩号+相对距离的方式进行表示或转换的，因此需要对所填报数据是否跨桩进行严格验证（见图 5-20）。系统利用前后桩的多种方式计算出来的距离与用户填报数据联合进行验证，保证数据填报的真实性。

图 5-20　标志及测试桩校验

针对不同的数据，所允许坐标数据偏离中心线的范围也不尽相同。系统提供灵活的方式进行参数设置，对超出范围的数据进行集中排查（见图 5-21）。

桩数据是标示管道走向的基础数据，其自身坐标数据的准确性，直接影响到管道走向的准确性。系统提供了强大的验证功能，对明显不符合正常走向的桩数据进行排查，以进一步确认其走向的合理性（见图 5-22）。

系统中有很多存在内在关联的数据，系统同样提供丰富的验证手段，来检查数据的缺失性。如图 5-23 所示，可进行以下校验：

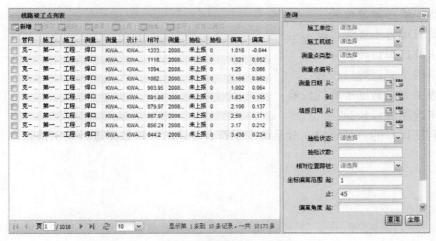

图 5-21　线路竣工点校验

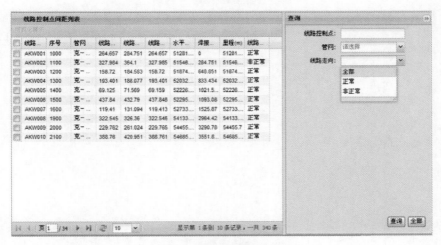

图 5-22　线路控制点校验

图 5-23　焊接记录校验

（1）焊口编号重复校验；

（2）焊口编号不连续校验；

（3）未补口焊口校验；

（4）未竣工测量焊口校验；

（5）竣工测量数据准确性校验；

（6）未检测焊口校验；

（7）利用焊口的自身规律，对系统中不符合规律的焊口数据进行集中排查。

第6章 管道建设期风险管控

油气管道在设计、建设期内，会受到各种各样的威胁，除去可能遭受到的周围环境以及地质灾害带来的危害外，还会受到第三方的威胁，因此进行风险识别十分重要。

6.1 设计阶段的风险控制

设计阶段的风险一般包括计算、模型、后期核对分析造成的风险。设计理论造成的风险往往是因为理论基础薄弱造成的。在进行前期的规划过程中，方案的设计会受到后续建设不确定性所带来的影响。后期核对的风险因为具有极大的隐蔽性，很容易被忽略，造成很大的风险。

管道施工主要风险及防范措施(勘察设计)见表6-1。

表6-1 管道施工主要风险及防范措施(勘察设计)

序号	作业活动	主要工种	设备	主要风险描述	危害和影响	防范措施	风险等级
1	勘察测量	勘测钻工		在高原地区作业时缺氧	1. 头疼、窒息和肺炎 2. 人员伤害	1. 配备吸氧设备和药品 2. 选择身体条件适合的员工执行任务	一般
				在沙漠、戈壁、原始森林或林区行走、作业，通信设施不畅通、缺水	1. 造成人员迷路 2. 脱水死亡	1. 禁止单人进行野外作业，配备GPS定位系统和通信设备 2. 在通往营地的道路设置路标 3. 车辆内配备适量的食品、饮用水和应急药物	一般
				蛇、虫等有害生物叮咬	1. 人员中毒 2. 感染上疾病	1. 培训作业人员掌握相关知识，配备解毒和防蚊虫等药物 2. 工作人员穿长袖、长裤，戴防蚊面罩，衬衫下摆放在裤子内，将裤子下缘塞到袜子中，尽量减少暴露皮肤面积 3. 在有蛇虫出没的草地行走用木棍敲击地面以使蛇虫受惊逃走	一般

续表

序号	作业活动	主要工种	设备	主要风险描述	危害和影响	防范措施	风险等级
1	勘察测量	勘测钻工		野外作业遇到高温、暴风雨、高寒、沙尘暴极端恶劣天气	1. 高温天气致使员工身体暴晒、紫外线灼伤或中暑 2. 暴风雨易引发洪水和泥石流，造成员工围困、失踪及设备损坏 3. 高寒天气易造成员工围困、冻伤 4. 沙尘暴天气易造成员工迷路、受困	1. 指定专人负责每天晚上关注第二天的天气预报，避开恶劣天气作业；作业前应了解勘察沿线的大致地貌情况 2. 遇有高温天气时，合理调配作业时间，避免高温时段室外作业；增加休息次数，延长午休时间；购置遮阳帽、太阳镜和涂抹防晒霜等防护用品；配备如人丹、清凉油、万金油、风油精、十滴水、薄荷锭、藿香正气水等防暑药品 3. 遇到雷雨大风天气，停止露天活动和高空等户外危险作业，撤离可能发生山洪、滑坡、泥石流等灾害的危险地区 4. 冬季为作业人员配备防寒保暖服，钻工配备防水的防寒保暖服；配备取暖设施和防滑装备的交通工具，携带方向指示装置和应急食品。暴雪冰冻等极端天气应停止一切户外作业，户外作业突遇暴雪应立即转移到安全场所，并立即情况报告项目部或公司 5. 发生沙尘暴时，作业人员应聚集在牢固、没有下落物的背风处，采用蒙头、戴护目镜或者把头低到膝部的方式躲避，如果沙尘天气持续时间较长，应立即与项目部或公司取得联系，不要盲目行动	一般
				疫区作业，感染传染	人员伤害	1. 对当地传染病和地方病进行充分的了解，到疫区提前注射传染病疫苗、打预防针 2. 配备相应的防护用品和药品 3. 有条件的可以合理安排作业时间，避开传染病的高发期	一般
				野外食宿易生病	人员伤害	1. 野外营地应选择地面干燥、地势平坦、水源无污染背风场地 2. 带干净饮用水，不采、食野菜和野果；教育职工注意识别和防止接触有毒植物	一般

序号	作业活动	主要工种	设备	主要风险描述	危害和影响	防范措施	风险等级
1	勘察测量	勘测钻工	标尺	社会治安不良遭偷盗等	1. 人员伤害 2. 财产损失	1. 入住安全可靠性好的旅店，关好门窗，晚上早归宿 2. 保管好个人贵重物品	一般
				野生动物攻击	人员受伤	1. 培训作业人员掌握相关知识，配备急救药品、有效的防护用品 2. 避免单独一人出行 3. 当遇到野兽时不要惊慌失措大声喊叫，可点火吓退野兽	一般
				测量器具与高压线接触导致触电	人员伤害	1. 电网密集地区测量作业，应避开变压器、高压输电线等危险区 2. 禁止使用金属标尺	一般
				在公路、铁路地段测量造成交通事故	人员伤害	1. 工作人员穿信号服 2. 设立警示标志并安排人员瞭望	较大
				在地形复杂以及山区测绘，人员踩空掉入山下	人员摔伤	1. 测量人员穿防滑胶鞋，做好个人防护 2. 在大于30°的陡坡或者垂直的悬崖峭壁上作业，使用保险绳、安全带	一般
				在河流区域进行测量，人员、设备落水	1. 人员受伤 2. 设备损坏	1. 租用性能可靠的船只，配备监护人员 2. 配备救生衣、救生圈等救生用具 3. 尽可能避开洪水季节；刮五级以上大风时，停止作业	一般
				雷电高发区作业，遭到雷击	1. 人员伤害 2. 设备损坏	1. 注意收听当地气象预报，雷雨天停止野外工作 2. 雷雨天在外关闭手机、对讲机等电器设备，禁止在孤立的大树或建筑物下避雨	一般
			钻机、船	钻探时碰到地下障碍物（如电缆、光缆、水、气、油管道等）	1. 电力、通信中断 2. 人员伤害 3. 损坏设备 4. 环境污染	1. 作业前会同有关部门进对作业区域地理环境进行调查了解，孔位一经确定，不得擅自改动 2. 选择孔位场地时，在不影响地质及工程设计的情况下，应尽可能地考虑道路交通、水源、居住及地势等因素，为钻探施工创造条件	较大

续表

序号	作业活动	主要工种	设备	主要风险描述	危害和影响	防范措施	风险等级
1	勘察测量	勘测钻工	钻机、船	在悬崖、陡坡地段修建钻场，遇到岩石崩落	1. 人员伤害 2. 设备损坏	1. 避开危岩崩落区，先清除上部浮石 2. 2m 及以上高处作业，作业人员系安全带	较大
				钢丝绳破损断裂，造成高空坠物	人员伤害	1. 定期检查钢丝绳的完好程度 2. 在钢丝绳出现严重毛刺或有一股断头时，必须更换	一般
				水上钻探时人员落水	人员溺水	1. 到当地水文、气象和航运部门收集相关资料，做好施工计划和制定相应的措施 2. 船只配备铁锚、锚绳和锚链，保证平稳安全作业 3. 钻船平台两侧架设不低于 1.2m 的防护栏杆 4. 水深超过 1.5m 处进行水上钻探，配备救生衣、救生圈等防护用器 5. 尽可能避开洪水季节施工；刮五级以上大风时，停止作业	一般
				提升或下降钻具时突然变速，碰到作业人员	人员跌倒、碰伤	1. 试钻并与孔口和塔上（或操作摆管）人员密切配合，互相关照，并按发出的口令进行操作 2. 操作升降机时，要轻而稳，不得猛刹猛放，不得超负荷强拉，不得用手扶摸钻杆和钢丝绳 3. 孔口操作人员，必须站在钻具起落范围以外	一般
				搬运钻具，钻具倾倒	人员砸伤、割伤	多人抬动设备时，应有专人指挥，相互配合	一般
				垫叉未撤出时钻机突然转动，打伤操作人员	人员伤害	1. 操作人员密切配合，互相关照，并按发出的口令进行操作 2. 抽、插垫叉禁止手扶垫叉底面	一般
				未按时检查 U 形环、提篮、钻具、螺丝等造成高空坠物，砸伤人员、砸坏设备	1. 人员伤害 2. 设备损坏	1. 定期检查钻探设备和附属设备的安装位置是否正确、牢固，检查钻具丝扣并涂油保护 2. 钻具提出钻孔后，严禁悬空放置，将钻具落地依靠钻架或放倒，防止钻具下坠发生危险 3. 作业人员正确佩戴安全帽及其他劳动保护用品	一般

续表

序号	作业活动	主要工种	设备	主要风险描述	危害和影响	防范措施	风险等级
1	勘察测量	勘测钻工	钻机、船	槽探坍塌，砸到人员	人员伤害	1. 槽壁应保持平整，及时清除松石 2. 槽口两侧 0.5m 内不得堆放土石和工具 3. 在松软易坍塌地层掘进探槽时，两壁进行支护 4. 在雨季或钻探施工期较长时，应采取打桩、砌墙等措施，防止易塌方部分塌陷	较大
				钻探对自然保护区、文物保护区、生态保护区的破坏	破坏原有植被、地面景观、文物	1. 选线时尽量避开自然保护区、文物保护区、生态保护区 2. 必须穿越时设置绕行警示牌，钻探时尽量减少对周围土壤、植被的破坏，及时恢复植被 3. 对发现的历史文物古迹要进行保护并及时上报给有关部门	一般
				多雷雨时期作业，遭到雷击	人员伤害	1. 注意收听当地气象预报 2. 在作业中注意观察天气变化，雷雨将来时，暂停工作并将钻架放到	一般
2	室内试验	试验检测	电子天平干燥箱蒸馏锅	电器设备漏电、短路等故障	1. 触电伤人 2. 火灾及设备损坏	1. 定期检查电源线、开关、电机以及设备，确认各部分完好 2. 严禁用导电器具洗扫电器和用湿布擦洗电器 3. 禁止将水洒在电器设备和线路上 4. 当电器动力设备超过允许温度时，立即停止运转	一般
				试验过程中蒸馏锅供水不足，引起火灾	1. 人员伤害 2. 设备设施损坏	1. 当蒸馏工作进行时，要有专人负责管理，不许随便离开 2. 用完后即关掉热源	一般
3	设计工作	设计		设计管道线路走向穿越文物保护区、水源、自然保护区、生态保护区等	破坏环境	设计时要考虑施工和运行管理时的国家文物保护、生态环境保护、自然保护、土地的最少占用	一般
				材料选材、设备选型不合理，造成能耗浪费和排放超标	破坏环境	1. 设计时要考虑环境的特殊性并选择环保节能的材料、设备 2. 优化各设备间距，减少管道的往返，减少材料使用 3. 加强设计审核工作	一般

续表

序号	作业活动	主要工种	设备	主要风险描述	危害和影响	防范措施	风险等级
3	设计工作	设计		配合现场进行施工时发生高空坠物、塌方、有限空间窒息、爆炸等	人员伤害	1. 对到现场的设计人员进行 HSE 培训，增强员工自我保护意识 2. 设计人员进入施工现场要正确穿戴安全防护用品 3. 在现场要留意现场安全标志牌、告示牌，熟悉现场安全通道 4. 要远离正在施工的机械，不得从起重臂下或吊物下通过 5. 在易燃、易爆场所严禁明火、吸烟，服从现场 HSE 监督员的安排	较大

6.2　施工阶段的风险控制

施工过程的风险主要是施工技术以及自然灾害带来的威胁。施工过程中出现的问题最多，也最为常见，施工过程中，由于管道在结构处强度比较低，容易出现问题。除此之外，施工过程中的风险还包括施工环境、施工单位、监管单位、设备材料质量等方面。

管道施工主要风险及防范措施(管道施工前作业)见表 6-2，管道施工主要风险及防范措施(管道施工过程作业)见表 6-3，管道施工主要风险及防范措施(通球与扫线作业)见表 6-4，管道施工主要风险及防范措施(清扫与干净作业)见表 6-5。

表 6-2　管道施工主要风险及防范措施(管道施工前作业)

序号	作业活动	主要工种	设备、设施、工器具	危害因素	危害和影响	防范措施	风险等级
1	测量放线	测量工、力工、驾驶员	车辆、全站仪等测量仪器	自然灾害：高低温天气、暴风雨、雷电、暴雪、沙尘暴、洪水泥石流	1. 高温天气致使员工身体暴晒、紫外线灼伤或中暑 2. 暴风雨易引发洪水和泥石流，造成员工围困、失踪及设备损坏 3. 雷电天气易发生雷击事件，造成人员伤害及设备损毁 4. 暴雪天气易造成员工围困、冻伤 5. 沙尘暴天气易造成员工迷路、受困	1. 机组管理人员和作业人员每天晚上关注第二天的天气预报，避开恶劣天气作业；作业前应了解施工沿线的大致地貌情况 2. 遇有高温天气时，机组应合理安排作业时间，尽量避免高温期间施工；夏季应带足饮用水，配备必要的防暑清凉药品 3. 放线时，作业人员应携带有效的通信工具，遇有突发事件，紧急呼救 4. 作业时，携带方向指示装置和应急食品，冬季作业时还应配备必要的防寒应急物资 5. 雷雨季节时，项目部应组织作业员工培训防雷知识；在沙漠区域作业时，项目部应组织作业人员培训沙漠危害避险措施 6. 雨季在河床或山区冲沟内施工时，应在上游处设置监护人员，便于突发洪水时的紧急通知；夜间停止作业时，应将设备停放至河堤或高地上	一般

续表

序号	作业活动	主要工种	设备、设施、工器具	危害因素	危害和影响	防范措施	风险等级
1	测量放线	测量工、力工、驾驶员	车辆、全站仪等测量仪器	野兽攻击	1. 人身伤害 2. 迷路	1. 项目部负责向当地环保部门咨询，落实本地常见的大型攻击型野兽，并向作业人员进行培训和交底 2. 培训内容必须包括当地的野兽危害、外伤初步救治、应急药品的使用 3. 配备相应的应急药品，包括外伤药、止血药等 4. 在茂密丛林、戈壁、沙漠等地形作业时，还应携带方向指示装置	一般
				有害生物	1. 中毒 2. 传染疾病	1. 项目部负责向当地防疫部门咨询，落实本地常见的有毒蚊蛇，并向作业人员进行培训和交底 2. 培训内容必须包括当地的虫蛇叮咬后的危害、应急药品的使用和心肺复苏等内容 3. 配备相应的应急药品，包括蛇药 4. 作业人员按规定穿戴个人防护用品 5. 在有血吸虫多发的地区，进入水泽施工人员配备专用防护用品	一般
				茂密丛林、戈壁、沙漠、沼泽、泥塘、水泽、褶皱地形等恶劣地形	1. 茂密丛林、戈壁、沙漠易造成迷路、受困 2. 沼泽、泥塘、水泽易造成人员淹溺，人员、设备淤陷受困 3. 褶皱地形易造成人员摔伤、腿脚扭伤、塌陷等	1. 项目部向作业人员进行外伤初步救治、应急药品的使用和心肺复苏等内容的培训；同时配备相应的应急药品 2. 放线时，作业人员应携带有效的通信工具，作业人员之间互留通讯方式；在沙漠或森林地带应携带GPS，随时与监控中心保持联系，遇有突发事件，紧急呼救 3. 作业前作业人员应了解施工沿线的大致地貌情况，地形恶劣时应观察好行走路线，不冒进，禁止在水塘或水泽地戏水 4. 在茂密丛林、戈壁、沙漠等地形作业时，还应携带方向指示装置和应急食品	一般
				路况差、交通条件复杂	1. 人员伤害 2. 车辆损失	1. 山区行车应聘用有山区驾驶经验的驾驶员从事车辆驾驶工作 2. 山区行车限速行驶 3. 加强车辆日常维护保养 4. 严格要求司机杜绝车辆带病上路 5. 杜绝疲劳驾驶和酒后驾驶 6. 司机严格遵守山区行车交通规定，严禁强超强会	一般

序号	作业活动	主要工种	设备、设施、工器具	危害因素	危害和影响	防范措施	风险等级
1	测量放线	测量工、力工、驾驶员	车辆、全站仪等测量仪器	道路旁作业无警示标志，作业人员注意力不集中	1. 人员伤害 2. 车辆损失	1. 沿路或过路作业时，应设置明显的警示标志，并穿着醒目的服装 2. 严禁在路上嬉戏打闹 3. 设置监护、指挥人员	一般
				社会依托差	1. 事故后果扩大 2. 社会影响大	1. 作业前项目部向员工进行交底，交底内容包括施工地形、地貌、路况、社会依托、应急知识等 2. 配备必要的应急物资	一般
2	扫线（作业带清理）	指挥人员、操作手、配合力工	挖掘机、推土机、伐树工具	地形恶劣，坡度大；土质构成不稳固	1. 设备倾覆 2. 人员伤害	1. 进行作业带清理前，项目部组织技术人员、安全管理人员、测量放线人员对操作手进行交底 2. 需要进行降坡处理的陡坡，按照设计规定进行降坡处理；必要时，修筑设备施工平台进行作业 3. 在坡道上被迫熄火停车时，应拉紧手制动，下坡挂倒挡，上坡挂前挡，并将前后轮楔牢 4. 设置专人进行指挥、监护	较大
				设备操作手操作失误，违章操作	1. 设备倾覆 2. 机械伤害	1. 操作手必须持证上岗 2. 在使用新型号的设备、设施时，应对操作手进行重新培训，并考核合格后方可作业 3. 设备操作手启动设备前对周围环境进行观察并鸣笛示警	一般
				机械故障	1. 设备倾覆 2. 机械伤害	1. 加强设备的日常维护保养 2. 项目部定期组织对设备的使用情况、保养情况进行检查 3. 严禁非作业人员靠近正在作业的机械设备 4. 操作手发现机械故障后，必须及时告知维修人员进行修理，在仍然存在故障的时候，坚决拒绝进行操作	一般
				设备操作手不了解地下构筑物或其他地下设施	1. 破坏地下构筑物 2. 挖断地下光缆、管线	1. 进行作业带清理前，项目部组织技术人员、安全管理人员、测量放线人员对操作手进行交底 2. 指挥、监护人员发现遇有标志桩及其他明显标志时，及时告知操作手	较大
				架空线路下作业	1. 刮断架空线路 2. 人员触电	1. 架空线路下作业，必须设置监护、指挥人员，并配备指挥哨 2. 操作人员保持高度的注意力，听从指挥人员的指挥，任何停止指令都必须听从 3. 严格按照《施工现场临时用电安全技术规范》(JGJ 46)要求，与架空线路保持安全距离	较大

续表

序号	作业活动	主要工种	设备、设施、工器具	危害因素	危害和影响	防范措施	风险等级
2	扫线（作业带清理）	指挥人员、操作手、配合力工	挖掘机、推土机、伐树工具	在视线不好或特殊地形作业时，无人指挥或监护	1. 设备倾覆 2. 刮碰架空线路 3. 破坏地下设施 4. 碾压作业带外土地	1. 特殊地段作业，现场必须设置监护、指挥人员 2. 监护、指挥人员不得脱岗、睡岗	一般
				站位不当	机械伤害	1. 指挥、监护人员必须站在操作手观察视线良好的位置 2. 不能站在机械设备的旋转半径范围内 3. 设备操作手启动设备前对周围环境进行观察并鸣笛示警	一般
				作业带未按施工规范或图纸要求进行修正，作业带内树木或杂物未清理干净、存在突出的树桩等	1. 人员伤害 2. 设备损坏	1. 进行作业带清理前，技术人员按照施工图纸及规范要求向指挥人员和操作手进行交底 2. 清理作业带时，作业带表面应平整，满足施工机械安全作业要求，并彻底清除作业带内的树木、庄稼、植被等易燃物 3. 作业带阶段清理完后，项目部应组织相关部门和施工作业单位对作业带进行验收	一般
				雨季施工设备停置在低洼处	1. 洪水冲走 2. 损坏设备	1. 雨季夜间停止作业时，必须将设备停放至河堤或高地上	一般
3	人工开挖管沟	指挥人员、操作手、配合力工、爆破工	锹、镐	物体打击	人身伤害	人与人作业间距大于3m	
				塌方	人身伤害	1. 按设计要求放坡 2. 沟深超过5m要进行台阶式放坡 3. 堆土距离沟边距离至少1m	
				管线距离沟壁过近	1. 滚管 2. 伤人	1. 作业前，技术人员应按照规范对作业人员进行技术交底 2. 管沟开挖前，作业人员应复验管沟开挖中心线与已焊接完的管线的距离是否满足规范要求，如存在问题，必须及时告知项目部，在问题未得到解决前严禁进行开挖作业 3. 管线距离管沟至少1m	一般
				管沟一次成型不符合规范或技术要求进行返修	1. 设备距管沟过近管沟塌方，设备倾覆 2. 人员砸伤	1. 管沟开挖过程中，必须有专人进行监护；监护人员不得擅离职守 2. 监护人员必须监督操作手按管沟设计坡比开挖管沟，管沟开挖后不易长时间暴露 3. 深度超过5m的管沟返修时，按照规范要求采取阶梯形放坡 4. 管沟上方有凸出物或其他易脱落、易滚落的石块等，应在开挖前处理掉 5. 严禁人员和机械设备交叉作业	一般

续表

序号	作业活动	主要工种	设备、设施、工器具	危害因素	危害和影响	防范措施	风险等级
3	人工开挖管沟	指挥人员、操作手、配合力工、爆破工	锹、镐	土石方未按要求堆放	塌方、滚石	1. 作业前，项目部组织相关人员对作业人员进行作业交底 2. 将挖出的土石方堆放在与施工便道相反的一侧，土堆距管沟边缘的距离和堆积高度符合规范要求	一般
				石方段开挖滚石	1. 破坏环境 2. 超占用地 3. 滚石伤人	1. 设置作业区域警示标志 2. 在坡地堆土时，采取拦截土石方散落的措施 3. 操作手作业时严格控制开挖的进度，不冒进，遇土石方量堆放场地不足时，应停止作业，向主管报告	一般
	机械开挖管沟	指挥人员、操作手、配合力工、爆破工	挖掘机	坡度、宽度不能满足施工作业要求	1. 设备倾覆 2. 人员伤害	管沟开挖前，作业人员应复验作业带是否满足设计要求和作业需求，如存在问题，必须及时告知项目部，在问题未得到解决前严禁在存在问题地段进行开挖作业	一般
				设备操作手操作失误，违章操作	1. 机械设备倾覆 2. 机械受损 3. 机械伤人	1. 设备操作手必须持证上岗 2. 选择具有一定施工经验的操作手	一般
				作业人员不了解开挖地段的地下构筑物或其他地下设施	1. 破坏地下构筑物 2. 破坏地下光缆和地下管线	1. 管沟开挖前，必须办理相关作业许可 2. 项目部应对管沟开挖地段的地下设施如光缆、管线等进行交底 3. 机械开挖前先用人工开挖的方式找到地下光缆、管线等的具体位置 4. 机械开挖时与地下光缆、管线等保持3m以上的安全距离 5. 光缆、管线等两侧3m范围内采用人工挖沟方式，开挖前应征得其管理方的同意，并应在其监督下进行管沟开挖 6. 开挖过程中发现电缆、管线、文物或不能辨认的物品时，应立即停止施工，报告主管，采取措施后方可继续动土作业	较大
				机械设备故障	1. 机械设备损坏 2. 机械伤人 3. 污染环境	1. 加强设备的日常维护保养，并作好设备运转记录 2. 项目部定期组织对设备的使用情况、保养情况进行检查 3. 严禁非作业人员靠近正在作业的机械设备 4. 操作手发现机械故障后，必须及时告知维修人员进行修理，在仍然存在故障的时候，坚决拒绝进行操作 5. 给挖掘机加油时，应有防油落地措施	一般

序号	作业活动	主要工种	设备、设施、工器具	危害因素	危害和影响	防范措施	风险等级
3	爆破开挖管沟	指挥人员、操作手、配合力工、爆破工	风镐、绝缘棒	架空线路下作业	1. 刮断架空线路 2. 人员触电 3. 机械伤人	1. 必须有专人进行监护 2. 操作人员保持高度的注意力，听从指挥人员的指挥，任何停止指令都必须听从 3. 挖掘机旋转半径范围内不得站立任何人员	一般
				石方段管沟爆破飞石	1. 飞石、冲击波伤人 2. 损坏管子、设备、房屋等	1. 严格执行国家现行的《爆破安全规程》(GB 6722)的有关规定 2. 严格履行安全技术交底程序 3. 爆破时严格控制药量，不得为了抢进度擅自加大炸药量 4. 起爆前保证爆破影响区域全部被封闭，并设置专人核实所有无关人员已经撤离现场 5. 设专人在警示区域外进行告知警示，拦截非作业人员进入作业现场	一般
				静电	人员伤害	装药时穿戴防静电服，使用绝缘棒捣实	一般
				石方爆破作业时哑炮处理不当	爆炸伤人	1. 严格执行国家现行的《爆破安全规程》(GB 6722)的有关规定 2. 专人负责清理哑炮，确认无误后方可进入下道工序	较大
				爆破人员误操作	爆炸伤人	1. 严格执行国家现行的《爆破安全规程》(GB 6722)的有关规定 2. 录用分包商前，严格审查爆破分包商的资质、作业人员爆破资格证书和HSE作业文件 3. 采取新的爆破工艺时，必须重新取得相应的爆破资质后，方可作业	较大
				炸药丢失	造成严重的社会影响	1. 施工现场专门修筑分类存放炸药和雷管的房间，并专人看守、管理 2. 专人、专车领用爆破材料，杜绝人、药混装现象	较大
4	设备装、卸、运输	司机、操作手、起重索力工	拖板车、吊车、封车带、撬棍等	爬行设备自行通过拖板车引桥爬行时无人指挥或监护	1. 爬行设备下滑、掉桥 2. 翻车设备损坏 3. 人员伤害	1. 设备操作手必须经验丰富，技能熟练，且持证上岗 2. 极端天气无可靠的安全保证措施，不得进行设备搬迁作业 3. 爬行设备通过拖板车引桥爬行时，必须有专人监护、指挥	一般
				引桥强度不够、损坏	1. 爬行设备掉桥、翻车致使设备损坏 2. 人员伤害	设备开上拖板车前，操作手先检查拖板车引桥外观状况，如发现引桥有局部腐蚀和裂痕，要报告机组长，经专业技术人员鉴定确认安全时方可使用	

序号	作业活动	主要工种	设备、设施、工器具	危害因素	危害和影响	防范措施	风险等级
4	设备装、卸、运输	司机、起重索工、操作司力工	机手、工、封车带、撬棍等	拖板车、吊车、	吊具、索具、卡具有缺陷	吊物坠落、设备倾翻	1. 安装设备时，吊装作业使用的吊具、锁具必须符合要求 2. 作业前，作业人员必须对吊具、索具进行检查 3. 设备拆除、安装时，特种作业人员必须持证上岗	
					急转弯、紧急制动，设备未封车、掩挡	1. 设备损毁 2. 人员伤害	1. 拉运设备时，必须进行捆扎牢靠和掩挡；拉运设备负责人应对设备封车、掩挡情况进行检查 2. 吊管机装车前必须将起重臂拆下 3. 驾驶员应严格控制车速，转弯时限速，避免急刹车 4. 押运人员禁止乘坐被拉运的设备上 5. 长途拉运或路况复杂时，可派车进行跟送 6. 内部车辆可安装GPS监控系统进行限速跟踪	较大
					违章驾驶	1. 人员伤害 2. 设备损失	1. 内部车辆驾驶员必须经验丰富，技能熟练，且持"双证"上岗 2. 外雇车辆必须签订交通安全责任书，加强对外雇车辆司机的安全教育	一般
					车辆机械故障	1. 人员伤害 2. 设备损失	1. 拖板车驾驶员定期对车辆进行维护和保养，落实车辆"三检制"，即出车前检查、途中检查和回场后检查，不得开带病车辆 2. 项目部定期对机动车辆的车况和性能进行检查 3. 带车人应监督驾驶员出车前的车辆自检执行情况	一般
					驾驶员不熟悉路况	刮碰高压线路或其他构筑物，桥梁坍塌	1. 设备拉运前，应提前确定好拉运路线，组织有关人员对运输线路现场踏勘 2. 对驾驶员和押运员进行安全交底 3. 必要时制定并落实专项拉运方案 4. 要勘察与架空电力线路安全距离，桥、涵的限高、限宽及承重，弯道转弯半径等	一般
					驾驶员不熟悉作业带情况	1. 超占地碾压 2. 破坏地表	1. 提前选定好卸车位置，且卸车位置便于作业 2. 驾驶员应谨慎驾驶，避免碾压作业带以外的土壤等 3. 有专人指挥作业	一般

续表

序号	作业活动	主要工种	设备、设施、工器具	危害因素	危害和影响	防范措施	风险等级
4	设备装卸、运输	司机、操作起重索力工手工工、	拖板车、吊车、封车带、撬棍等	设备超限	1. 人员伤害 2. 设备损失	1. 设备拉运前，应提前确定好拉运路线，并了解沿线的道路交通状况，制定并落实设备拉运方案 2. 设备拉运时必须有专人负责，专人带车	较大
				吊臂的安装不正确，钢丝绳安装不正确，未安装限位器等	机械伤害	1. 设备的拆除、安装必须有专职的设备管理人员和维修人员进行统一指挥 2. 安装吊臂时，必须按照要求安装行程限位器；拆除吊臂时，应首先拆除限位器，避免限位器被挤压损坏 3. 设备安装后，操作人员对安装部位及协调部位进行复查，符合要求后，方可进行试操作	一般
				设备组装选择场地不当	1. 挂碰架空线路 2. 机械伤害 3. 人员伤害	1. 选择较宽阔的场地组装设备，避免空间狭小造成人员交叉作业带来隐患 2. 不得在斜坡处组装设备 3. 不得在架空线路下方组装设备	一般
				安装防风棚线路时带电作业	触电伤亡	1. 安装电气线路必须由持证电工进行作业 2. 无特殊原因时，严禁带电作业 3. 如必须进行带电作业时，必须由两名电工配合作业	一般
				大锤锤头松动、使用时戴手套或操作不当造成锤头或受击打物品飞出	人员伤害	1. 使用大锤前，应首先检查锤头与锤把的连接是否牢固 2. 两人配合进行作业时，把持受击打物品的人员，应位于大锤击打方向的侧面 3. 使用大锤击打作业时，严禁戴手套进行作业，其他人员严禁站立在击打方向的前、后方	一般
				螺栓或销轴连接部位未安装到位造成安装缺陷	1. 设备损坏 2. 设备试运、运行时设备零件飞出伤人	1. 设备安装必须有专职的设备管理人员和维修人员进行统一指挥 2. 设备安装后，操作人员对安装部位及协调部位进行复查，认为符合要求后，方可进行试操作	一般

序号	作业活动	主要工种	设备、设施、工器具	危害因素	危害和影响	防范措施	风险等级
5	营地建设	营地管理员、全体员工	厨房设施、洗浴设施、娱乐设施、消防设施	重大危险源过近，或设置在自然灾害频发的地理位置	导致关联风险	1. 营地选址远离重大危险源 2. 营地不得设置在河床、冲沟、山顶、泥石流频发地段 3. 选择社会依托较好的地理位置 4. 充分了解当地的地方病，并针对地方病的防治方法购买必要的防护用品	一般
				燃煤中毒、失火	1. 人员伤害 2. 火灾	1. 保持通风 2. 夜间加强巡视 3. 配备灭火设施	一般
				危险化学品存放不当	火灾、爆炸、环境污染	1. 营地员工居住地禁止存放燃油、油漆、民爆物品等危险物品 2. 设置危险物品专门存放区，并配备消防器材，进行隔离、警示 3. 加强危险物品的管理，无关人员禁止进入危险物品存放区域	较大
				防洪防雷措施不到位	火灾、雷击、洪涝	做好营地的防洪防雷工作，疏通排水渠道，安装防雷装置	一般
				营地内维修作业	1. 火灾、机械伤害，人员受伤 2. 环境污染	1. 营区内维修作业划定专区进行，并做好隔离措施，无关人员禁止入内 2. 维修专区配置好消防器材，并保证在有效期内 3. 维修产生的工业垃圾等妥善处置，防止对环境造成污染	一般
				无水电暖等保障措施	1. 员工正常的生活无法保障易导致疾病频发 2. 员工情绪波动大	1. 营地建设必须满足水、电、暖的需求 2. 冬季取暖设施必须符合安全要求 3. 非自来水的饮用水必须经过防疫卫生部门检验合格 4. 电力线路的负荷必须满足用电要求	一般
				没有建立或健全营地管理办法	1. 因管理漏洞导致火灾、触电、食物中毒、疾病传染 2. 环境污染	1. 健全项目营地食堂、职工宿舍、环境卫生等管理制度，责任要落实到人 2. 项目部定期对施工队伍和承包商营地各项管理制度的落实情况进行检查，对不符合要求的责令整改 3. 在传染病爆发期，营地管理人员应每天关注当地传染病的发展情况，并采取相应的控制、隔离措施	一般

续表

序号	作业活动	主要工种	设备、设施、工器具	危害因素	危害和影响	防范措施	风险等级
5	营地建设	营地管理员、全体员工	厨房设施、洗浴设施、娱乐设施、消防设施	通道复杂	突发事件时不能有序地排险	1. 设置逃生路线，安装醒目的逃生标志 2. 建立健全应急组织机构，有应急联系电话 3. 组织员工应急逃生培训和演练	一般
				无消防设施	突发火情，不能及时进行扑救，导致火情的扩展	1. 按照防火要求配备相应的消防器材 2. 划分责任区，专人负责	较大
				电气线路老化、超负荷使用	1. 火灾，电器设施损坏 2. 触电事故，人员受伤	1. 营地选择后，应组织电工对营地的电气线路进行排查，对存在隐患的电气线路进行更换 2. 对用电的负荷进行测算，不能满足要求时应更换治理 3. 营地内的电气线路应统一进行布置，严禁私拉乱接 4. 职工宿舍管理制度应包含相关用电要求 5. 营地管理人员应定期对员工的用电情况进行检查，发现问题立即责令整改	一般
				食堂没有配置消毒设备、无单独的操作间	疾病交叉感染	1. 食堂炊事员应定期体检 2. 食堂设置独立的操作间，非工作人员禁止进入厨房 3. 必须配备满足消毒需求的合格消毒设施，并落实相关责任人	较大
				食堂无食品储存间和保温设备	食品腐败、食物中毒	1. 设置食品储存间，蔬菜存放符合要求 2. 指定专人管理，经常进行检查 3. 生熟食必须分开存放	一般
				采购的食品不符合卫生标准	食物中毒	1. 严格控制食品的采购来源，禁止采购病、死家禽肉和变质的食品 2. 肉类采购应从合法商贩处采购，且肉类有相应的卫生检疫标志	一般
				饮用水超标	影响员工身体健康，甚至导致地方病的发生	1. 非自来水的饮用水必须经过防疫卫生部门检验合格 2. 如果该地区因水质问题存在地方病，也应对自来水进行检验	一般
				无娱乐设施	1. 使员工精神不能得到有效地放松，疲劳感扩大 2. 情绪波动大，导致意外事件	1. 建立单位的企业文化，加强员工的团结向心凝聚力 2. 建设员工娱乐活动室，配备娱乐设施 3. 加强日常生活设施的建设，保障员工的日常生活条件，缓解员工的紧张和疲惫心态	一般

序号	作业活动	主要工种	设备、设施、工器具	危害因素	危害和影响	防范措施	风险等级
5	营地建设	营地管理员、全体员工	厨房设施、洗浴设施、娱乐设施、消防设施	燃气式洗浴间不通风且设备设置在洗浴间	窒息和中毒	1. 燃气式洗浴设备禁止安装在洗浴间内 2. 洗浴间应通风良好	一般
				电气式洗浴设备未安装漏电保护器和未做接地	触电、人身伤亡	1. 加装漏电保护器 2. 安装接地	一般

表6-3 管道施工主要风险及防范措施(管道施工过程作业)

序号	作业活动	主要工种	设备、设施、工器具	危害因素	危害和影响	防范措施	风险等级
1	管材装卸	吊车司机、起重工、司索工、力工	吊车、钢丝绳、吊带、吊杠	钢管摆动	人员伤害	1. 注意操作人员之间的相互配合 2. 人员与管子和设备保持安全距离 3. 起吊作业时应慢起、缓摆、轻放 4. 钢管管口两端系牵引绳 5. 作业区域禁止人员停留	较大
				钢管坠落	1. 人员伤害 2. 设备损坏 3. 管材损坏	1. 吊装前检查钢丝绳、卡具应安全、可靠 2. 捆索作业由专业人员进行 3. 合理控制起吊高度 4. 重物移动范围内不得站人	较大
				滚管	1. 人员伤害 2. 管材损坏	1. 禁止从底层抽管 2. 管垛底层两侧要掩牢 3. 堆管层数、高度要符合规范要求 4. 设置警示标识,禁止攀爬管垛	较大
				起重设备故障	1. 人员伤害 2. 设备损坏 3. 管材损坏	1. 定期进行设备维检修与保养 2. 起吊前先试吊	较大
				吊具、索具、卡具缺陷	1. 人员伤害 2. 设备损坏 3. 管材损坏	检查吊具、索具、卡具的磨损情况,超过规定标准,及时更换	较大
				脱钩	人员伤害	1. 防脱钩保险装置完好 2. 吊钩要卡牢管口两端 3. 司索指挥在起吊前进行检查	较大
				吊车支撑不平稳、不牢固	1. 人员伤害 2. 设备倾覆、损坏	1. 场地平整 2. 支腿满伸 3. 支点稳定	一般

续表

序号	作业活动	主要工种	设备、设施、工器具	危害因素	危害和影响	防范措施	风险等级
	管材装卸	吊车司机、起重工、司索工、力工	吊车、钢丝绳、吊带、吊杠	与架空线路安全距离不够	1. 触电 2. 通信、供电中断	1. 合理选择起吊位置，避开架空线路 2. 操作手操作前进行观察 3. 现场设专人指挥，专人监护	一般
1	管材运输	汽车司机	运输车辆	道路转弯半径不够	1. 翻车、人员伤害 2. 通行受阻	1. 对运管线路进行提前踏勘，不能满足要求的，修筑运管道路，碾压平整、土质坚硬 2. 特殊地段安排专人监护、指挥	较大
				山路、陡坡	1. 翻车、溜车 2. 滑管 3. 人员伤害 4. 制动失灵	1. 封车前检查绳、索具等封车用具 2. 封车后仔细检查封车是否牢固 3. 连续长下坡时对刹车片采取降温措施 4. 配备掩木、牵引绳等	较大
				恶劣天气(雨、雾、冰、雪、高温、低温、洪水、泥石流)	1. 交通事故 2. 人员伤害 3. 车辆损坏 4. 窜管、滚管	1. 收集气象信息，避免恶劣天气出车 2. 冰雪天运输采取防滑措施 3. 合理控制车速，不盲目驾驶 4. 保持通讯畅通，配备应急物品	一般
				车辆故障	1. 人员伤害 2. 交通事故	1. 检查车辆的制动、转向、防雾灯，确保车辆性能处于完好状态 2. 车辆执行"三检制"，严禁带病出车	
				管托、立柱、挡板强度不够	1. 钢管位移 2. 人员伤害 3. 车辆损坏 4. 交通肇事	1. 运前对管托、立柱、挡板进行检查，确保强度和高度满足要求 2. 途中对管托、立柱、挡板进行复查	较大
				捆绑不牢	1. 窜管、滚管 2. 人员伤害 3. 财产损失	1. 封车前认真检查绳、索具等封车用具 2. 封车后仔细检查封车是否牢固 3. 途中对捆绑情况进行复查	较大
	布管	起重工、操作手、力工	吊管机、吊带、钢丝绳、吊钩	滚管	1. 人员伤害 2. 管材损坏	1. 自上而下顺序取管，禁止从底层抽管 2. 采取有效掩牢措施 3. 距管沟大于1m	较大
				钢管摆动	人员伤害	1. 注意操作人员之间的相互配合 2. 人员与管子和设备保持安全距离 3. 起吊作业时应慢起、缓摆、轻放 4. 用牵引绳配合布管	较大

续表

序号	作业活动	主要工种	设备、设施、工器具	危害因素	危害和影响	防范措施	风险等级
1	布管	起重工、操作手、力工	吊管机、吊带、钢丝绳、吊钩	设备故障	1. 人员伤害 2. 设备损坏 3. 管材损坏	定期进行设备维检修与保养	较大
				吊带破损、钢丝绳滑绳、断裂	1. 人员伤害 2. 设备损坏 3. 管材损坏	定期检查吊带、绳索的磨损情况，超过规定标准，及时更换	较大
				脱钩	1. 人员伤害 2. 管材损坏	1. 机械操作手经常检查钢管吊绳和吊钩 2. 防脱钩保险装置完好	较大
				与架空线路安全距离不够	1. 触电 2. 通信、供电中断	1. 操作手操作前进行观察，与架空线路保持安全距离 2. 现场设专人指挥，专人监护	一般
				不良地形、地貌	1. 人员伤害 2. 设备倾覆、淤陷	1. 吊管机与管沟保持安全距离 2. 禁止布管配合人员倒行或在吊管机行驶方向正前方行走 3. 吊管机在坡陡地段应采取防滑措施 4. 在水网或沼泽地行走，采取防淤陷措施，保障设备行走安全	重大 一般
2	组对焊接	管工、操作手、电焊工、气焊工、起重工	对口器、焊接车、砂轮机、加热器、氧乙炔器具、吊管机、电动钢丝刷	管口清理、清根除锈造成飞溅、粉尘	1. 人员伤害 2. 尘肺	1. 使用前检查砂轮片、钢丝刷，不应有缺陷 2. 配备防护面具、口罩 3. 砂轮机作业时，切线方向禁止站人	较大
				钢管移动、弹管碰撞人员	挤伤、碰伤、砸伤	1. 人体任何部位禁止位于两管口之间 2. 吊装前检查钢丝绳、卡具应安全、可靠 3. 管子支撑牢固 4. 不得强力组对	一般
				对口器滑落	1. 挤伤、碰伤、砸伤 2. 设备损坏	1. 对口时应有专人指挥 2. 任何人不应站在两管口之间 3. 内对口器走时，应认真观察行走所到达的位置，做到准确控制停在管口处，防止内对口器滑落伤人 4. 装卸外对口器时，应注意配合，防止砸伤人员	一般
				管口预热中的明火、高温、气瓶泄漏	烧伤、烫伤、火灾、爆炸	1. 不要触摸加热后的管口、器具 2. 严禁用明火加热液化气罐 3. 加热时烤把不要对人，不用时放在烤把架上 4. 液化气胶管、减压阀无泄漏，连接牢固 5. 气瓶的搬运、保管和使用严格执行有关安全规程 6. 不准戴有油脂的手套操作气瓶，气瓶、阀门不准粘有油脂	一般

序号	作业活动	主要工种	设备、设施、工器具	危害因素	危害和影响	防范措施	风险等级
2	组对焊接	管工、操作手、电气焊工、起重工	对口器、焊接车、砂轮机、加热器、氧乙炔器具、吊管机、电动钢丝刷	塌方（沟下组焊）	人员伤害	1. 按设计对管沟进行放坡 2. 设置防塌箱 3. 配备逃生梯 4. 安排专人监护	较大
				落物打击（沟下组焊）	人员伤害	1. 设专人进行监护 2. 清理边坡土、石块 3. 设备、工器具与沟边保持安全距离	一般
				吊带、钢丝绳破损、断裂 吊管机滑绳	1. 人员伤害 2. 设备损坏 3. 管材损坏	1. 定期检查绳索的磨损情况，超过规定标准，及时更换 2. 吊臂和管子下方禁止站人	一般
				电源线老化、破损，设备漏电，插座无防潮、防水措施	触电	1. 施工前对电源线、电动设备、焊钳等工器具进行检查 2. 配备漏电保护装置，接地、接零完好 3. 插座放置在支架上，禁止放置在潮湿地面上 4. 潮湿及易导电区域，手持电动工具操作人员应穿绝缘鞋 5. 焊工身体不得接触二次回路导电体 6. 焊工配备符合安全规定的个人防护用品，包括工作服、绝缘手套、鞋、垫板等 7. 设备的安装、维检修等由专业人员进行	较大
				沙尘暴、粉尘	肺、咽、角膜炎	1. 配备口罩，减少尘土吸入量 2. 设置避风场所，躲避风沙 3. 关注天气，依据天气情况组织施工	一般
				与架空线路安全距离不够	1. 触电 2. 通信、供电中断	1. 操作手操作前进行观察，与架空线路保持安全距离 2. 现场设专人指挥，专人监护	一般
				高温、低温	1. 人员中暑、冻伤 2. 设备损坏	1. 及时与当地气象部门联系，了解天气情况 2. 制定并落实夏季防暑、降温及冬季防冻措施 3. 配备必要的劳动防护用品和药品等	一般
				设备间安全间距不足	1. 人员伤害 2. 设备受损	1. 设备停放时，两台设备之间必须大于1.2m，距离小于1.2m时设备间设置安全警示带并设置专人监护 2. 禁止人员在设备间停留 3. 设备移动，鸣笛警示，指派专人现场监护	较大

续表

序号	作业活动	主要工种	设备、设施、工器具	危害因素	危害和影响	防范措施	风险等级
2	组对焊接	管工、操作手、电焊工、气焊工、起重工	对口器、焊接车、砂轮机、加热器、氧乙炔器具、吊管机、电动钢丝刷	坡地	1. 人员伤害 2. 设备损坏	1. 作业前对设备进行检查，确保性能完好 2. 设备在坡地停放，必须加设掩木掩牢 3. 设备上坡时，设备后加挂掩木 4. 设备下坡时，要加设牵引链	较大
				洪水、泥石流	1. 漂管 2. 设备损坏 3. 人员淹溺	1. 及时了解当地气象信息变化，暴雨天气禁止作业，做好相应应急准备 2. 人员、设备撤离至安全地带	较大
				噪声	扰民、听力下降	1. 人口稠密区避免夜间施工 2. 操作人员配备耳塞	一般
				施工现场固体废弃物	污染环境	设置废弃物回收桶，统一回收后集中处理	一般
				焊接弧光、烟尘	伤害眼睛及皮肤、危害呼吸道等职业病	1. 隧道内作业保持通风除尘 2. 防风棚内作业设排风装置 3. 佩戴护目镜 4. 非焊接人员避免直视弧光	一般
				焊接作业区附近存在易燃物	火灾	1. 妥善处置火源周围的易燃物 2. 配备消防器材 3. 人员离开前确认无火灾隐患	一般
				钢管上行走	摔伤	1. 严禁在钢管上行走 2. 在横跨管道时，管道两侧要设置梯子，通过管道时要注意防滑以确保安全	一般
				坡地维修设备	设备下滑造成人员伤害、设备损坏	1. 坡地维修设备时，要修筑平台 2. 设备下要加设掩木 3. 现场专人进行监护	较大
3	防腐作业	防腐工、机械手	液化气瓶、烤把、空气压缩机、喷枪、牵引设备	喷砂除锈造成的飞溅和粉尘	1. 飞溅伤人 2. 呼吸道损伤	1. 配备防尘面具等专用劳保用品 2. 喷砂对面及射程内不得有人	一般
				底漆沾染皮肤，收缩套加热释放有毒气体	皮肤及呼吸道损伤	1. 配备手套、口罩等防护用品 2. 现场配备清洗液等应急物品 3. 操作人员合理站位	一般
				固体废弃物	环境污染	1. 在人口稠密地区施工时要设置围挡，回收废弃石英砂 2. 设置垃圾桶，分类收集施工废弃物	一般

序号	作业活动	主要工种	设备、设施、工器具	危害因素	危害和影响	防范措施	风险等级
3	防腐作业	防腐工、机械手	液化气瓶、烤把、空气压缩机、喷枪、牵引设备	加热造成明火、高温，气瓶泄漏	烧伤、烫伤、火灾、爆炸	1. 不要触摸加热后的管口、器具 2. 严禁用明火加热液化气罐 3. 加热时烤把不要对人，不用时放在烤把架上 4. 液化气胶管、减压阀无泄漏，连接牢固 5. 气瓶的搬运、保管和使用严格执行有关安全规程 6. 不准戴有油脂的手套操作气瓶，气瓶、阀门不准粘有油脂	一般
				危险化学品、易燃品存放、使用不当	人员伤害、火灾、爆炸	1. 危险化学品、易燃物品单独分类存放、回收，并设置安全警示标志 2. 配备消防器材 3. 现场存放和使用易燃品时，周围 10m 内不得有明火	一般
4	下沟作业	起重工、机械手	吊管机、吊带	吊管机数量不足、吨位不够，吊篮、吊带破损，吊管机与管沟距离过近，吊管机作业配合不协调	吊管机倾翻、滚管、人员伤害	1. 下沟前检查设备完好性、吊具完好情况 2. 下沟作业开始，应先进行一次试吊，进一步确认吊钩、吊带、吊管机的安全 3. 做好警戒工作，防止无关人员进入施工现场 4. 按照施工方案配置吊管机台数 5. 吊管机行走时与管沟边缘保持 1m 以上距离 6. 旗语、信号统一，专人指挥	较大
				与架空线路安全距离不够	1. 触电 2. 通信、供电中断	1. 操作手操作前进行观察，与架空线路保持安全距离 2. 现场设专人指挥，专人监护	一般
				电火花检漏站位不当	人员伤害	边下沟边检漏时，补伤人员不应站在管线与管沟之间	一般
				司索工操作、站位不当	人员伤害	1. 下沟作业时，司索工应使用事先准备好的钩子钩挂吊带，不应钻到钢管下方抓拽吊带 2. 司索工摘挂好吊带后，及时撤到安全地带，严禁站在爬杆下或站在吊管机与管线之间	较大
				管沟塌方	1. 人员伤害 2. 设备损坏	1. 现场工作人员发现安全隐患时，立即发出停止作业信号 2. 管线下沟与清沟、验沟不应交叉作业 3. 当工作人员进入管沟内清理塌方时，应将管线锚固；当指挥人员确认管沟内清理塌方的工作人员全部撤离管沟后，方可继续下沟作业 4. 设备应与管沟保持 1m 以上安全距离	较大

续表

序号	作业活动	主要工种	设备、设施、工器具	危害因素	危害和影响	防范措施	风险等级
4	下沟作业	起重工、机械手	吊管机、吊带	管道与道路交叉	车辆损坏、行人伤害	1. 在交叉路口设置安全标志、隔离带，必要时安排专人监护 2. 机械操作手谨慎驾驶，随时进行瞭望 3. 下沟完毕后，及时回填，恢复交通	较大

表6-4 管道施工主要风险及防范措施（通球与扫线作业）

序号	作业活动	主要工种	设备、设施、工器具	危害因素	危害和影响	防范措施	风险等级
1	设备入场吊装	起重工、起重司机、操作手	吊车、运输卡车	吊车支撑不平稳、不牢固	1. 人员伤害 2. 设备倾覆、损坏	1. 场地平整 2. 支腿满伸 3. 支点稳定	一般
				吊具、索具缺陷、坠落	1. 设备损坏 2. 人员伤害 3. 物体打击	1. 吊装前检查吊具吊索状态和规格 2. 起吊物上严禁站人 3. 吊臂下旋转半径内禁止人员停留、通过	较大
2	收发球筒焊接			参见表6-3"组对焊接"部分			一般
3	发球作业	技术员、操作手、力工	挖掘机、发球筒、清管器	吊装不稳造成清管器滑落	人员受伤	清管器吊装时必须加锁扣防止脱落	一般
				发球操作坑塌方或沟边碎石滑落	人员伤害	1. 发球操作坑放坡 2. 清理沟边碎石或加防护网 3. 操作坑内发球时有专人监护	较大
				发球顶杆受力不稳弹开	人员伤害	1. 顶杆设置防滑脱安全措施 2. 设备顶球前，人员撤离顶杆两侧 3. 专人指挥发球作业	较大
				发球筒螺栓未满上，盲板弹飞	人员伤害	1. 满螺栓紧固发球筒盲板 2. 发球筒盲板正前方设置隔离区，严禁人员进入	较大
4	设备操作	操作手	空压机	空压机排气软管老化泄漏造成甩管	人员伤害	1. 定期检查空压机排气软管，有破损的必须更换 2. 设备运转时，排气软管需间隔加固或使用沙土袋压实	较大
				夜间作业照明不足	人员碰撞、伤亡	1. 夜间照明充足 2. 夜间作业2人以上进行 3. 设备之间保证安全距离	较大
				空压机噪音	听觉下降	1. 操作手佩戴耳塞 2. 合理安排倒班作业和休假	一般

续表

序号	作业活动	主要工种	设备、设施、工器具	危害因素	危害和影响	防范措施	风险等级
5	数据观察	技术员	发球筒、进气阀门、压力记录仪	跌落管沟	人员受伤	1. 发球操作坑设置安全护栏及安全通道 2. 夜间照明充足，2人以上进行作业	一般
6	清管器跟踪	巡线员、司机	跟踪仪、车辆	截断阀门未全部打开	设备损坏	1. 通球前检查确认线路阀室各阀门的开关状态 2. 通球过程中有专人进行线路巡视和清管器跟踪	一般
				疲劳驾驶	人员伤害	1. 清管器跟踪分组交替进行 2. 保证司机的休息时间	较大
7	油料供给	操作手	油罐车、空压机、临时油罐	燃油泄漏	1. 火灾 2. 环境污染	1. 油料区设置防火隔离区，配备充足灭火器 2. 油料存储和设备使用时防止泄漏，设置废油收集桶，统一处理	较大
8	收球作业	操作手、技术员、普工	收球筒、清管器	通球压力过大	人员伤害清管器和盲板损坏	1. 接收清管器时收球筒盲板必须为关闭状态，并满螺栓紧固盲板 2. 收球筒前方设警戒隔离区，严禁人员靠近或进入 3. 注意观察压力表示值变化 4. 连接压力表等附件焊缝要检测合格	较大
				排气管震颤	1. 人员伤害 2. 管道损坏 3. 物体打击	1. 收球端裸露主管道不宜过长，防止排气时造成主管道强烈震颤或弹起 2. 如安装排气、排污引管，引管口径及壁厚需满足排放速度 3. 排气、排污引管进行间隔加固或压实，出口方向严禁向下 4. 排气、排污引管预制尽量减少弯头数量，降低气流排放阻力	较大
				开启盲板时，管内存有余压	清管器飞出伤人	1. 在开启收球筒盲板前，首先必须确认首端、末端压力为0，同时，必须开启首末端放空阀门，确认出口无气流后方可松盲板螺栓 2. 检测是否有余压时，必须通过开放的出口检测，防止部分仪表口有堵塞现场	较大
				操作坑塌方或沟边碎石滑落	人员伤害	1. 收球操作坑放坡 2. 清理沟边碎石或加防护网 3. 操作坑内发球时有专人监护	较大

序号	作业活动	主要工种	设备、设施、工器具	危害因素	危害和影响	防范措施	风险等级
9	管道封堵	焊工、管工、吊车司机	移动电站、吊车	参见表6-3"组对焊接"部分			

表6-5　管道施工主要风险及防范措施(清扫与干燥作业)

序号	作业活动	主要工种	设备、设施、工器具	危害因素	危害和影响	防范措施	风险等级
1	清洗干燥设备入场	操作手起重工	空压机、干燥器、吊车	吊车支撑不平稳、不牢固	人员伤害设备倾覆、损坏	1. 场地平整 2. 支腿满伸 3. 支点稳定	一般
				吊具、索具缺陷、坠落	1. 设备损坏 2. 人员伤害 3. 物体打击	1. 吊装前检查吊具吊索状态和规格 2. 起吊物上严禁站人 3. 吊臂下旋转半径内禁止人员停留、通过。	较大
2	收发球筒焊接			参见表6-3"组对焊接"部分			
3	清管器清洗作业	技术员	收球筒、机械清管器	排放清洗产生的废水	土壤污染	1. 清洗产生的废水经过沉淀和过滤 2. 废水排放经过水质化验合格	一般
4	发泡沫球作业	操作手、技术员	空压机、干燥器、发球筒	吊装不稳造成清管器滑落	人员受伤	清管器吊装时必须加锁扣防止脱落	一般
				发球操作坑塌方或沟边碎石滑落	人员伤害	1. 发球操作坑放坡 2. 清理沟内碎石或加防护网 3. 操作坑内发球时有专人监护	较大
				发球顶杠受力不稳弹开	人员伤害	1. 顶杠设置防滑脱安全措施 2. 设备顶球前，人员撤离顶杠两侧 3. 专人指挥发球作业	较大
				发球筒螺栓未满上，盲板弹飞	人员伤害	1. 满螺栓紧固发球筒盲板 2. 发球筒盲板正前方设置隔离区，严禁人员进入	较大
5	设备操作	操作手	空压机、干燥器	空压机排气软管老化泄漏造成甩管	人员伤害	1. 定期检查空压机排气软管，有破损的必须更换 2. 设备运转时，排气软管需间隔加固或使用沙土袋压实	较大
				夜间作业照明不足	人员碰撞、伤亡	1. 夜间照明充足 2. 夜间作业2人以上进行 3. 设备之间保证安全距离	较大
				空压机噪音	听觉下降	1. 操作手佩戴耳塞 2. 合理安排倒班作业和休假	一般

续表

序号	作业活动	主要工种	设备、设施、工器具	危害因素	危害和影响	防范措施	风险等级
6	数据观察	技术员	发球筒、露点仪	跌落管沟	人员受伤	1. 发球操作坑设置安全护栏及安全通道 2. 夜间照明充足，2人以上进行作业	一般
7	油料供给	操作手、加油员	油罐车、空压机、临时油罐	燃油泄漏	1. 火灾 2. 环境污染	1. 油料区设置防火隔离区，配备充足灭火器 2. 油料存储和设备使用时防止泄漏，设置废油收集桶，统一处理	较大
8	接收泡沫球作业	操作手、技术员、普工	收球筒、露点仪	泡沫球飞出收球筒造成物体打击	人员受伤	1. 接收单个泡沫球时关闭收球筒盲板，并满螺栓紧固 2. 收球现场允许的区域（如野外），在连续接收泡沫球时可开口收球，收球筒设置钢丝绳网，绳网需保证接收泡沫球的强度 3. 收球筒前方设警界隔离区，严禁人员靠近 4. 收球时如焊接排污管，应根据排气量选择管径及壁厚 5. 排污管减少弯头数量，并设置加固桩或压实；出口处严禁向下设置弯头，防止飞管	一般
				操作坑塌方	人员伤害	1. 进入收球操作坑前检查有无塌方危险 2. 收球操作坑积水及时清理 3. 收球作业区设置警示标识，有专人监护	较大
9	氮气填充	技术员、操作手	液氮车（或制氮机）	氮气泄漏	窒息	1. 氮气填充时防止泄漏 2. 填充完成后，封闭填充孔（或上锁）	较大

第7章　管道设计与完整性管理

7.1　概　　述

"十五"以来，特别是近几年，我国油气管道业务发展迅速，如中石油先后建成西气东输一线、二线、三线、涩宁兰、兰成渝、西气东输、忠武线、陕京二线、陕京三线、冀宁联络线、西部成品油管线、淮武联络线、西部原油管线等长输油气管线（见图 7-1），国际通道建成中缅、中俄油管道、中亚天然气、海上 LNG 等四大能源通道。截至 2018 年底，我国油气长输管道总里程累计达到 13.6 万公里，其中天然气管道约 7.9 万公里，原油管道约 2.9 万公里，成品油管道约 2.8 万公里。

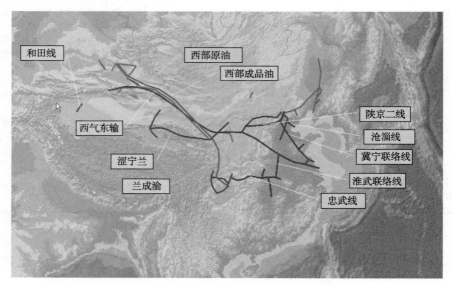

图 7-1　中石油主要油气管道分布示意图

管道完整性管理是一个以管道安全、设施完整性、可靠性为目标并持续改进的系统管理体系，其内容涉及管道的设计、施工、运行、监控、维修、变更、质量控制的全过程，并贯穿管道整个生命周期，其中建设期作为风险削减的源头尤为重要。

管道设计阶段是完整性管理第一道防线。据统计，管道运行后的 50% 风险均可通过设计消除，管道设计阶段的质量是关乎管道全生命周期的重要因素。近年来，设计阶段出现错误或标准执行过低，如压缩机配管的壁厚、设计刚度过低，引起振动较大，产生配管开裂，设计阶段没有考虑排流措施，引起管道直流干扰腐蚀现象，这些问题时有发生，已经成为管道全生命周期的短板。如何修复这个短板，使短板变长，长板更长，这是本章要阐述的内容。

本章针对目前我国管道完整性管理建设期实施的困境，分析了完整性管理理论与实践结合脱节、难以推进的问题，重点分析了管道设计阶段完整性管理失效控制上存在的问题与对策，对设计中的新技术、新标准、新方法的使用进行了阐述，并以多个典型案例为例，提出了管道设计、建设阶段资产完整性保障技术措施和要求，从源头削减风险、避免失效，提出失效控制措施，提高完整性管理抗风险的能力和水平。

7.2　管道设计阶段完整性管理的问题与对策

国内现行管道设计、运行标准由于历史的原因无法满足天然气管道发展需要，也滞后于国际标准：一是天然气长输管道的设计、运行管理标准缺乏；二是现行标准落后于国际先进水平；三是部分标准原则性规定多，可操作性不强。

管道设计阶段完整性管理的问题具体包括远程控制、管道操作原则、管道警示带、站场区域阴极保护等问题。

标准的落后已成为我们与国际先进水平的主要差距。

1. 设计阶段数据管理问题（见图7-2~图7-5）

（1）将管道GPS数据详细记录。

（2）将沿线高后果区的统计的基础数据详细记录。

（3）将水文、地质、地震、采空等数据详细记录。

（4）将选线数据详细记录。

（5）将其他数据详细记录。

图7-2　三维站场数据管理

图7-3　空间影像图

2. "从设计上抓安全"方面存在差距

管道的设计、施工及采购等环节是安全生产的源头，在很大程度上决定了管道能否实现长治久安。目前我们在管道设计方面与国际先进水平存在较大差距。尤其是在一些涉及重大安全环保问题方面缺乏设计标准，例如：

（1）输气站场危险区域划分设计。

（2）SIL安全分级设计和自动控制锁定、保护设计。

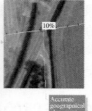
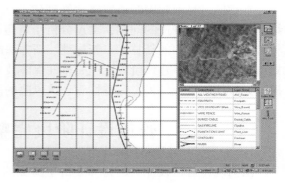

图 7-4　管道重要数据　　　　　　　　　　图 7-5　开展数据管理

（3）站场工艺系统高低压分界保护设计。

（4）放空系统单向阀设置设计。

（5）输气站场防雷系统设计。

（6）压气站噪声控制和远程控制设计。

（7）天然气的应急排放问题设计。

（8）站场的区域阴极保护设计等。

3. 危险和可操作性分析（HAZOP）问题

国外管道在设计阶段通常要进行危险和可操作性分析（HAZOP）。危险和可操作性分析的主要目的是按照管道运行操作原则，全面分析识别各种工况、情况下存在的操作风险，评价具体设计是否满足要求，保证项目设计的本质安全。

国外的危险和可操作性分析有标准评价程序和科学的评价方法，采用先进的标准，由专业机构完成。与之相比，国内输气管道系统缺乏系统的设计安全评价。因此，需引进危险和可操作性分析的方法和标准，逐步对各站场进行危险和可操作性分析，以保证运行安全。

4. 管道保护问题

第三方破坏是影响管道安全运行的主要风险因素，而违反《管道保护条例》的行为是威胁管道安全的重要风险源。但由于违章占压等第三方破坏问题成因较复杂，涉及国家政策法规、企业与地方经济利益等多种因素，在清理过程中存在诸多问题。

在防范第三方破坏问题上，国外管道运营企业均按照法规要求，在干线管道上方铺设管道警示带。而国内标准只要求设置管道标志桩，尚无设置警示带的要求。且目前设置的管道标志桩仅是为管道企业自身管理需要，未按照警示第三方原则设置。根据实际运行经验，管道警示带的敷设能够对预防外界施工破坏管道起到很大作用（可参见 Q/SY JS0059《石油天然气管道警示带施工标准》）。

5. 站场防护问题

（1）站场放空管线设计应使用单向阀，防止空气回流到主管线。

（2）ESD 放空管线设计加装单向阀。

（3）温度计测温套管插入的设计长度过长，引起涡击振动。

（4）天然气压缩机要开展脉动分析，壁厚设计薄，刚度差。

6. 在设计时未考虑高后果区问题(见图7-6和图7-7)

我国部分管道设计时没有考虑管道高后果区,管道的路由设计应绕避高后果区域。

(1)高后果区识别在选线时非常重要,国外管道公司在设计时要求尽量避开高后果区。

(2)提前考虑地区级别增加的影响,把地方规划的结果考虑在内,按照高级别地区提前设计。

(3)考虑高后果区问题有利于日后维护管理,不必要再增加更多的成本费用。

(4)在设计时可参照 Q/SY JS0052《天然气管道高后果区分析准则》。

图7-6　管线穿过的某高后果区域

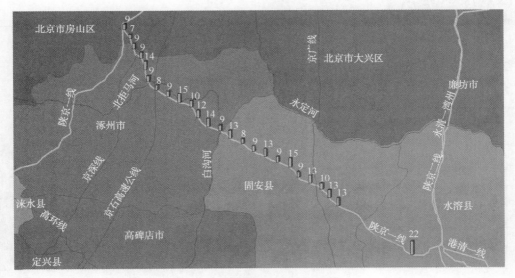

图7-7　陕京管线高后果区域分布

7. 大应变设计问题

(1)国内目前还未真正开展基于应变设计。

(2)国外在永冻土地段和地质洪水灾害频发、地震活动地段开展了基于应变的设计。

(3)应提前考虑大应变地段设计问题,这对于防灾、减灾意义重大。

8. 截断阀室设计问题

国内标准《输气管道设计规范》(GB 50251—2015)规定的截断阀室的最大间距范围过于

局限（见表7-1）。

表7-1 国内外截断阀室间距范围标准对比

	一级地区	二级地区	三级地区	四级地区	备　注
国内	32km	24km	16km	8km	规定不大于该值
北美	不作要求	25km	15km	8km	25%调整

9. 新技术在管道设计中的应用

1）管桥结构动态分析与设计

采用新技术对管桥结构进行分析与设计，如图7-8所示。

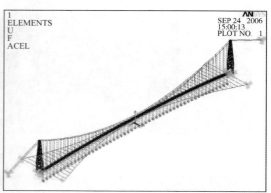

图7-8 黄河管桥跨越

2）管道内腐蚀监控ICDA设计

在站场和关键部位加装内腐蚀监测设备，实时监控内部腐蚀数据，如图7-9所示。

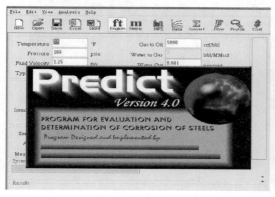

图7-9 管道内腐蚀监控系统

3）管道泄漏监控设计

系统设计时增加泄漏监控系统，如图7-10所示。

4）管道预警技术

设计时增加安全预警系统，通过光纤感应方式，报警数据实时传入数据库，对管道的外部挖掘及时报警，如图7-11所示。

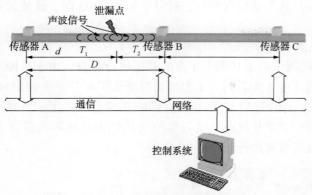

图 7-10　管道泄漏监控系统

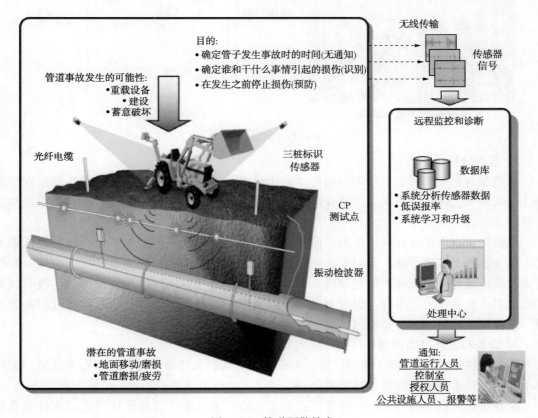

图 7-11　管道预警技术

7.3　案 例 分 析

7.3.1　站场可靠性设计

本案例为分输站计量偏差引起的可靠性设计问题。2006 年 3 月 8 日某站专业人员一起调查自控专业尚存部分施工遗留问题时，打开了站内 3403 阀，致使流量计旁路走气，导致气量漏计事件。

1. 过程分析（见图 7-12）

工程师对 3403 阀阀位指示状态不正常的情况进行检查，由于故障点在阀杆套内部，需要将阀门打开一定的开度才能看到，工程师当时确认了 6# 计量支路出口阀 3602 处于关闭状态，错误地认为 3403 阀的开启与关闭不会影响正常计量（注：当时在用计量支路为 3#、4#），于是将 3403 阀至于半开状态。结果致使天然气未经超声流量计直接经过流量计旁路进入调压区，部分气量没有进行计量。

(a)分输站计量比对流程图

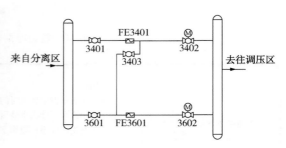
(b)分输站工艺流程图

图 7-12　分输站流程

2. 原因分析

从事实与结果来看，工程师对站内计量比对流程不清楚，特别是对计量比对流程的原则、功能和工艺流程掌握粗浅，没有认识到开启 3403 阀的严重后果，这是事件的直接和主要原因之一。

工程师安全生产存在麻痹思想，操作前没有深入进行风险识别和评价，对后果认识不足，认为够不上危险作业，未制定作业方案报批，也没有采取相应的风险控制措施；操作后值班员发现并汇报流量下降现象时，仅凭经验判断为气温回升用户减量所致，没有认真细致地对工艺流程进行排查，也没有进一步向调控中心确认下游用气情况，错过了补救时机，这是事件的另一个主要原因。

3. 设备和设计方面问题

本次事件是由检查 3403 阀阀位指示不正确这一问题直接导致的，设备存在故障、完好率不能达标是事件的起因和直接原因之一。

现有比对流程设计时没有充分考虑误操作风险，未采取可靠性设计也是该事件的重要原因。

4. 建议

设计时加装单向阀。

7.3.2　阀室沉降问题

某管道公司，由于新建阀室发生沉降，导致 TEG 引压管与主管道连接的法兰漏气，造成全部阀室带压改造，如图 7-13 所示。

原因：

（1）法兰连接到高压管道上不合理，需要使用焊接。

（2）阀室没有整体地基抗沉降设计。

(a)阀室地基沉降　　　　　　　　　　　　　　(b)连接主管道法兰部位漏气

(c)沉降导致部分管件损坏　　　　　　　　　　(d)要考虑整体基础设计

图7-13　沉降示意图

7.3.3　压缩机站远程控制设计

Transco 公司的 BISHOP AUCKLAND 压气站（见图7-14）有2台 GE-DRESS-LAND 燃气轮机压缩机，运行方式是一用一备，压缩机的启停控制由 Transco 国家天然气控制中心控制，应急定员为3人。该压缩机站自动远程启动，只有值班人员，负责安全保卫，不负责维修操作。

压缩机前后管道架空设计或管道坑涵设计，便于维修，如图7-15所示。

7.3.4　压缩机系统配管和脉动

往复压缩机组持续振动，经分析问题，其出口管道支撑设计不合理是振动原因之一，如图7-16所示。

前后配管测试：

首先对压缩机放空管道进行测试，结果表明，其振动范围值是不可接受的，这是由于其本身具有弹性结构的特征，从压缩机振动的传递上分析，与洗涤罐安全阀连接点处具有多阶振动模态，不仅在压缩机运行过程中引起强烈的共振，而且振动值随着流量的增加而增大，例如 A 机组在 730 转时产生强烈的共振，共振点在放空管的垂直段。

进出口管道与放空管的支撑所起的作用是非常有限的，因为其所支撑管道的刚度远大于支撑的刚度。

(a)Transco压气站概况

(b)HSE噪声隔离设计

(c)压缩机冷却系统

图7-14　BISHOP AUCKLAND压气站

图7-15　压缩机前后管道架空现场

图7-16　支撑架现场

进出口管道壁厚相对较薄(国外一般为19mm,国内现有的为8.3mm),并且这也是导致原始设计中机组安全阀连接放空短节失效的主要原因。

7.3.5　分输站放空管设计

某分输站由于雷击,致使放空管内部起火。其原因是放空系统阀门密封内漏,天然气和空气在放空管内聚集,因接地不良,当雷击或与放空立管避雷针产生雷击感应放电火花后起火(见图7-17)。

预防措施:设计要在放空系统加装单向阀,避免事故发生。

图 7-17　放空管雷击后起火

7.3.6　线路标志统一

管道线路在设计时，应统一线路标志(见图 7-18)，以满足管道完整性管理的要求。

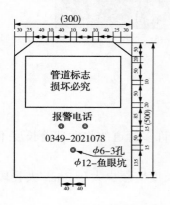

(a) F2L-0756里程(电流)桩背面样图
说明:鱼眼坑深3mm

(b) F2P-0295里程(电位)桩正面样图

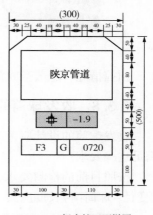

(c) F3G-0720标志桩正面样图

(d) F3G-0720标志桩背面样图

(e) F3-0198转角桩正面样图

(f) F3-0198转角桩背面样图

图 7-18　线路标志桩(图中尺寸以毫米计)

7.3.7   场站暗沟安全设计

某分输站发现站内地下自用气撬进气管线泄漏，天然气通过地下土壤渗透进入电缆沟，再扩散到与电缆沟相连的机柜间等值班区。

为此，对站场内的电缆沟、消防井、污水沟、雨水井等封闭或半封闭空间进行了检查及检测，如图 7-19 所示。

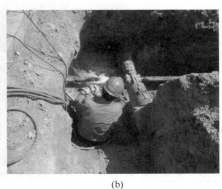

(a)   (b)

图 7-19   电缆沟内作业

预控措施：隐蔽空间需设计可燃气体探头。

7.3.8   收发球筒的设计

收发球筒的设计应考虑能够收发检测器的需要，国内目前许多管道的收发球筒长度不满足这一要求。

按照目前的检测要求，收发球筒的直管段(阀门~变径)长度应至少大于 3m，大径段(变径~球筒门)长度应大于 4m，如图 7-20 所示。

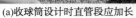

(a)收球筒设计时直管段应加长   (b)正确设计

图 7-20   收发球筒

预控措施：收发球筒的设计应考虑能够收发检测器的需要。

7.3.9   站场工艺管线抗振动设计

某分输站进站区工艺管线存在较大管线振动的问题，在 2005 年 12 月到 2006 年 3 月大气量运行期间和 2006 年 7 月至 9 月期间有不同程度的振动。

在天然气输送管道系统中，常常由于各种原因引起气体的不稳定流动，并由此诱发管道系统的振动。管道振动的机理是：动力机械对管道内的流体提供一定的激发，使管流处于脉动状态。脉动状态的流体遇到弯头、异径管、控制阀、盲板等管道元件，产生一定的随时间而变化的激振力，在这种激振力作用下管道和附属设备产生振动。

管道系统振动的原因主要有两方面，一是管道内气体对管道系统产生的振动力，即激发信号，如气流在压缩机进口和出口、三通、阀门、弯头等部位产生的振动力，清管器通过管桥时对它的作用等；另一方面是对激发信号的响应，其响应除了和激发信号的波形有关外，还和管道系统本身的特征，即系统的刚度、支撑、质量及其配置等情况有关。

预控措施：设计时尽量减少转角，复杂工艺管网设计需进行整体振动分析。

7.3.10　汇管设计

某站汇管跨度太长达到 18.5m（目前规范中对于 1016 汇管的最大允许跨度还没有标准），存在安全隐患（见图 7-21）。

(a)　　　　　　　　　　　　　　　　　　(b)

图 7-21　某汇管大跨度现场照片

1. 原因分析

由于新建站场易发生地面沉降，如果地面发生沉降，在如此大的跨距下，汇管自重达 23t，汇管和其连接的管道之间产生的作用应力非常大（见图 7-22），从而存在安全隐患。

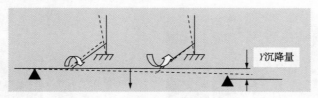

图 7-22　汇管受力力学示意图

2. 预控措施

设计在中间加支撑，同时工艺站场的汇管采取地面布置的方式（见图 7-23），避免了因积液和地下水对汇管的内外腐蚀，解决了汇管维修困难的问题。

图 7-23　输气工艺站场汇管地面布置设计

7.3.11　阀室设计

某阀室由于雷击引发爆炸着火(见图 7-24)。

1. 事故原因

天然气管道阀室沉降→引压管变形→根部阀焊接缺陷裂纹扩展→天然气泄漏→雷击导致阀室火灾。

2. 预控措施

(1) 阀室的地势应不低于周围环境。

(2) GOV 阀采用阀井结构,有利于阀门的保养与维护。

(3) 针对阀室排水内涝问题,考虑排水系统设计,并需有效解决。

(4) GOV 引压管避免安装在主干线上,宜安装在旁通线上。

(5) 阀井盖板宜采用网状钢结构。

(6) 与干线相连的各种管道,设计时应避免阀室的整体沉降对其影响,如 TEG 引压管等。

(7) 阀室的放空管及防雷接地应满足雷暴区要求。

7.3.12　管道途经沟渠设计

某管道途经沟渠清淤,致使管道光缆中断,管材受损(见图 7-25)。

图 7-24　某阀室雷击引发爆炸着火　　　图 7-25　某管道途经沟渠清淤受损

1. 原因分析

管道穿越沟渠时，设计上未做特殊防护，而是按照一般的管道经过平原地区设计，沟渠下部光缆埋深严重不足，有些部位甚至露出。

2. 预控措施

沟渠设计要经过详细调研，准确确定沟渠的清淤深度，合理开展埋深设计，或增加防范措施。

7.3.13　场站氧浓差腐蚀防护设计

某储气库群埋地管道严重腐蚀(见图7-26)。检测发现井场高压30MPa注气管线严重腐蚀，储气库A-D机组压缩机出口严重腐蚀，且全部发生在入地点400~500mm的范围内，需要引起重视。

预控措施：

设计上要分析地区腐蚀性，考虑技术工况，如果存在高温场所，要从抗高温涂层选择、施工工艺控制等多个方面进行场站的管道失效控制设计。区域阴极保护设计非常重要。特别是针对滨海地区及腐蚀性地质地区，应选择合适的涂层，并注意管道入地端的防腐层施工设计。

7.3.14　管线检测点开口与连接设计

在当前管道设计中，为增加站场功能、提高站内子系统(检测点、GOV阀/燃料气系统取气等)的应用可靠性，经常在管道干线上增设许多开口，工艺连接口部分采用法兰和螺纹方式(见图7-27)。若其中任何1个接口发生泄漏，都会直接引起管道的停输和大量的气体放空。

图7-26　检测发现某储气库　　　　图7-27　和干线相连的TEG引气管
埋地管道的防腐层严重破损

1. 出现的类似问题

陕京管道投产后出现过多起TEG引气管法兰泄漏、取压管嘴泄漏、温度计套管泄漏、清管指示器泄漏等问题。为根除隐患，对其根部阀进行了封堵（见图7-28）。

(a)　(b)

图7-28　引气管开口根部封堵

2. 设计启示

在北美天然气管道设计标准中明确规定：与干线相连的任何阀门均应采用焊接的方式连接。针对该类问题的后期处理充分说明，设计标准的不细致，安全评价方法的不科学，不但影响管道正常生产运行，还会带来很大的安全风险。

3. 预控措施

风险可以识别、可以防范，但风险是无法消除的，最好的方法是减少风险点。在新建项目中，对干线甚至站内开口数量作了大幅度的优化，对接口形式进行了严格的规定，最大限度地减少了干线开口。

7.3.15　安全区域设计

某储气库经专业机构DNV的QRA评价，得出不同区域场所的安全风险，其中办公楼、工艺区、压缩机区处于不可接受区域（见图7-29和图7-30）。

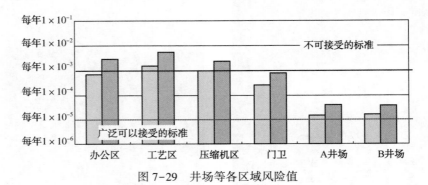

图7-29　井场等各区域风险值

预控措施：

结合储气库QRA分析结果（见图7-31），天然气站场的实际爆炸影响范围远大于国内相关设计规范的安全距离要求，为最大限度地保护人员的安全，对储气库有人员活动的控制室和办公室进行搬迁，同时取消了新建管道项目站内生活区设置，站内仅保留部分运行值班人员。

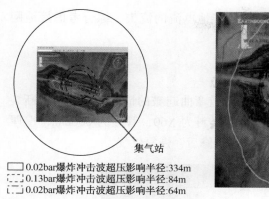

集气站
☐ 0.02bar爆炸冲击波超压影响半径:334m
☐ 0.13bar爆炸冲击波超压影响半径:84m
☐ 0.02bar爆炸冲击波超压影响半径:64m

图7-30　事故安全区域

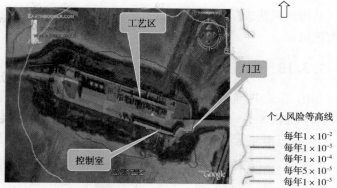

工艺区

门卫

个人风险等高线
—— 每年1 × 10⁻²
—— 每年1 × 10⁻³
—— 每年1 × 10⁻⁴
—— 每年5 × 10⁻⁵
—— 每年1 × 10⁻⁵

控制室

图7-31　大张坨集注站 QRA 分析

7.3.16　放空系统设计

根据 HAZOP 分析结果，放空系统增加出口阀或单向阀，GOV 阀阀腔压力安全放空和执行机构操作放空管线引至阀室外(见图7-32 和图7-33)。新建项目对工艺阀门的控制状态、阀位、压力分界点进行明确标识。

图7-32　超压放空和操作放空

图7-33　放空立管

预控措施：

线路截断阀室气液联动阀阀腔压力安全放空和执行机构操作放空管线引至阀室外。放空管设计时，放空管高度应足够，紧急放空产生的噪声和光、热辐射应得到控制。消除天然气放空对当地居民家禽以及周围农作物产生的影响。

7.3.17　站场区域阴极保护设计

针对埋地管道的腐蚀(见图7-34)，陕京管道 2006 年开始着手实施区域阴极保护，目前已完成十余座站场区域阴极保护。新建管线站场区域阴极保护已纳入设计内容。

预控措施：

站内区域阴极保护维护运行时，考虑接地网和构件接地电流的流失，综合考虑接地网的腐蚀因素。

7.3.18　地震断裂带设计

2010年5月，陕京一线管道某阀室上游90m发生管道弯曲起皱的情况，位于地震断裂带区域，如图8-35所示，此处管道埋深为80cm，管道材料为X60，管径为660mm，壁厚为7.14mm，管道起拱后地面被拱高20cm，经割管焊接抢修后，恢复供气。

图7-34　站内埋地管道腐蚀　　　　　图7-35　地震断裂带

预控措施：

对管道穿越地震断裂带进行专题研究，采取增加管沟宽度、S弯敷设、砂土回填等措施，同时在断裂带附近站场设灾害应变监测仪器，解决管道穿越断裂带难题，如图7-36所示。

7.3.19　站控室窗户正对工艺区的安全防控设计

目前大部分综合值班楼设计时，为了方便运行人员能够直接监视工艺区生产情况，采取了站控室窗户正对工艺区的方式（见图3-37）。但是此种设计结构在发生事故时易对值班人员造成伤害，按照挪威船级社（DNV）量化风险评价方法，属于影响风险评级的不利因素。

预控措施：

站控室的门窗设计时应考虑站场工艺失效引起的冲击影响，优化布局。

7.3.20　压缩机厂房噪音控制设计

目前压缩机厂房考虑泄爆问题，厂房通常采用轻质钢结构，屋面采用复合夹芯彩板。压缩机组噪声大且持续，为满足环保要求，需采取消音降噪措施。复合夹芯彩板几乎没有隔音能力，为满足噪声控制指标，需相应增加降噪设施及费用。

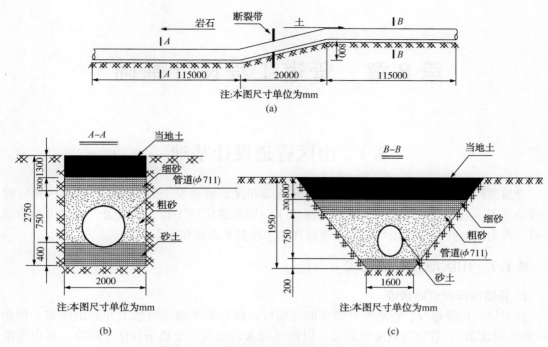

图 7-36　地震断裂带采用特殊断面的管沟设计

图 7-37　站控室窗户正对工艺区

设计启示：

实体墙造价低、隔音效果好，普通砖墙即可达到 40dB 以上的降噪能力。因此，在满足泄爆要求的前提下，压缩机厂房尽量多地采用实体墙是满足噪声标准、降低投资的适宜做法。此外还需借鉴国外经验，从防爆、操作及维护等各方面进行深入研究。

第8章 管道工程设计基础

8.1 山区管道设计基础

管道线路的走向是控制工程投资、方便施工和保证管道安全的关键，由于山区地段管道线路工程一般占管道工程总投资的70%以上，因此选定线工作非常重要。现以山地输油管道工程为例，介绍山区地段管道线路设计的一些基本方法和要点。

8.1.1 山区地段管道选线

1. 管道沿伴行公路敷设

在平原、丘陵地段，管道建设物资的运输可以依靠在平地或缓坡上开辟出的施工作业带（即临时便道），管道建设完成后又可以恢复原来的地貌，交通条件便于解决。而山区地段则不同，山区地形起伏不平，山峰层峦叠嶂，植被茂密，交通条件非常差，需要花费大量的资金新修简易道路，以保证车辆机械的通行。这种道路会成为一种永久占地的运输和巡线道路，使原地貌难以恢复。但这种修路方式不是在各处都可行的，需要考虑附近道路的情况、地形难度、征地的可行性等因素，这就引出了如何利用现有道路，并适当新建道路为管道建设利用的问题。

（1）沿已建公路敷设　利用已有的山区公路敷设管道，可使管道位于易建设的有利位置，并节省投资。山区人烟稀少，路况较差，一般都是3~5m宽的简易砂石路或土路。为了保证管沟开挖和车辆机道应埋设在靠山体一侧。路面加宽首先应征得公路管理部门的同意，否则就要另修道路。

（2）沿新建道路敷设　在没有可供利用的已建公路时，应考虑新建公路。新建公路一般沿山间沟谷内的等高线平缓而行，尽量避开一起一伏地爬越山梁，当无法避开时，公路需要展线越岭或过沟。管道在顺路段可直接埋设在公路内侧，展线路段可离开道路直接爬坡取直。新建公路（即管道专用道路）宽度一般为7~8m，需进行永久征地。由于管道与公路伴行敷设，因此管道选定线工作与一般地段有所不同，可分为两步：第一步确定管道的总体走向，以此为导向修建伴行公路；第二步是在伴行公路劈石填方达到要求的宽度后，再进行最终定线和详勘工作。

2. 管道顺山间沟谷敷设

山区地段，除沟间谷地和沟谷河道比较开阔平顺外，其余全是崇山峻岭的山峰和山梁。由于沟谷地形开阔、平坦、修路和开辟作业带土石方工程量小、施工方便，并且沟谷内一般都有山间公路伴行，依托山间公路可以进行管道物资和设备的运输，因此管道应选择沿沟谷敷设。

3. 顺台地和垂直于梯田敷设

在山区,管道经过梯田和台地时,为避免过多的地貌扰动,可以顺着台地或垂直于梯坎敷设,必要时应采用弯管来调整方向。斜穿梯坎对地貌的扰动非常大,梯坎恢复时的工程量也很大,为此而增加的投资往往要超过增加管道、使用弯管而增加的投资(大口径管道除外)。

4. 管道穿越隧道

在山区复杂的地形和地质条件下,在隧道中敷设管道是一种较好的穿越方式,它有四个优点:一是在液体输送管道的翻越点山峰打隧道,可以降低泵站扬程,节省能量,并减小管道落差;二是采用隧道穿越方式可以减小管道壁厚,节省管材;三是可以有效地缩短线路长度;四是可以有效地克服峡谷、高陡边坡、地质不良地段的敷设困难,为管道创造良好的敷设环境。当隧道敷设比山坡段敷设距离短2倍以上时,一般可以考虑隧道敷设方案。有些地段,虽然隧道穿越不能缩短管道线路长度,但由于爬山或沿河边绕行时地质条件不良,管道易出现灾害,因此也可以选择隧道方案。

5. 管道跨越

在经过一些深而窄的河流、冲沟时,通常采用跨越方式通过。跨越方式具有以下优点:

(1)降低管道落差,缩短线路长度,克服两岸高陡边坡带来的施工困难,避免进行水工保护。

(2)对流量较大的河流,采用常见的穿越方法很难施工,采用跨越方式可以避免不利的水文因素对施工的影响。

(3)对河床冲刷较剧烈、河床不稳定的河流、冲沟,跨越方式是首选方式。

6. 线路取直与绕避

为了避免山梁、林地、冲沟或不良地质、地段给管道施工和安全带来威胁,在地形条件允许的情况下,宜就近选取较为平缓的地段通过。首先考虑安全因素,再根据施工的可行性和管径进行综合比较,以确定取直还是绕避。一般情况下,当管径大于500mm时,管道安装费用较高,绕避造成管道长度增加较多时会不经济,这时管道设计宜取直;当管径小于500mm时,管道安装费用较低,取直发生的土石方量及防护工程量较大,管道设计绕避比较经济。

8.1.2 管道线路设计要求

1. 变壁厚设计

由于山区地形起伏较大,液体输送管道沿线设计压力变化较频繁,因此管道壁厚应根据工艺计算结果采用变壁厚设计。当工艺计算得出的不同壁厚段比较繁多时,应进行适当调整,将长度较小的薄壁段的壁厚适当增加,使其与相邻的厚壁段一致,以免壁厚变化频繁造成施工困难,但调整的限度应根据地形情况酌情把握。保证安全、经济合理是管道线路变壁厚设计的根本出发点。

2. 防腐层的选用

由于山区石方地段较多,交通运输不便,管道有时需要经过多次倒运才能就位,因此管道防腐层的选用首先要考虑防腐层在下沟回填过程中和运输过程中的机械破坏因素。机械强度是选用防腐层的先决条件。三层 PE 防腐层的各项性能指标都比较优越，尤其是机械强度，是目前质量最好、价格也相对较高的防腐层。对设计标准要求较高的山区管道，三层 PE 是首选防腐层。例如，兰成渝输油管道在施工过程中选用了三层 PE 防腐层，同时提高了管沟回填细土的粒径，简化了回填方法，克服了施工中一些不利因素（如气候炎热、运输不便以及意想不到的塌方、滑坡等）对管道防腐层的破坏作用，降低了工程总费用。

3. 合理选择管道敷设方式和埋深

管道顺侧坡或坡脚敷设时，合理的管沟挖深和开挖方式对山体的稳定性至关重要。一般情况下，为了防止管沟开挖对山体造成过大的扰动破坏，引起滑坡或塌方，要求管沟采用浅挖方式，保证管顶以上有 1m 的覆盖土，严禁采用大规模爆破或深挖。根据山体的实际情况，必要时还要采用土堤方式敷设，将对山体的扰动程度降低到最小。管沟深挖造成山体滑坡或塌方的主要原因有以下几个方面：

（1）对于松散的坡积物，经过若干年的地质条件变化后，坡积物整体已基本趋于稳定，但由于管沟开挖靠近山根，边坡陡立，沟壁形成临空面，达不到坡积物自身的稳定坡度（取决于坡积物的内摩擦角），因此产生滑坡或塌方。

（2）管沟在岩体内通过，岩体整体性较好，有顺层倾向，但常含有软弱夹层，管沟深挖或爆破有可能破坏连续的软弱夹层而形成沟壁临空面，使岩层下部失去支撑，产生顺层滑坡。

滑坡、塌方最容易发生在雨季，受雨水浸泡后，岩土的各种力学性能都会降低，因此管沟开挖一般不宜在大雨过后进行。管道下沟后，应迅速回填，恢复地貌，以免雨季滑坡、塌方。

4. 管道上下涵敷设方式

管道顺山区公路敷设时，经常要通过一些冲沟，为了保证水流畅通，防止公路或管道被水流冲毁，必须在管道上、下埋设过水涵管或修建桥梁。一般情况下，对宽浅式冲沟，管道宜挖沟埋设在自然河床面下，管道上敷设涵管或做过水路面；对深窄式冲沟，宜先预埋涵管或建桥，然后将管道置于其上。不论是采用管上涵还是管下涵敷设方式，其目的都是为了保证水流或公路的畅通，从而保证管道的安全。

5. 转角处理方式

管道变向常采用弹性敷设、冷弯弯管敷设和热煨弯头敷设三种方式。当转角较小时，首选弹性敷设方式。转角较大时，如果受地形条件的限制无法通过弹性敷设使管道变向时，可以采用冷弯弯管、热煨弯头或几种方式的组合达到变向的目的。对一个角度的转角，如果地形条件许可，采用三种方式都能实现变向时，应根据管道安全性、经济合理性和施工现状进行综合比较，以确定最佳方式。一般情况下，弯管的制作及安装费用的排序（由多到少）是热煨弯头、冷弯弯管、弹性敷设，但对于土石方工程量相对较多的弯曲段却恰好相反。有时用小角度弯管代替大角度弯头后，线路相对平顺，但管沟因此要在纵向山坡上深挖、在过冲沟时增大填方，或在平面上增大管沟开挖宽度乃至劈山。山区管道变向频繁，弯管的制作及安装工程量与管沟的土石方工程量相互矛盾，把握好两者的关系，能够有效地控制工程投资。一般情况下，当管径小于 500mm 时，弯头、弯管的制作及安装费用较低，采用弯头、弯管取代过多的土石方工程量比较经济；当管径大于 500mm 时，弯头、弯管的制作及安装费用偏高，以适量的土石方工程量取代弯头和弯管则比较经济。

6. 水工保护工程的重要性

由于以往所建管道大多在平原地区，河流坡降普遍较缓、流速小、冲刷弱，水害对管道的威胁相对较小，因此水工保护工程的作用未真正体现出来。随着近几年山区、丘陵、黄土地区管道建设的发展，水害对管道安全的威胁已经非常严重。许多管道由于缺乏合理的水工保护，在建成一两年内就出现了不同程度的水毁现象，特别是汛期洪水对管道的破坏更严重，因此搞好山区地段管道的水工保护工程十分重要。

7. 水工保护工程的实施步骤

为了保证管道水工保护工程的设计符合实际，宜按以下两阶段进行设计：

（1）施工图设计阶段 第一阶段，根据几种典型情况，设计一些常用的通用图，如常用的挡土墙、截水墙、护坡、淤土坝、河床护面、过水路面、桥涵图等，表明设计的一些基本图和设防原则，以备施工过程中在现场因地制宜地选用。第二阶段，充分利用现有资料，如一些大中型河流的冲刷分析计算、沿线地形、地质勘察资料等，尽可能多地在线路纵断面图和平面图上标示出水工保护工程及部位。对河流穿越段或顺河敷设段，一定要对照纵断面图和平面图，明确管道在这些地段的分界点，并将管道埋设在设计洪水冲刷线以下，以免对管道后期水工保护工作造成不利影响。

（2）配合施工阶段 管道施工完成后，沿线地形、地貌会发生一定的变化，测量图纸所反映的地形已不是公路、作业带和管沟开挖完成后的实际地形，因此在变化前的设计图上所做的水工保护并不完全符合实际，大量的工作主要应在施工现场进行。管道沿线需要做水工保护的地方很多，并且每处情况各不相同，但在线路平面图及纵断面图中，由于比例太小，不能表明实际地形及地质情况，因此无法以此图进行具体详细的水工保护设计。水工保护工程涉及的范围很广，有些地段为了堵水、排水和疏水，需要在管道两侧很远的地方做水工保护，而这些地段可能根本没有任何水文、地形及地质勘察资料，对这种侧向防护，必须配合施工进行详细踏勘分析，然后才能确定设计方案。管道施工过程中进行水工保护设计主要有三个方面的内容：一是结合现场实际情况，对设计阶段所设计的水工保护工程进行核实；二是对一些局部的、规模较小的防护工程，可以根据实际情况进行现场补充设计；三是对一些水文、地形、地质条件复杂，又没有地形、地质和水文勘察报告的少数地区，待施工后期进行勘测工作后，再作详细设计（包括平面布置、断面设计、结构图等）。

8.1.3 山区管道设计原则

山区管道的设计，在遵循有关规范的前提下，还应结合山区地段特有的地形、地质、交通等条件，综合考虑施工可行性和后期管理维护的方便性等各种因素，确定最佳的线路走向和具体的设计方案。

（1）山区管道建设应充分依托公路，如果能直接以已建或新建公路为作业带进行施工，不但可以降低施工难度，减少管沟土石方工程量，而且还可以克服作业带难以恢复的困难。

（2）管道沿河谷敷设，地形相对平缓，一般有公路可以依托，能为施工创造便利条件。

（3）为减少地貌恢复难度，管道应尽可能不斜穿梯田或台地。

（4）合理地选用隧道和跨越，是山区管道建设的一个捷径。

（5）当管径大于 500mm 时，管道安装及弯头、弯管的制作安装费用偏高，应尽可能缩短线路长度，避免过多地使用弯头和弯管。

（6）液体管道应根据压力变化采用变壁厚设计。

（7）山区管道外防腐层宜首选三层 PE。

（8）管道顺侧坡或坡脚敷设时，为防止塌方和滑坡，管沟不宜深挖，管道下沟后应及时回填。

（9）水工保护是管道施工过程中不容忽视的重要环节，设计应结合实际情况的变化分阶段进行，并以现场补充设计为主。

8.2　经济发达地区管道设计基础

天然气的使用已逐渐向人口密集、规划众多的发达地区扩展。输气管线的设计过程亦变得相对复杂。需要转变传统设计思路，加强设计前期与地方各相关部门的沟通及协调，尽可能在选定技术合理线位的同时兼顾线位的可实施性。本节以在浙江省设计天然气长输管道的实践，对发达地区输气管道的设计要点进行介绍。

随着我国天然气工业的发展，天然气长输管道逐渐向经济发达的沿海地区延伸。在经济发达地区进行天然气管道的设计及建设面临着新的课题及挑战。经济发达地区大多人口密集、规划区众多并且待建和已建的项目也很多，使得地貌看似相对简单的管线在设计和实施过程中遇见了一些前所未有的困难。

杭甬线输气管道工程地处我国经济发达的浙江省。该工程线路路由的确认（市、区、镇）难度大，施工工期紧，施工无法待设计全部完成后再开展，是典型的三边工程，具有较强的代表性。下面结合该工程阐述在经济发达地区设计天然气长输管道需要注意的一些问题。

8.2.1　在前期设计工作中加强与地方结合的力度

1. 规划部门

由于发达地区土地利用非常紧张，管道路由占地与地方用地矛盾十分突出。在与地方政府（尤其是乡镇）结合的过程中，上级规划部门批复的管道规划路由经常与地方利益发生矛盾。一般需多次召开路由协调会，才能达成一致。在设计前期工作中，需要用足够的时间，与建设方紧密配合，把规划路由落实到乡镇级的地方政府。在建设周期不允许长时间协调的情况下，施工改线难以避免，导致出现大量的现场设计，同时使得工程建设投资的不确定因素加大。在工程实践中，设计需和每一个与管线发生关系的区、镇结合取得书面认可。由于部分地区天然气工程刚刚起步，很多部门并不了解天然气的特性，并且对管道保护条例提到的安全间距非常的敏感，大都不愿管道从自己所辖土地上经过，就是经过也希望尽量向道路、高压电力走廊靠近，尽量减少对土地利用的影响。特别是某些规划部门提供的线路路由沿尚未实施的规划道路敷设，将导致管道建设拆迁大量的民房及厂房，但在实际操作过程中是难以实施的，并且也是工程投资所难以承受的。部分管线走向依托尚在规划中的道路，若道路的规划发生调整，则管线路由亦随之发生变化，将导致拆迁量等线路工程量发生较大变化。这需要设计配合建设方跟地方政府耐心地做好解释工作，争取合理的规划线位。

2. 其他部门(高速公路、铁路)

在发达地区地方规划给定的管道路由大多离公路、铁路较近，否则将带来大量拆迁，故与公路、铁路的安全间距问题尤须重视。按两部协议及地方公路管理条例要求的安全间距，线位与地方规划又经常发生矛盾，需要做大量的协调工作。高速公路、铁路等穿越需要相关部门作出安全性评价，方可最终确定线位。

在发达地区工程实践中，工程总体线路走向多是与各地方的高速公路并行敷设。例如，杭甬线输气管道工程在杭州境内是沿绕城高速公路敷设，从萧山到余姚则基本沿杭甬高速公路敷设，而进入宁波后则是沿在建的沿海大通道和绕城高速公路以及同三高速公路敷设，并行敷设段的总长度超过干线总长度的一半。由于石油天然气管道保护条例对安全间距的要求，各地规划部门都不希望管道多占用土地，因此大多要求管线进入高速公路的控制用地范围以内或反复穿越高速公路。但各高速公路管理部门由于对天然气管线本身的不了解以及在规范和法规的理解上与业主方存在较大的差异，双方意见统一过程漫长，有的需经过数月的协商才得以解决。这也是制约设计施工进度的又一重大因素。

8.2.2 平原涉及规划地区的定线

平原地段的定线分为两种：一种是沿已有的道路敷设，在规划没有明确间距时可以按有关规定进行野外定线，但最终线位应尽量与红线一致；另一种是若沿规划道路敷设则无法进行野外定线，需待按规划路由测量放线完毕后进行确认，线路也尽量与红线一致，若实在需要修改，应及时与规划部门联系。

8.2.3 水网地段河流穿越设计

在江浙水网地区河流穿越主要采取三种方式：大开挖、顶管、定向钻穿越。其中定向钻穿越和其他地方没有大的区别。浙江地区河流水流较为缓慢，在大开挖时一般采取压重块保护方式，该地区 20m 宽以上的河流一般都是要通航的，当地政府不允许开挖，因此一般采取的是顶管穿越。规划河道的穿越是工程施工中的一个难点，由于浙江地区水网密集，且大部分都通航，因此对现有河道的规划整治以及规划河道也很多，特别是以余姚和宁波特别突出，规划河道主要包括以下几部分内容。

1. 平地起河

即在现有的平地上规划一条河，这主要是在上虞比较突出。这种规划河道一般距离现状地表的深度都比较深，都在 5m 以下，管线埋深也因此达到 8m 左右，而 8m 以下的管沟由于土质松软的原因，开挖已经非常困难，杭甬线穿越位于上虞的浙东引水工程规划河道时，管道开挖面就达到了 90m 左右，因此类似情况中推荐采用顶管方案。

2. 河道改道

由于发展的需要，部分河道有改道的规划，因此设计前一定要了解是否有改道的计划，在设计中需要一并考虑，杭甬线在余姚的小余姚江穿越时就出现了河道截弯取直的情况。

3. 河流宽度加宽、深度加深

发达的水网地区几乎每一处河流都有加宽、加深的计划。如宁波江北区就特别突出，7~8m 的小河都有规划，这使得河流穿越处两岸的深度都很深，最深达到 11~12m，而施工单位在 6m 以下的管沟开挖已经显得很吃力了，因此在软土地区的河流穿越，当深度超过 6m 以后设计基本是考虑顶管穿越，利用两侧的沉井将弯头返上来，而且沉井距离岸边一般都保持了 10~15m 的距离，这样使得顶管过河在该工程中应用非常广泛。

4. 山区丘陵地段定线

由于山区段基本上为林区保护地段，地表植被非常茂密，定线前若不砍出一条作业带，设计人员根本无法进场定线，但这样操作将造成工期严重滞后。因此建议对山脊较完整的山区段，采取现场定上山点和下山点，待测量完成测图后，再在图上进行线位修定的设计方式。山上涉及局部坟墓等特殊地段需要单独测大比例图，进行详细设计。

5. 规划道路穿越

在经济发达地区将面临大量的规划道路穿越，因考虑将来修路时碾压，基本采用预埋套管的方式，同时对套管底基础采用了超挖并换填级配碎石的处理方式。

6. 地下构筑物穿越

发达地区地下管网很多，因此在勘察阶段需对各种地下建构筑物加以探明并明显地标注于平面图上，在施工阶段均要求施工单位落实具体地下管网位置并与相关产权单位结合将施工方案上报后方可施工。与地下管道并行敷设段需采取适当的保护措施方可施工。

在杭甬线输气管道工程施工中非开挖技术得到了广泛的应用，根据目前已完成的设计统计，仅顶管穿越就达到了 260 处之多，定向钻穿越也已达到了 62 处以上，这些非开挖施工除了大量用于河流、道路穿越外，也用于躲避地下障碍物和政策处理难度极大的地段。

8.2.4 施工过程中的注意事项

设计现场配合施工部分主要着重考虑以下几部分内容。

1. 施工改线

施工改线有以下几个原因：

（1）政策处理原因造成 经济发达地区法制较健全，往往依靠纯粹的行政手段无法确定管位，很多地方需村委会表决。往往表现为大规划服从小规划、小规划服从村规划、村规划考虑农户的利益。而在设计阶段是不可能将工作做到每一个村的（主要是考虑政策处理需对具体线位保密的需要），因此在施工过程中的改线是难以避免的，为此要有充分的心理准备。

（2）地形图原因造成 用于规划部门盖红线的图纸是万分之一的地形图，虽然图纸年份还比较新，但由于地区发展太快，图纸局部地段无法反映现场实际情况，而在取得施工图红线后的定线是根据现场实际情况进行了调整的，这就存在局部地段的施工图图纸与红线线位不一致的情况，这也带来了一定的改线量。建议在和地方结合时，尽量使用大比例尺地形图，做到线位的尽量准确。

（3）红线本身就不具备可实施性造成 部分发达地区规划设计院给定红线的原则是尽量减小管道对规划用地的影响，因此要求对管线所穿越的民房和厂房都不能进行避让，而地方一些部门也希望通过天然气管道的施工去拆迁一些他们认为将来会拆除的建筑物，这样将导致工程投资的大幅增加。而管道建设方需要的是一条具备可实施性的线位。如在宁波市部分地段的红线取得过程中遇到了相当大的阻力，最后经过了多次反复，虽然大部分问题得到解决，但局部段还是有规划要求必须拆迁的厂房，但这是管道投资难以承受的，而管道施工又不可能等到这些问题全部解决后再实施。对于这种情况，设计应按照规划给出的红线进行设计，到实施的时候再由施工单位与当地部门进行协商后改线。

（4）地方主管调离造成　这是指乡镇指定线位的主管人员调离后，新来的工作人员对原来的红线进行否定，从而造成的改线。这在发达地区工程实施过程中也时有发生。

（5）现场情况变化造成　施工图交付后由于各种原因未能开工，而现场地形地貌、施工条件等发生变化后造成改线。

2. 施工方式的更改

施工方式的更改也主要有三个原因：一是政策处理原因，例如有的农户不允许从他的承包地开挖通过，最后不得不改成顶管；二是当地政府部门不同意采用开挖的方式通过道路或河流，因而改成顶管或定向钻；三是周边情况发生变化后的更改。

3. 与其他工程的相互关系

这主要是指在管线设计完成后，规划道路与管线交叉时对方要求对管线采取保护措施的情况。

4. 总结

（1）取得红线前应详细了解管线所经过地区的各级规划情况。

（2）需了解规划给定的红线中是否涉及其他部门的利益，如果有应及早接触，并及时报给业主通报。

（3）设计前应多与各部门结合，落实管线的敷设方式（如水利局、高速公路等）。

（4）设计过程中应结合详细勘察资料更加深入地了解管线所经过地区的地质条件，以便采取合理的保护措施。

（5）在配合施工过程中应有充分的改线准备。

8.3 可靠性设计基础

由于天然气管道迅速发展，新材料、新方案的出现必然带来材料、设计、施工和运行上的可靠性问题，需要使用新的基于可靠性的设计方法。本节介绍了该方法的原理和特点，通过与传统方法的对比表明其优越性，同时对国内外研究情况进行了详述，提出了该设计方法的研究重点，并对其未来应用的前景进行了展望。

当前，我国天然气的用量在逐年递增，对长输管道的需求也在不断增加。据此，未来几年中，多条大输量天然气干线管道的建设必将提上日程，同时，包括各条主干线路的设计输量也都将达到300亿立方米/年及以上。这标志着国内输气管道建设已进入新的时代，需要进一步提高输送效率，满足日新月异的需求。提高输送效率的途径包括：

（1）研究 X80 及更高钢级管道；

（2）提高输气管道设计系数；

（3）使用更大口径输送管道。

这些新材料、新方案的出现势必带来材料、设计、施工以及运行上的可靠性问题，这些问题的解决需要引入新的设计方法进行管道设计和全面的评价，也就是基于可靠性的设计技术。

8.3.1　方法概述

目前国内外陆上管道基本都采用基于应力的设计方法，这种方法能满足管道行业的设计需要，而且将继续长期得以应用。这种方法将材料、制造、施工、运行等方面的不确定性，即可靠度，集中在统一的安全系数中，也就是设计系数。这个系数的确定是根据设计人员的经验和对失效风险的定性评价结果确定的，而且为已有的规范甚至为法律、法规所采纳。尽管这种方法有着直观、简单、便于应用、为人们广泛接受等优点，但是随着人们对材料的认识、失效机理的理解日益加深，随着管道服役环境的日益复杂，其局限性日益显著。具体表现为：

（1）安全系数的确定不能反映管材性能水平，其有效性无法证实和量化；

（2）不能综合考虑管道运营维护技术和运行作业的进步；

（3）不能适应新的服役环境，如地震、冻土地区、滑坡等地段的设计；

（4）不利于技术进步，即超出经验范围的技术难以说明其可靠度等。

为此，需要寻求更加合理的设计方法。极限状态设计方法是针对管道实际的失效模式而进行的设计。这里的极限状态是指管道结构刚好满足特定设计和运行要求的临界状态。陆上管道的极限状态一般分为：极端极限状态——破裂；服役极限状态——变形等影响正常的运行但未破裂；泄漏极限状态——小孔泄漏。

极限状态设计方法通过识别可能的极限状态，建立对应的极限状态方程和设计的准则，从而保证所设计管道的安全可靠和经济有效。由于此方法能反映出管道的实际环境、管材的性能、失效模式、运行要求等优点，已逐步为管道行业所接受。如1996年版的DNV海底管道规范就已开始使用了此方法，陆上管道CSA Z662—2003版也引入了此方法，ISO 16708—2006对基于可靠性的极限状态设计方法的内容、流程等都进行了系统的规定等。

8.3.2　国内外技术现状分析

1. 国内技术现状

国外在进行新材料、新的服役条件下的管道设计中一般采用基于可靠性的设计和评价方法，并形成了相应的规范。国内目前将《石油天然气工业 管道输送系统 基于可靠性的极限状态方法》（ISO 16708—2006）等同采用为国标，但是该方法在国内的适用性、操作性等方面还有诸多问题，在具体实施方面也并未深入研究。就该方法所包含内容来看，可以从四个方面进行阐述，包括目标可靠度确定、不确定分析、极限状态方程建立和可靠度计算模型。

（1）目标可靠度确定　国内一些研究机构也进行了相关的研究，并提出了相应的可接受标准值，但还没有国家层面的社会风险和个人风险可接受标准。此外，也没有与管道沿线的具体情况、具体的设计参数联系起来确定可靠性目标值。

（2）不确定性分析　管道的不确定性分析包括管道材料的性能指标参数、管道荷载、施工及运行维护参数等诸多方面。对于 X80 及以下钢级的钢管性能参数，如钢管的壁厚、屈服强度、抗拉强度、屈强比及夏比冲击功等数据可以根据目前已建的相关管道工程中调研获取，但钢管的压缩屈曲应变和拉伸应变，以及钢管焊缝的 CTOD 值等在以往管道研究设计中未能得到的数据，则需要进行相关试验获得；对于更高钢级的钢管性能参数，则需根据该级别钢管的试制及批量生产情况，同步跟踪研究。对于管道运输、施工和运行期间的管道荷载情况，目前国内尚无统一的统计数据，需根据工程的实际情况进行研究分析确定，针对管道施工焊缝缺陷尺寸、焊缝冲击功及 CTOD 值，其焊缝缺陷尺寸可以依托工程建设中的焊缝检测数据进行统计分析，但对于焊缝冲击功和 CTOD 值，目前已做的焊接工艺评定中一般很少涉及，需要针对不同的钢级进行试验补充。对于管道维修计划、措施、各种缺陷的扩展以及管道运行参数检测等方面，目前国内也没有数据统计，需要针对已建管道进行大量调研和统计分析，并进行试验获得一些必要数据。

（3）极限状态方程建立　基于可靠性的设计方法研究中需要考虑运输、施工和运行过程中所涉及的各种极限状态方程。常规管道涉及约十几种工况和几十个状态方程，对于这些极限状态国内尚没有专门研究。

（4）可靠度计算模型　国内学者对含缺陷管道的结构可靠性研究已有多年，在压力容器、压力管道方面主要有中国石油大学（北京）、北京航空航天大学、南京工业大学、大连理工大学等高校有专门的研究成果。针对工程出现最多的载荷及抗力系数法（LRFD），已有学者利用概率方法对 LRFD 进行了验证，完全基于概率方法的极限状态设计方法在国内长输管道设计中尚未开展研究。在可靠度计算方面，有些是利用商品化的软件包进行数值模拟，如蒙特卡罗仿真工具包，有些是针对具体问题，编制专门的程序进行计算。目前存在的主要困难是没有通用的标准软件进行结构可靠度计算。对于长输管道方面，尚没有专门的计算程序。

2. 国外技术现状

近年来，国际上开始研究管道设计参数的不确定性对管道运行安全可靠性的影响，并逐步提出了基于可靠性的管道设计方法和标准。2006 年，国际标准化组织（ISO）发布了标准《石油天然气工业　管道输送系统　基于可靠性的极限状态方法》（ISO 16708—2006），提出了基于可靠性的管道设计方法。

（1）目标可靠度确定　欧美国家、我国香港地区等都有可接受的社会风险和个人风险的标准。关于目标可靠度的确定，国外也开展了相关的研究工作，形成了一些标准和规范，如挪威船级社发布的标准 DNV-OS-F101（2000）就建立了不同极限状态下海洋管道的目标可靠度，加拿大的油气管道标准 CSA Z662（2007）也建立了目标可靠度的确定方法。但是，DNV-OS-F101 标准的适用范围为海底管道。

（2）不确定性分析　对于管道的不确定性研究，不确定因素主要来自随机变量（如环境荷载、机械冲击）、测量的不确定（如材料性质、缺陷大小测量）、模型引起的不确定和统计引起的不确定性（如样本的大小、代表性）等。

（3）极限状态方程建立　经过近二十年和目前还在进行的研究，国外已经建立了多种管道失效模式下的极限状态方程，然而这些方程的基础数据不能涵盖更高钢级（X80及以上）、更大管径的范围。需要对这些已建方程进行初步分析。

8.3.3　需要开展的主要工作

从国内外技术现状分析来看，尽管该方法有了一定的基础，但是要在国内应用还需要开展大量的研究工作，其中最主要的工作为目标可靠度的确定和极限状态方程的建立。

1. 管道目标可靠度的研究

目标可靠度是管道基于可靠性设计的评判标准和前提，其研究必须具有前瞻性和适用性，从宏观和系统的方面整体把握。要首先确定个体风险水平和社会风险水平，然后针对具体国内已建天然气管道的数据建立工况数据库，由此建立管道的失效后果模型，计算目标可靠度。

2. 极限状态方程的研究

极限状态方程的研究是可靠度计算的基础。为了最终完整评价管道的可靠度情况，需要从各种工况对管道的极限状态进行研究，根据国外相关研究机构对于整个管道从运输、施工到运行的分解，结合国内管道建设的具体情况来进行。服役极限状态对可靠度计算的影响结果小，但是鉴于其危险性，可制定相应的极限标准制约；极端极限状态，包括泄漏和破裂，对最终可靠度的影响较大，同时后果严重，需要采取失效概率的计算。其不同荷载工况下的极限状态方程目前国内外都有部分研究成果，包括第三方破坏、腐蚀、轴向地表移动、管道局部屈曲和焊缝缺陷失效等。

该方法可以用于指导未来高钢级、更大管径和更高设计系数的管道设计方案的制定和优化，并可以对管材生产、施工安装和运行维护等方面提出相关改进建议，以便确保管道的可靠度水平，在保障管道安全运行的前提下，可以带来明显的经济效益和社会效益。

8.3.4　可靠性设计方法

极限状态设计方法是一种基于可靠性的设计技术，可分为确定性设计和概率设计两种。确定性设计方法就是荷载及抗力系数法（LRFD），概率设计方法就是基于可靠性的设计方法（RBDA）。图8-1给出了这两种方法的设计流程图。

基于可靠性的设计和评价方法的实质是对设计的不确定因素进行定量分析，并利用分析结果来计算安全概率，以评价特定的设计。该方法的工作流程如图8-2所示。其优点如下：

（1）针对管道实际的失效形式进行设计，避免了采用不合理或过于保守的设计标准。

（2）可以保证一致的安全度。避免了采用同一安全系数导致的不同管道风险水平的不一致或不明确。

（3）节省投资。能有针对性地采取措施，避免功能冗余或不足，即以最小的成本达到既定的安全目标。

（4）适用于解决新的问题，如高钢级管道的应用、提高设计系数、新的环境条件等。

（5）能实现设计与运行操作的整合。

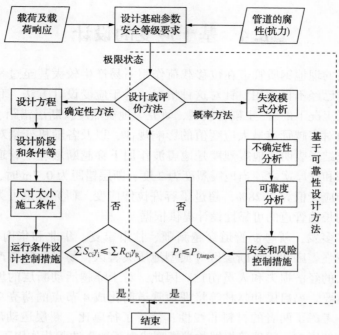

图 8-1 基于可靠性方法的设计流程图

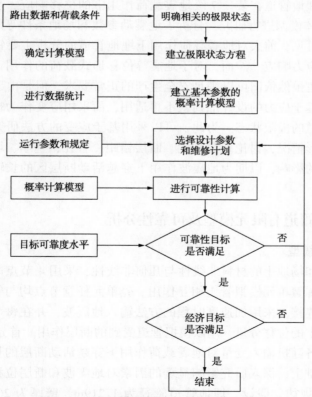

图 8-2 基于可靠性设计方法的工作流程图

8.4　基于应变的设计

穿越活动断层的埋地钢质管道在位移载荷作用下易产生较大甚至过量变形，传统的基于应力的设计准则已经不再适用。针对这种情况，基于应变设计方法，利用有限元软件建立了不同穿越断层工况下的管-土耦合模型，研究了地震烈度、断层错距、管径、壁厚、埋深及土壤内摩擦角对穿越管道最大应变值的影响规律，以及各随机变量对管道安全可靠度的影响程度。研究结果表明，地震烈度是地震波作用下穿越断层埋地管道轴向应变最显著的影响因素，埋深和壁厚次之；当地震烈度为2度、断层错距为0.7m时，强震区穿越埋地管道轴向最大拉伸应变值为2.28%，超过了容许拉伸应变。研究成果可为地震载荷作用下穿越活动断层区的长输管道的可靠性设计提供依据。

我国地质灾害多发，新粤浙管道穿越新疆、甘肃宁夏、华北和华南4个不同地区时，不可避免地会穿越强震区和活动断层区等典型地质灾害区，易导致管道产生过量变形而失效破坏，造成重大的经济损失和人员伤亡。因此，对于穿越活动断层的埋地管道进行安全可靠性研究至关重要。冯启民和赵林等将埋地管道简化成4节点的薄壳单元，将场地土简化成弹塑性弹簧，考虑了两者的材料非线性，分析了径厚比、断层运动形式、倾角、土体刚度和内压等参数的影响。梁瑞等根据数学模型建立了地震波载荷作用下梁-土弹簧有限元分析模型，研究了埋地管道在某一7级地震载荷作用下的位移响应。郝婷玥等采用时程分析方法对管-土-流体模型进行研究，分析了地震动参数和场地条件等因素对埋地管道响应的影响规律。由此可见，前人对地震载荷作用下埋地管道的分析主要针对地震波或者断层单独作用下管道的应力响应。然而，对于地震等位移形式载荷的作用，当埋地管道开始出现塑性变形时，管道虽然依旧可以满足安全生产的正常要求，但是由于此时管内应力超出管材的屈服极限，基于应力的设计准则就不再适用，而采用应变作为标准，可以更方便有效地衡量和控制管道的极限状态。为此，可以采用基于应变的方法研究地震波作用下穿越断层埋地管道的变形情况，讨论地震烈度、断层错距、管径、壁厚、埋深和土壤内摩擦角等因素对管道安全的影响，以期为地震波作用下穿越活动断层区的长输管道的可靠性设计提供依据。

8.4.1　埋地管道有限元模型及可靠性分析

1. 有限元分析模型

考虑埋地管道和场地土的材料非线性与几何非线性，采用4节点薄壳单元建立长输管道模型，用非线性弹簧单元模拟管土相互作用。壳单元任意节点均与管轴方向、水平横向和垂直方向土弹簧连接。采用加速度时程的方法输入地震波，并在每个土弹簧的节点加上活动断层相应方向上的位移分量，用以模拟管道受到的断层作用。首先利用ANSYS中的概率设计模块，获得各随机输入变量对地震载荷作用下穿越活动断层的长输管线的可靠度的影响程度。在此基础上，深入研究影响显著的因素对地震波和断层位移双重作用下埋地管道变形情况的影响规律。假设，埋地管道管径为1.219m，壁厚为26.4mm，弹性模量为206GPa，泊松比为0.3，设计压力为12MPa，长输管线管材选用X80钢；场地土为中硬土，埋深为 2.1m，土壤内摩擦角为 35°，土壤容重为 $1.8×10^4 N/m^3$；管道与断层交角为 90°，断层错距为 0.7m，断层倾角为 70°，地震烈度为 8 度。

2. 模型计算结果可靠性验证

目前，计算埋地管道轴向最大应变的方法中，经典的有拟静力分析法和 Newmark-Hall 法。拟静力分析法的核心思想是将地震波作用简化为一个惯性力，从而在静力分析的基础上展开进一步研究。拟静力分析法考虑了管土相互作用，对于地震评价报告已经给出了地震系数，在项目组织实施之前预测某地区埋地管道的震害情况较为合适。Newmark-Hall 法由于忽略了场地土对管道的横向作用和管道内的弯曲变形，假设埋地管道只受轴向滑动摩擦力作用，所以其计算结果偏小。为验证有限元分析模型计算结果的可靠性，选取新粤浙管道穿越某一断裂带的基本数据，对比分析两种理论分析法和有限元法的计算结果。对于埋地管道在地震波作用下的轴向最大应变，拟静力分析法与有限元法计算结果的相对误差为 5.9%，小于 8%，满足工程需要。对于埋地管道在活动断层作用下的轴向最大应变，有限元法的计算结果比 Newmark-Hall 方法的结果略高（16.7%），而由于后者计算结果偏小，从而说明有限元法的计算精度更高。综上所述，可见所建管土相互作用模型的计算结果具有可靠性。

3. 应用蒙特卡罗法分析管道的可靠性

长输管道在设计、施工和运输过程中存在各种不确定性，例如对管土相互作用模型进行计算时，必然要引入载荷参数、几何参数和力学参数等基本变量。但是由于存在测量误差等各种不确定性，导致这些变量的取值只能通过随机变量来表示。穿越断层埋地管道可靠性分析实际上是综合运用弹塑性力学理论和概率分析方法，首先对影响管道刚度特性的主要随机变量进行抽样，其次对管道进行随机响应分析，并对结构响应进行概率统计分析，进而求得穿越断层埋地管道的可靠度。利用 ANSYS 中的概率设计模块，建立了多随机因素作用下的穿越断层埋地管道可靠度模拟方法，给出了所涉随机变量的均值和分布类型。随机变量包括内压、管道外径、管道壁厚、埋深、错距、管道泊松比及地震动峰值加速度。随机变量均为正态分布，平均值为：内压为 12MPa，管道外径为 1.219m，壁厚为 26.4mm，埋深为 2.1m，错距为 0.7m，管道泊松比为 0.3，地震动峰值加速度为 $2m/s^2$。

根据灵敏性分析结果，可以判断各随机变量对 DETSS 的影响比重，对影响显著的因素在管道抗震设计阶段进行优化，缩小它们的波动范围，可以提高管道的可靠度，进而在满足可靠度要求的前提下降低成本。地震烈度、埋深、管径、土壤内摩擦角、错距和壁厚为管道轴向最大拉伸应变的显著影响因素，而设计压力的影响程度相对较小。其中，地震烈度、埋深、土壤内摩擦角以及活动断层的错距等与轴向最大拉伸应变呈正相关关系，管道的壁厚、外径与轴向最大拉伸应变呈负相关关系。容许拉伸应变是极限状态函数 DETSS 的最显著影响因素，地震烈度、埋深和壁厚的影响程度依次递减。其中，地震烈度、埋深与 DETSS 呈负相关关系，即地震烈度或者管道埋深越大，埋地管道的可靠度越小。管道的壁厚与 DETSS 呈正相关关系，即壁厚越大，管道的可靠度越大。通过分析各因素对管道可靠度的影响程度及自身可控程度，以及结合现场实际情况，要提高埋地管道的可靠度，依次需要考虑的因素是埋深、壁厚和穿越活动断层的位置。其中，埋深方面要尽量降低管土相互作用，浅埋虽然有利于管道的抗震，在实际施工过程中还需综合考虑便于维修等因素；

壁厚方面，理论上应选择大口径的厚壁钢管，但要在满足可靠度要求和安全运行的前提下降低成本，应适当减小壁厚和管径；穿越活动断层的位置方面，应根据资料与现场情况，选择活动断层错动位移量较小的位置。

4. 影响埋地管道轴向应变的因素及影响程度

（1）地震烈度的影响　随着地震烈度的不断增大，穿越断层埋地管道的轴向最大拉伸应变和轴向最大压缩应变均逐渐增大。当地震烈度为2度、断层错距为0.7m时，管道穿越强震区轴向最大拉伸应变值为2.28%，超过了容许拉伸应变。当地震烈度从10度增加到12度，管道轴向最大拉伸应变和最大压缩应变分别增加了24.1%和23.1%。

（2）埋深的影响　当处于断层错距不变的情况下，当管道埋深增加时，穿越断层埋地管道轴向最大拉伸应变和轴向最大压缩应变均逐渐增大。当断层错距为0.7m时，管道埋深从2.1m增加到3.0m，管道轴向最大拉伸应变和最大压缩应变分别增加了201.0%和117.6%。由此可见，埋深对埋地管道轴向应变的影响十分显著。随着埋深的增加，由于管轴方向土壤摩擦力、水平横向和垂直方向的土壤反力逐渐增加，场地土对埋地管道的约束程度不断增加。对于埋深不超过的5m的管道而言，当埋深逐渐增加时，管道轴向最大拉伸应变及轴向最大压缩应变都逐渐变大，应变越大，管道越容易发生破坏。同时，管道埋深越浅则地面波传递的能量越小，管道的破坏率也越小。因此，对管道进行浅埋既可以减轻震害造成的损失，也有利于施工维修。

（3）错距的影响　随着活动断层位移错动量的增加，埋地管道的轴向应变逐渐增大。断层错距从0.5m增加到1.5m时，管道轴向最大拉伸应变和最大压缩应变分别增加了205.3%和208.0%。因此，为满足管道设计应变的要求，应考虑调整管道的几何尺寸和性能参数等方案。

（4）壁厚的影响　在相同断层错距的作用下，随着壁厚的减小，埋地管道的轴向最大拉伸应变和轴向最大压缩应变都逐渐增大。当错距为0.7m时，随着壁厚从26.4mm减小到22.0mm，管道轴向最大拉伸应变和最大压缩应变分别增加了5.7%和14.3%。这是因为随着壁厚的减小，管道内、外径之比增大，横截面的惯性矩减小，从而导致管道应变增大。而且薄壁钢管容易产生屈曲破坏和塑形应变集中的现象，因此对于埋地管道的抗震设计而言，选择厚壁钢管更加安全。

8.4.2　结论及建议

（1）地震烈度是影响埋地管道可靠度最为显著的因素，其次是埋深和壁厚。随着地震烈度的增加，埋地管道震害率增加。当地震烈度为2度、断层错距为0.7m时，管道穿越强震区轴向最大拉伸应变值为2.28%，超过了容许拉伸应变，易发生失效破坏。

（2）埋深、土壤内摩擦角、活动断层错距与轴向最大拉伸应变呈正相关关系，管径、壁厚与轴向最大拉伸应变呈负相关关系。

（3）建议现场设计施工时尽量避开大位错活动断层带，选择大口径、厚壁钢管并浅埋在土壤相对密实的区域。

第9章　管道寿命判废处理

管道废弃是管道全生命周期管理不可缺少的环节，是管道运行维护的重要组成部分。针对如何科学判定老龄管道是否废弃，即管道判废问题，开展了全面的调查研究。通过对国内外相关法律、标准、案例及专家问卷调查结果进行分析，得到了国外管道废弃判定的主要依据：资源和市场、运行的经济性、管道的安全状况。当前，国内开展油气管道判废研究，需要重点解决3个关键问题：判废启动条件、判废工作流程、判废准则，即基于管道运行风险和管体完整性状况，建立管道技术状态、运行风险的可接受指标，提出管道判废评价方法和准则。

管道在试压投产运行后，事故率通常经历3个阶段：管道投产初期的事故多发阶段；管道进入稳定工作期的事故率稳定阶段；管道及设备因老化导致事故率上升阶段，主要是与时间相关缺陷的失效，如腐蚀、疲劳等有关。老龄管道随服役时间增长，进入事故高发期，失效频率上升，运行风险增高。同时，城镇化建设的快速推进，使管道途经地区等级上升，环境敏感区和高后果区增多，管道面临的安全和环保压力上升，废弃成为一些老龄管道不可避免的选择。在国外油气管道标准体系中，管道废弃是管道运行维护的重要组成部分，如加拿大标准CAN/CSA Z662—2011《油气管道系统》、澳大利亚标准AS 2885.3—2012《天然气和液态石油管道 第三部分：运行操作与维护》。

《中华人民共和国石油天然气管道保护法》第二十三条规定：管道企业应定期对管道进行检测、维修，确保其处于良好状态；对管道安全风险较大的区段和场所应进行重点监测，采取有效措施防止管道事故的发生。对不符合安全使用条件的管道，应及时更新、改造或者停止使用。随着《中国环境保护法》《中华人民共和国特种设备安全法》《中华人民共和国安全生产法》陆续颁布，管道运行的合规性要求越来越高，所面临的法律风险日益突出。而管道废弃涉及技术、经济、环境及政策等多方面因素，目前国内还没有统一的标准可以参照执行，因此，如何科学判定老龄管道废弃与否，尚需开展全面研究。

9.1　国内外相关法律及标准

《美国联邦法规》第15章商贸15B天然气第717f款规定：管道及其相关设施的废弃需要得到美国联邦能源管理委员会（FERC）的批准，管道输送的天然气供应无法提供持续服务，为保障当前或未来的公共便利，FERC会授权进行管道废弃。美国马萨诸塞州《气体管道废弃标准和泄漏勘测程序的规则和规章说明》规定：管道运营商可以根据服务管道的寿命、位置、状况、材料、施工方法、管道泄漏和维护记录、阴极保护状况以及运营商选择的其他准则来决策已停用管道是否进行废弃处理。美国机械工程师学会标准ASME B31.4—2012《液态烃和其他液体管道输送系统》和ASME B31.8—2012《输气和配气管道系统》规定：

管道系统废弃后，应该对管道及其附属设施实施物理隔离、清扫和封堵。加拿大国家能源局法规第 74 款规定：跨省和跨国管道废弃需得到国家能源局的许可。2011 年 6 月，NEB 发布了《管道废弃管理》的文件，要求管道企业的管道废弃项目所需提交的材料包括管道废弃申请、工作计划书、所有利益相关方的意见书、举办管道废弃工作听证会、废弃工作财务计划书、听证会多方决议书以及事故记录书等。加拿大标准 CAN/CSA Z662—2011《油气管道系统》指出应基于当前和未来的土地利用以及潜在的安全风险和环境破坏(地面下陷、土壤污染、地下水污染、冲刷、导管效应)评价实施就地废弃一段管道或者全部移除的决策，未提及管道判废的要求。澳大利亚标准 AS 2885.3—2012《天然气和液态石油管道 第三部分：运行操作与维护》规定了对管道报废时的物理隔断、就地报废管道及回收弃置管道的清扫要求，填充方法及阴极保护技术处理方法要求以及变更记录要求，亦未提到管道判废的要求。国际标准化组织颁布的标准 ISO/TS 12747—2011(E)《石油天然气工业 管道输送系统管道延寿推荐做法》中则提出：为防止运行过程中与时间相关的劣化机理(如腐蚀和疲劳)造成的失效，引入了管道的设计寿命。然而，超过了设计寿命并不意味着管道不能使用。当仍有可开采石油和天然气，或有其他的运行资产接入管道系统时，则可能需要延长管道的运行寿命，进而提出管道延寿的需求，如图 9-1 所示。

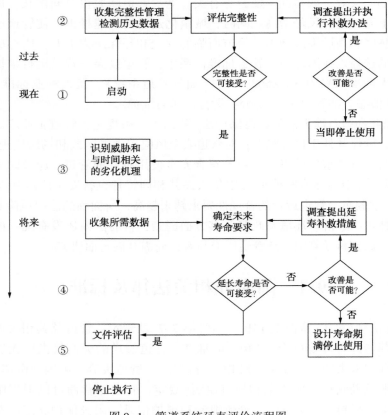

图 9-1 管道系统延寿评价流程图

管道延寿评价思路是根据管道完整性评价结果确定管道的物理寿命。当管道的完整性状况可接受时，或可通过改善措施将完整性水平提高至可接受水平时，管道可以继续使用，并根据与时间相关的发展模型估算管道可延长使用的年限；当管道的完整性状况不可接受，且改善措施不可行时，管道应停止使用。该思路对于管道判废评价有一定的借鉴意义。其评价结果输出可分为3种：

（1）管道的完整性状况不可接受，且无法改善时，不管管道是否达到设计寿命，管道都应立即停用；

（2）当管道的完整性状况可接受，经过综合评价后，认为不具备延长使用年限的条件时，应在达到设计寿命的终期时停止使用；

（3）当管道的完整性状况可接受时，并通过有效的风险减缓措施，可延长使用年限，进入延寿评价阶段，包括风险评价和剩余寿命评价，从而得出管道系统风险值超过可接受水平之前和剩余寿命终期可以运行的时间。

管道延寿评价的目的是证明管道系统延寿后，不会产生不可接受的社会风险。管道判废评价是确认管道当前的完整性状况和风险水平。可以认为管道判废评价是在第一种结果出现时，进行更深入的评价，应在延寿评价之前开展，侧重于管道系统风险值不可接受时管道停用或废弃的问题。对于判废评价后认为可以继续使用，或减缓风险后仍可继续运行的管道，可进一步进行剩余寿命评价及延寿评价。对于风险减缓投资较大、导致经济性较差的情况，可以纳入管道判废评价中。

9.2 管道废弃处理

9.2.1 管道废弃方式

典型的管道废弃方式包括原位弃置（也称就地废弃）和拆除。确定废弃方式的主要因素是土地使用规划，适合就地废弃的地区包括自然景区，易腐蚀土壤或易水土流失滑坡地区，管道埋深超过1m，以及穿跨越河流、公路和铁路等。加拿大标准 CSA Z662—2007《油气管道系统》规定：考虑目前和未来土地利用、潜在的安全风险和环境破坏风险（地面下陷、土壤污染、地下水污染、冲刷和导管效应）等因素，决定实施就地废弃一段管道或者全部拆除。

美国管道公司普遍做法是管道就地废弃，美国标准 ASME B31.4—2012《液态烃和其他液体管道输送系统》仅规定了就地废弃管道的原则性要求，例如物理隔离、介质置换与清洗、管道两端密封和惰性介质充填等。但近年来，美国逐渐认识到就地废弃管道存在的安全隐患，倾向于采用拆除方式。管道企业确保管道安全具有重要的社会责任和政治意义。采取何种管道废弃方式应首先考虑废弃管道设施对公共安全的影响，其次是经济性因素。管道干线工程以及油气站场设施，占地面积大、安全隐患多、维护难度大，考虑我国东部地区用地紧张、经济发展迅速等实际情况，特别是输油（气）站普遍处于远离城镇的农业耕地区域，应采取全部拆除方式，并采取土地复耕措施以支援当地经济建设；管道穿越河流（大中型穿越）、湖泊、水源地、铁路、公路、人口密集区、建筑物占压区及管道埋深超过4m等区域，可采取就地废弃方式，但必须注入水泥浆，彻底杜绝安全隐患。

9.2.2 管道残留物清理

管道内残留物清理是管道废弃的重要环节。国内管道普遍应用氮气吹扫技术进行废弃管道的扫线封存。但是，由于清管球质量、强度和磨损等原因，清管质量不能完全保证，特别是大落差、地形起伏较大的管道局部低点位置的清管效果更差。废弃管道清管通常需要多次发送清管器，如管道内含有污染物或需要较高清洁度，可将液态烃溶剂（如柴油）置于两个硬质刮削清管器之间，在惰性气体（如氮气）推动下匀速通过管道，清洗后溶剂应排放到专用收集罐进行处理。测定清管后残余液体中有害物质浓度可作为判定管道清洁度的指标，常见做法是在管道清管一周后，提取管道低点位置的液体样品，如未检测到含有高浓度污染物的液体，则清管质量合格，否则需要重复清管。应用清管器与化学剂结合的组合清管技术，可基本消除废弃管道发生安全事故的风险，也便于管道设施拆除作业。考虑到输气管道可能存在多氯联苯（PCBs）、天然放射物（NORMs）等污染物，美国环境保护署要求输气管道停输后进行一次或多次溶剂清洗，保证管道不得含有自由流体，满足 PCBs 含量小于 $50\mu L/L$ 的要求，管道密封并填充 50% 加固浆体，在告知公众条件下才可以就地废弃。此外还要求在地面和管壁测试 NORMs，如地面辐射量级超过可接受水平，管段应进行拆除；如管壁处的 NORMs 超标，应限制废弃管道未来的开挖活动，管段应填充浆体避免未来重新使用。泰国已完成陆上油气管道废弃处置指南草案，规定了就地废弃管道清洗清洁度指标，要求冲洗管道的水中油/脂浓度小于 15mg/L；巴西石油管道行业要求油含量低于 20mg/L；捷克要求清洗后油含量低于 30mg/L。

9.2.3 穿越管段废弃处理

穿越管段的废弃可能导致土地沉降甚至塌陷，直接影响铁路、公路设施稳定性，或对河流造成污染。建议穿越铁路、公路、河流的管段采用可固化材料填充加固管道，常用的材料包括水泥、粉煤灰、黏土和聚氨酯泡沫体等，特别是对于铁路正下方等关键部位，此外还应考虑公路未来可能拓宽的距离。英国标准 BS PD 8010-1—2004《管道实用规程 第 1 部分：陆上管道》规定了废弃管道作为危险源管理，为预防污染地下水，对易受地面沉降影响或重载荷区域的废弃管道，应填充适宜材料。科威特规定管道穿越公路管段可不需拆除，就地废弃，但要求安装标志、盲板、通风管及防撞护栏设施。澳大利亚标准 AS 2885.3—2012《天然气和液态石油管道 第 3 部分：运行操作与维护》规定考虑长时间、无应力约束条件下管道沉降的可能性，如采取"就地废弃"方式，管道应用微正压力的氮气封存（0.016MPa）。

9.2.4 管道设施拆除

管道干线工程、输油气站场设备和附属设施均应拆除，如离心泵、压缩机、工艺管网、阀门组件、加热炉、换热器、分离器和埋深小于 1m 的设施等。阴极保护系统和辅助阳极，虽能减缓管道腐蚀，但管道废弃的目的就是使管道腐蚀殆尽，所以也应拆除。在无法应用混凝土或泥浆填充管道处理时，以及管道腐蚀可能导致严重后果的管段，可以保留阴极保护系统。

英国标准 BS PD 8010-1—2004《管道实用规程 第 1 部分：陆上管道》规定管道就地废弃不能确保安全时应进行拆除，所有地面设施应拆除到地下 900mm 深度范围内，并进行管沟回填和地貌恢复。澳大利亚标准 AS 2885.3—2012《天然气和液态石油管道 第 3 部分：运行操作与维护》规定如采取"拆除方式"，废弃管道及附属设施应全部拆除，如拆除管道阴极保护系统应同时拆除埋深小于 600mm 的阳极接地床，并考虑管道外腐蚀对土壤和地下水污染的风险；如不拆除阴极保护系统，应定期维护和记录运行状况。输油气站场工艺管道必须采用拆除方式，埋深小于 750mm 的管道部件必须机械切割拆除。科威特在废弃管道拆除方面形成了规范做法，如在安装排水系统情况下开挖管道，搭建临时集油坑，管道高点带压开孔排气/排液，将管道冷切割成 12m 的管段，拆除管道附属设施（阀门、支撑结构、阴极保护系统等）。

废弃管道拆除与新建管道施工类似，如管沟开挖、回填、吊装、运输等，但废弃管道强度低，对管道起吊、切割带来一定影响；废弃管道拆除开辟施工场地的难度较大；管内残留物清洗程度对拆除作业影响较大，残留的油气极易造成爆炸。因此切割作业防护措施比新建管道更为严格，需要佩戴呼吸面具，避免有毒有害物质被人吸收影响健康；管道两端进行包裹，避免有害物质洒落管沟等。管道干线拆除工作量大，管内清洁度高的管道可采用氧气弧、等离子弧等方法拆除，管内残留油气较多的管道宜采用链条式切割机或水刀等方法拆除。

9.2.5　管道废弃后监测维护

管道废弃工程完成后，特别是对于就地废弃的管段，管道企业应制定管理维护计划，持续对管道线路进行巡线和监测，监测是否发生地面沉陷、是否对环境敏感区造成生态影响等，必要时与土地所有者保持联系。加拿大标准 CSA Z662—2011《油气管道系统》要求管道企业保存废弃管道维护记录，包括管道位置、长度、实际埋深等信息。英国标准 BS PD8010-1—2004《管道实用规程 第 1 部分：陆上管道》要求管道企业应保留废弃管道记录并告知公众，包括管道尺寸、埋深和周围地貌特征等。澳大利亚标准 AS 2885.3—2012《天然气和液态石油管道 第 3 部分：运行操作与维护》规定就地废弃管道应进行现场测绘，识别管道位置，相关记录对公众开放。

9.3　国外废弃油气管道案例

9.3.1　加拿大马尼托（Manito）管道

该管道是从加拿大阿尔伯塔省布莱克富特（Blackfoot）到萨斯喀彻温省克罗伯特（Kerrobert）之间的两条并行管道，一条管径为 273.1mm，向南输送混合原油；另一条管径为 114.3mm，向北输送冷凝物。管道于 1971 年建成投用，在 19 世纪 80 年代后期最大输量达到 2262.6m³/d，但随后管道输量迅速下降，1995 年下降至最大输量的 1/4，且预计 1996 年输量将低于最大输量的 1/10。经过估算认为，采用罐车运输的成本与管输成本相当，而且省去了原油处理成本。因此，管道企业考虑到输量下降，继续运行不经济，且有可替代的运输方式,管道停输后不影响该地区的原油供应,最终决定废弃。

9.3.2 美国毓空(Yukon)成品油管道

该成品油管道于 1942 年建成使用,大部分穿越湿地、溪流和河岸地区。由于没有实施阴极保护,而且大量管段没有涂层,管道发生严重腐蚀,曾多次发生泄漏事故。1994 年 10 月,育空管道有限公司(YPL)终止了该管道的运营。管道运营商认为该老化管道的运营已经不再经济可行,按照监管要求进行设备升级的成本非常巨大,同时,随着该区域新高速公路的改进,用卡车运输比管道运输更加合算。此外,在 1994 年美国管道安全办公室的一系列安全检查中发现,该管道在美国边境的运营对人民的生活、财产和环境造成一定危害,因此决定废弃。

9.3.3 加拿大特纳瓦利 2 号管道(TV2)

该管道于 1925 年由加拿大西部天然气及光热能源公司建设,2005 年开始进行废弃处理。管道埋深较浅,部分管段裸露于地面,管道沿线经过牧场、干草、灌木丛、野生动物草原以及耕地,穿跨越公路 12 处、河流 4 处。由于运行年限长,腐蚀情况较为严重,部分水流交汇处的管道由于常年历经冲刷而暴露在外。管道周围土地的使用情况发生了较大变化,新生长了较多树木,并且管道距离居民住宅较近,环境破坏和社会公共安全风险较高,因此废弃。

9.3.4 美国阿拉斯加管道

该管道自 1977 年建成以来,持续数十年为美国提供重要的原油供应,可靠性达到 99.6%。其设计寿命是 30 年,但 30 年后,由于经济效益好,管道完整性状况良好,运行风险可控,运营公司通过对管道本体状况和环境进行评价后,认为泄漏风险可以接受,风险维修维护的投入经济可行,可延长其服役年限。设计寿命是工程师使用的一个概念,在最初的管道设计中,其为材料选择和技术应用提供了与时间有关的经济分析基础。对于不间断运行的情况,管道性能不断地被评价和升级,因此只要合适就可以随时修改。实际上,国内外对管道的使用寿命并没有设置严格的限值。影响管道安全的因素,包括输送路由、油品类型、管道周围环境、输送压力等,都面临着不确定性,因此,根据不同的材料条件,每条管道在规划时只是设定一个大概的设计寿命。通过定期开展检测评价和维护,可以延长管道的稳定服务期。

9.3.5 加拿大 Enbridge 公司管道

加拿大 Enbridge 公司的一段原油管道,长 3.2km,管径为 508mm,建于 1954 年,1987 年停运封存,选择全部拆除的废弃方式。首先采用清管器清管,清洁度达到合格质量要求后,开凿沟渠,管道切割分段,移除管段,先回填底层土壤,再回填表层土壤。废弃完成后每年春季和夏季,持续监测管道拆除范围内环境状况。

9.3.6 美国密歇根州卡拉马祖市原油管道

美国密歇根州卡拉马祖市原油管道的长度为 27km,管径为 762mm,建设于 20 世纪 70

年代，管道停运后未进行清管。为了避免对附近居民和环境敏感区造成威胁，美国环保局委托密歇根州质量环保部实施该管道废弃。原计划通过盲板封堵管道的方式直接废弃，经征求管道沿线企业和公众的意见，最终将管内原油清除，约 26.5km 管段注浆处理就地废弃，约 0.5km 靠近居民区的管段被拆除。管道废弃后进行土地回填、压实，并对表层土壤进行恢复。

9.3.7　捷克管道废弃实例

捷克 CEPS 管道服务公司在管道封存、废弃管道清洗以及污水处理方面的做法具有借鉴意义。2010 年该公司承担了拉脱维亚一条管径为 700mm、长度为 150km 的原油管道封存业务。

停运前 2600t 原油残留在管道中，利用带压封堵技术将管道分成 6 个管段，每个管段安装收发球筒，发送清管器排除管内原油；再利用水基性溶液清洗管壁污染物，水溶液中有机化合物浓度为 1mg/L，低于标准要求的 30mg/L 清洗质量指标；清洗完成后进行化学钝化处理以形成耐腐蚀环境；最后冲入氮气封存。考虑管道以后可能再次启用，保留了阴极保护系统。管道清洗水溶液约为 1850m³，通过分离表面油污和生物降解的方式完成污水处理。

9.4　管道判废问卷调查

针对管道判废问题在北美地区开展了问卷调查，在参与调查的专家中，对于管道判废的观点在一定程度上存在一致性。例如，专家一致认为管道运营者在判废决策过程中首要考虑的因素包括：管道上游资源可开采量，如资源枯竭、无可输送的介质则可将管道废弃；管道本体状况，如缺陷分布、安全状态；管道运行风险，如造成人员伤亡、环境破坏的可能性。一些重要而非决定性因素包括：管道输送的经济性，如效益持续降低、维修维护费用持续上升，但并非决定性因素，当管道已经成为某地区工业、电力、民生的唯一能源通道时，则不考虑输送的经济性；管道运行的合规性，即与国家、地区法律法规的符合性，前提是这些法律的制定需要有从事管道运行行业的人员或组织参与，其实法律法规的要求更多针对的是管道的完整性和公共安全。其他观点：管道设计寿命并不是重要因素，因为只要有充分的运行维护，管道的寿命是无限的；管道失效频率是管道可靠性的重要指标，与管道长度相关。当管道失效频率上升时，应采取有效的在线检测技术确认管道的缺陷分布和安全状态，进而评价其维修的经济性和可行性，并不直接作为管道判废的指标。

9.5　结论和展望

（1）管道废弃完成后，应定期对管道线路进行巡线和监测，监测是否发生地面沉陷，是否对环境敏感区造成生态影响，并向公众公开管道信息。

（2）应用液态溶剂配合清管器实施高效、高质量清管，测定多氯联苯（PCBs）或油/脂浓度作为判定管道清洁度的指标。

（3）国内外相关法律、法规及标准将管道废弃作为管道运行维护的一个环节，但尚无明确、统一的标准和可遵循的流程，重点是没有针对管道的废弃处理要求，即管道废弃后，如何选择有效的处理手段，使其不致造成环境破坏，威胁公共安全。

（4）管道的寿命并没有明确限值，国内外已废弃管道的服役年限从20年到80年不等。只要管道的完整性状况和风险水平可接受，管道的寿命可以延长。

（5）穿跨越铁路、公路和河流管段采用就地废弃方式，填充固化材料预防地面沉降，安装安全警示标志等。

（6）油气站场工艺管道、辅助设备设施应全部拆除，埋深小于1m的管道干线设施应拆除，阴极保护系统也应拆除，除非是管道腐蚀可能导致严重后果的管段。

（7）国外管道废弃由企业自主决策，由国家专门机构监管和审核，如美国联邦能源管理委员会（FERC）、加拿大国家能源管理局（NEB）。国外企业有关管道废弃主要考虑以下3个方面的因素：①资源与市场，管道上游油田的资源可开采量下降，或新型可替代能源的出现占据了大部分市场，导致当前输送资源的市场占有率下降，企业效益持续降低；②运行经济性，管道输送能力降低，管道维修维护费用持续上升，输送的经济性差；③管道自身的完整性状况，管道本体性能下降或腐蚀造成管道安全水平降低至不可接受水平，运行风险高。

（8）国内关于油气管道判废问题的研究尚处于起步阶段，资源、市场和运行经济性问题则应根据不同地区管道的调配和输送能力具体考虑。

附录 A 建设期管道完整性管理失效控制导则

1 范围

本导则适用于管道系统建设期管道完整性管理的失效控制的内容。

本导则适用于建设期管道线路在预可行性研究、可行性研究、初步设计、施工图设计、施工和投产试运行各阶段的管道完整性管理失效控制。

2 规范性引用文件

下列文件中的条款通过本标准的引用而成为本标准的条款。凡是注日期的引用文件，其随后所有的修改单(不包括勘误的内容)或修订版均不适用于本标准，然而，鼓励根据本标准达成协议的各方研究是否可使用这些文件的最新版本。凡是不注日期的引用文件，其最新版本适用于本标准。

a) 中华人民共和国管道保护法

b) 中华人民共和国安全生产法

c) 中华人民共和国环境保护法

d) 输气管道工程设计规范(GB 50251)

e) 输油管道工程设计规范(GB 50253)

f) 输气管道系统完整性管理(SY/T 6621)

g)《建设项目竣工环境保护验收管理办法》(国家环境保护总局令第 13 号，2002)

h) 输油(气)钢质管道抗震设计规范(SY/T 4050)

i) 油气长输管道工程施工及验收规范(GB 50369)

j) 石油天然气管道跨越工程施工及验收规范(SY/ 0470)

k) 油气长输管道工程施工及验收规范(GB 50369)

l) 输气管道工程设计导则(GJX/QHSE/ZY7. 02. 08)

m) 输气管道工程线路阀室设计规定(CDP-G-GP-OP-006-2009B+)

n) 输气管道安全仪表系统设计规定(CPE 西南分公司)

3 术语和定义

下列术语和定义适用于本标准。

3. 1 建设期管道 Constructing Pipeline

是指从预可行性研究到投产试运 72 小时结束之间的管道。

3. 2 建设期管道完整性管理 Pipeline Integrity Management During Construction

是指针对建设期管道的完整性管理活动，通过在建设期各阶段实施风险识别和控制等技术手段，识别出管道在运行中可能存在的风险，在建设期各个阶段采取合适的风险控制措施，从而在建设过程中将风险控制在可控范围，保证管道本质安全，保证管道在建设期结构和功能完整，从而满足今后管道安全运营和管理需求的管理活动。

3.3　失效控制 Failure control

是指针对失效模式，失效原因和影响因素提出防止失效的措施，即对失效的风险进行控制。

3.4　管道失效

是指管道设备设施、仪器仪表、机械部件以及构件等失去了应有的功能的现象。

3.5　"三同时"

是指凡是新建、改建、扩建的建设项目(工程)，技术改造项目(工程)及引进的建设项目，其劳动、安全、卫生、环境、消防设施等必须符合国家规定的标准，必须与主体工程同时设计、同时施工、同时投入生产和管理。

4　建设期管道完整性管理的原则

1）建设期管道完整性管理应贯穿于预可行性研究、可行性研究、初步设计、施工图设计、施工、投产试运的全过程；

2）应把完整性管理的理念、要求和循环要素作为管道建设各阶段优选、决策的依据；

3）风险评价应是建设期管道完整性管理的重要组成部分，风险识别和分析评价应有效执行；

4）应保证建设期管道数据的完整性；

5）根本任务是控制和预防运行后的管道系统失效；

6）应建立管道失效数据库，数据库内容包括失效的过程、后果、原因、整改措施、教训分享等，并具备查询、统计、分析功能，作为管道建设期完整性管理的重要依据；

7）关注以往运行期管道出现的重大问题以及重复发生的失效问题，并进行有效的分析和论证，在设计阶段加以控制，提前落实防控措施；

8）建设期各阶段削减和控制风险的各项措施得到落实。

5　建设期管道完整性管理失效控制内容

5.1　预可行性研究阶段和可行性研究阶段

5.1.1　一般要求

1）高后果区评价。应在水土保持方案报告、环境影响评价、地震安全性评估、安全性预评价、职业危害预评价、矿产压覆评价、地质灾害危险性评价等报告的基础上，识别出可能的威胁、地区安全等级和管道沿线的高后果区，开展高后果区评价，提出高后果区分析报告(格式和要求见本标准附件C)，确定管道路由走向，控制点位置及技术方案，提出路由优选报告(格式和要求见本标准附件D)。

2）环境敏感区评价。根据安全、环境保护的要求，开展管道沿线环境调查，识别管道涉及的安全、环境敏感区，开展管道穿越安全、环境敏感区合规性分析，涉及环境敏感区的，应采取避绕措施，确实无法避绕的，及时办理有关许可程序，采取切实可行的强制措施，减少环境影响，此项结论作为优化完善项目选址、路由的重要依据。

3）遵照《中华人民共和国安全生产法》的要求，详细论述和落实建设项目安全生产设施"三同时"的要求。

4）遵照《建设项目环境保护管理条例》、《建设项目竣工环境保护验收管理办法》（国家环境保护总局令第13号，2002），执行建设项目与环境保护设备同时设计、同时建设、同时投入使用的原则，详细论述和落实"三同时"的要求

5）根据国家有关规定提出相关的审查性文件和资料，是新建管道完整性管理的重要基础数据和资料。列表参见本标准附件B。

6）信息技术应用于工程项目管理和建设期完整性数据管理。明确信息技术在管道建设中的应用，同时考虑信息系统的扩展性和实用性，应按规定开展信息专篇的详细编制，使用工程建设管理系统（PCM）进行项目管理和建设期完整性数据的管理。

7）失效数据库的应用。应充分利用公司管道失效数据库中的失效数据，详细分析以往历史经验教训，详细分析类似管道在运行过程中的风险，在项目前期阶段规避类似风险。

5.1.2　预可行性研究阶段和可行性研究阶段-线路控制要素

1）可研选线

a）对拟选择的不同路由，进行潜在的风险因素进行辨识，不仅要考虑管道运营期的风险，还必须对设计、施工中可能存在的风险进行分析，找出因线路设计可能诱发的各种风险因素，并进行分类整理。

b）依据调研资料，重点针对各类风险因素开展数据采集、整合及分析工作，编制可研报告、国家规定的各项评估报告、初步设计方案等，还需要进行现场踏勘。

c）根据资料开展初步风险评价工作，进行全线的风险识别、评价，确定潜在的风险点和安全隐患，详见本标准附件E。

d）可研阶段选线报批件应在最新版行政区域地图上标注出管道、站场的具体位置。

e）线路路由选择应周密细致地进行评估，避免出现严重违反国家、省市沿线有关规定的路由，或者明显不考虑安全后果的路由选择方式，对可研通过有否定性的意见。

2）复杂地段设计考虑基于应变设计。明确地震断裂带、黄土塬、冻土、山区河谷等复杂地段的管道基于应变设计方式，按照高后果区和高风险地段的分布，每一段要有针对性地开展工作。

3）区域阴极保护和排流设计。明确管道阴极保护方式，包括区域阴极保护的设计原则、线路阴极保护杂散电流防护设计的原则，明确在选线、与其他设施并行时的阴极保护等级和方式。

4）明确阀室场站选择的距离要求，避绕地质灾害和人口经济发展地段。

5）管材和性能失效控制参数优选。明确管材、管件、管型的选择和方式，考虑长期服役后的时效和性能退化将影响使用，提出管材延性断裂的控制指标，以及管材失效与控制措施，提出直缝管和螺旋焊管的使用原则，输送介质对管材的影响分析等。

6）补口材料及工艺控制。提出涂层补口材料、工艺要求以及涂层失效的控制与防范措施。

7）研究泄漏监测、安全预警等技术应用方案。

8）地区等级未来变化的影响。针对沿线可能发生地区等级变化的地段，应考虑地方规划和地区发展的趋势，按地区未来等级开展各项工作。

5.1.3　预可行性研究阶段和可行性研究阶段–场站控制要素

1）场站仪表安全系统（SIL）分级。明确场站自控仪表的风险评价（SIL）安全分级设计和自动控制锁定、保护设计方案。

2）考虑高低压分界点危害因素。明确站场工艺系统高低压分界保护设计方案。

3）雷电危害因素。应明确场站地区的雷暴区环境等级，提出所需要的防范要求和防范方案。

4）人因工程因素。明确场站设计、安装、控制操控等过程环节考虑人因工程的方法，要从工作环境、人机界面与改进、工作负荷和人员绩效、通信系统优化等方面进行设计和安装。

5）管道维抢修机制。明确管道和场站抢维修机制，包括定员、抢修半径、作业能力等。

5.2　设计阶段

5.2.1　初步设计阶段一般规定

1）落实预可研和可研阶段提出的关于管材、线路、场站等的管道各项失效预防及控制措施。

2）要落实七大风险评价报告中提出的控制措施，应对评估结果在设计文件中逐项落实。

3）从设计上落实管道建设项目安全生产"三同时"的要求。

4）从设计上落实建设项目环境保护"三同时"的要求。

5）设计标准选择。设计标准的选择应参照先进标准，结合自身特点选取设计标准和规范，不应选择最低标准作为设计标准。

6）失效数据库用于初步设计。初步设计前应收集类似管道的事故案例以及以往存在的设计缺陷，应充分利用管道失效数据库中的失效数据，详细分析以往历史经验教训和管道在运行过程中的风险，在设计过程中尽量规避类似风险。

7）初步设计的风险评价分析。根据可研阶段的初步风险评价结果分析，查找设计方案中的风险因素，并以此对方案进行调整、修订，最终形成优化的路由方案。

8）数字化管道影像和地图。管道设计时，应收集遥感影像和数字地图，要求参见本标准附件 A

9）采办质量因素。严格采办质量控制，明确材料性能和执行标准，确保材料、设备、工件质量合格。

10）生产准备要求。提前落实生产准备人员，为生产运行创造良好条件，

11）严格遵循相关数据采集办法和规范要求。初步设计阶段应充分考虑管道预可研、可研、初步设计、施工图设计、施工、投产试运各阶段的数据要求和规范，以及应该提交给运行管理者的数据，按《中国石油天然气管道分公司工程建设数据管理办法》执行。

12）遵守当地法律法规。充分考虑是否与施工所在地的法律法规、规章制度、特殊规

定发生冲突。大中型河流、公路、铁路的穿跨越位置是否满足当地主管部门和规划部门的要求。

13）进一步落实运行调峰和应急措施，核实管道运行调峰及应急方案。

5.2.2　初步设计阶段-线路设计控制要素

1）落实高后果区控制措施。初步设计阶段应符合预可行性研究和可行性研究阶段的批复文件要求，进一步识别出管道沿线高后果区段，应把高后果区分析结果作为线路走向优选的一项重要条件，尽量减少高后果区管段；对于无法通过设计规避的高后果区管段应根据实际情况和存在的危害，增加危害的监测、检测以及后果控制等的硬件性设计，及时提出运行维护建议、注意事项和应对措施等。

2）落实高风险段控制措施。初步设计的审查过程应充分考虑高后果区段和高风险段的影响，采取切实可行的措施规避风险，风险规避不了的，则采取削减风险的措施。

3）初步设计阶段应提出事故应急工况下的安全措施，包括应急措施、维抢修措施等。

4）初步设计阶段应比选管道走向的路由，并根据线路阀室、大中型穿跨越等的具体情况，分别进行埋地管道设计、穿跨越工程设计、防腐蚀工程设计及附属工程设计。

5）泄漏监测和预警技术应用。考虑第三方破坏预警和泄漏的风险，增加技防措施，考虑应用泄漏监测技术和安全预警技术。

6）高后果区和高风险地段开展基于应变设计。对高后果区和高风险段要有针对性的设计，在地震断裂带、黄土塬、冻土、山区河谷等复杂地段，管材敷设设考虑基于应变设计的方法，在关键地段可采用基于应变的设计。

7）风险源识别和削减。初步设计阶段应识别出运行过程中可能出现的风险源、可能发生事故的后果、事故的概率、采取的措施，考虑需要的安全投入成本。

8）管道可检测性和可维护性设计。初步设计应考虑管道运行阶段的内检测和可维护问题，重点考虑收发球设施、场地空间、工艺流程、弯头管件的曲率半径等满足内检测要求，保证可检测性和可维护性。

9）断裂失效控制设计。初步设计中给出管材、管型的选择方式，提出相应的管材延性断裂的失效与控制措施，明确焊接工艺以及直缝管、螺旋焊管的使用原则。

10）补口和杂散电流排流设计。防腐方面，重点考虑穿跨越、隧道、钢套管的腐蚀防护问题，重视杂散电流的排流设计，选择适用性较强的补口材料，并提出施工质量、补口质量的控制性措施要点。

11）线路风险评价的要求。线路设计阶段，要进行详细的风险评价，要提出山体隧道、大型河流穿越的地质勘察方案、设计方案。

12）具体控制要点，见 5.2.2.1。

5.2.2.1　线路初步设计控制要点（包括但不局限于此）

1）线路走向避开穿越居民区、文物保护区、矿藏开采区，线路尽可能取直，穿跨越尽可能少。

2）地震断裂带设计，采用特殊断面的管沟，考虑地区等级增大管道壁厚，考虑基于应变的设计。

3）阀室位置和结构设计

　　a）阀室的地势应不低于周围环境；

　　b）避开管道埋深易超深地段（沟渠或道路等附近）；

　　c）明确线路施工设计要求；

　　d）线路局部走向服从阀室选址；

　　e）阀室放空管的高度应高于周围的建筑物，确定合适的高度；

　　f）GOV 阀采用阀井结构，有利于阀门的保养与维护；

　　g）阀室排水内涝问题，考虑排水系统设计，并需有效解决；

　　h）GOV 引压管安装位置，应避免安装在主干线，宜安装在旁通线上；

　　i）阀井盖板宜采用采用网状钢结构；

　　j）与干线相连的各种管子，设计时应避免阀室的整体沉降对其影响。

　　4）河流大开挖埋深设计。应与地方水利部门充分结合，河底开挖埋深的深度应大于清淤的深度要求。

　　5）管道穿越沟渠设计。应考虑与当地农田水利灌溉、沟渠整治日常作业，采取增加埋深或采取管道外加套管设计、光缆防护设计等措施，避免伤及管道和光缆。

　　6）人口密集区警示设计。考虑在人口经济活动密集区域设置安全警示带。

　　7）管道上游水库泄洪设计。对于穿越河渠和在河道内铺设的管段，上游附近有水库的，应考虑提高防范等级，采取增加压重块的设计方法。

　　8）安全预警设计。考虑第三方预警和泄漏的风险，采取安全防范措施，在设计时应考虑泄漏检测系统和安全预警系统，提高技防水平。

　　9）防止重车碾压设计。针对二、三级乡村公路，可能出现车流量的增加，公路等级可能要发生变化，应按照在目前等级的基础上高一个等级设计管道穿越，套管防护，避免重车碾压。

　　10）地质灾害防控设计。对地质灾害专项评价成果，线路设计时高度重视，对于每一处灾害型地质，需要做出灾害型地质的防范措施，要从监测、防范、绕避等进行设计配套。

　　11）管道路由设计。管道路由尽量取平，取直，减少转角。但有时为了躲避障碍物不得不转角时，应尽可能减少水平转角。

　　12）管道路由设计。管道路由选择时适当靠近公路，便于设备进场，便于社会依托。

　　13）管道穿越河流走向设计。河流穿越应选择在河段平直、两岸开阔、河床稳定、水面较窄的地段。与其他施工方案进行经济、工期、质量等方面的对比。穿越设计应考虑该地段的历史水文资料。

　　14）大开挖穿越应有稳管和水工保护措施。

　　15）定向钻穿越设计。定向钻穿越应核查曲线的布置是否合理，入、出点选择是否适当，两岸有无足够的施工场地，定向钻穿越径向屈曲失稳应核算是否符合规范要求。

　　16）水下隧道穿越的竖井设计应核查位置是否合适，是否满足当地水务部门和规划部门的要求。

　　17）隧道设计。山体隧道设计应核查进洞方向、洞口位置、衬砌型式选择是否合理，地质条件是否适合。

　　18）穿越设计应核查对环境保护的影响，有无认真的论述和适宜的措施，是否与周围环境相协调。

19）穿越设计。施工阶段穿越管道通过的地层设计应核查是否适宜此穿越方式，埋深是否符合规范要求。

20）采空区设计。线路经宜绕避采空区，若管道绕避采空区困难，应进行专题研究，对采空区应调研采空区的采矿性质、所属单位、采空范围、采矿深度、矿产走向、分布范围、发展规划、保安矿柱的分布等情况。

21）活动断裂带设计。管道通过活动断裂带时应按照管道抗震规范的方法进行变形校核，应适当加大壁厚；可选用应变能力强的钢管穿越断裂带；通过断裂带及其过渡带时，应避免使用弯管等管件，断裂带两侧的过渡段范围内的管道宜采用弹性敷设方式；在断裂带两侧过渡段，通过计算确定的范围内，管沟尺寸应适当放大，并采用非黏性松散的砂料进行管沟回填；管道与活动断裂带的交角应根据断裂带的特性确定，原则上不应使管道受压。

22）补口设计。补口材料与直管段防腐层的剥离强度（附着力）应不低于《埋地钢质管道聚乙烯防腐层技术标准》（SY/T 0413）或《埋地钢质管道双层熔结环氧粉末外涂层技术规范》（Q/CNPC 38）中表3的要求，其结构与性能接近的材料优先选择，三层挤压聚乙烯防腐层应选用三层结构聚乙烯热收缩带/套补口，定向钻穿越应采用带牺牲套的聚乙烯热收缩套补口或定向钻穿越专用热收缩套。

5.2.3 初步设计阶段–场站设计要求

1）初步设计应根据可研分析结果，考虑人因工程方法在控制室、工艺区的应用，在人员误操作风险较高区域，采用人因工程的设计方法。

2）站场区域阴极保护、滨海地区防腐蚀设计。初步设计应考虑区域阴极保护的设计、线路干扰段阴极保护杂散电流防护排流设计，明确在选线、与其他设施并行时的阴极保护等级和方式。重点制定沿海、大港地区工艺管线的腐蚀控制措施，预防氧浓差腐蚀情况的发生。

3）场站雷电防护设计。场站的初步设计要充分考虑沿线雷电区的雷暴等级，开展防雷接地、自控电气综合性设计。

4）场站风险评价。初步设计时明确开展场站的危险和可操作性（HAZOP）分析、QRA分析，引入并采用科学的、可量化的设计评估方法，提高设计评估质量，减少人为因素，加深初步设计的内容和深度，使初步设计可以达到HAZOP分析的深度，提高设计质量，同时有效减少变更。

5）场站安防设计。场站的安防系统，考虑振动电缆、微波预警、光纤预警等实用、可靠的安防技术。

6）具体控制要点，见5.2.3.1。

5.2.3.1 场站初步设计控制要点（包括但不局限于）

1）站区选择设计

a）管道站区、储库区位置选择，应避开土崩、断层、滑坡、沼泽、流沙、泥石流或高地震烈度等不良地质上。

b）严格遵循选站原则，以线路顺畅、工艺合理为前提，充分重视站场的防洪排涝、交通、地质以及供水、供电、通信和生活依托条件。

c）合理确定站场标高，确保站内雨水排放通畅。

d）站场内生活污水和雨水排放，设计时考虑达标排放、合规排放。

2）站区安全设计

a）重视站场运行控制的安全性，在细节设计上进行人员防护设计、环境保护设计、检测点的设置、安全系统设计、应急供气的安全性设计等。

b）重视工艺区安全设计，要考虑输气站场爆炸危险区域划分、站场放空系统的安全设计、站场工艺系统高低压分界的安全保护需要识别和防范。

c）工艺区与控制室窗户设计。采取有效设计措施解决站控室的玻璃窗户正对工艺区的安全问题，站场建筑在面向装置区一侧取消窗户和玻璃，按防爆墙设计，常规设计的窗户位置改为实体墙。

d）定量风险评估（QRA）安全距离。针对天然气站场的实际爆炸影响范围远大于国内相关设计规范的安全距离的要求，按照 QRA 分析的结果，最大限度保护人员的安全，对控制室和办公室、站内生活区与工艺区的安全距离进行有效设置。

e）场站安防技术的应用。设计时要综合考虑地区安防环境，采用振动电缆、微波、光纤等安防技术，选取适合的技术，防止外界入侵。

f）消防设计。充分考虑消防设施和消防通道，采用安全距离法，即埋地管道与周围构筑物保持一定的距离，预留消防通道和防火门。

3）阴极保护设计

a）站场区域阴极保护设计问题。参照美国腐蚀工程师协会 NACE 0169《地下或水下金属管线系统外腐蚀控制的推荐做法》标准，对站内埋地管线与干线埋地管线一样，施加区域阴极保护，杜绝阴极保护接地的铜包钢问题。

b）压缩机出口温度过高的防腐设计。要充分考虑出口温度，在出口管道处采取抗高温、抗老化的防腐层。

c）滨海地区氧浓差腐蚀控制设计。针对沿海地区的管道氧浓差腐蚀，在区域腐蚀调查研究的基础上，设计时考虑使用超常规涂料。

4）控制系统设计

a）电缆沟可燃气监测。针对场站电缆沟窜气，考虑在电缆沟内埋设设计可燃气体探头，可有效监控电缆沟的可燃气体泄漏和窜气。

b）将 ESD 阀设在距离工艺设备区 10m 之外，保证进出站 ESD 阀本身的安全，以便发生事故时紧急关断。

c）站场综合值班室和线路截断阀室设计充分考虑防火（防爆）要求。

d）站场雷击防护设计。按照场站防雷整体设计，以及信号屏蔽接地处理和等电位设计的要求，综合考虑戈兰、防爆挠性软管的选择，解决信号电缆的屏蔽层二端接地问题。

e）站场安全仪表系统（SIS）设计问题。针对站场 SIS 系统安全等级，对典型站场开展安全控制完整性等级评估，要对系统中核心单元控制器部分设计按等级划分提高要求，要对系统中的检测、执行单元等部分的设计按等级进行过程控制，使 SIS 系统整体安全性、可靠性达到 IEC 61511 规定的安全等级要求。

f) 优化站场工艺，简化控制逻辑，提高重要阀门自动远控的可靠性和可用性。

g) 计量站设计压力/流量平衡控制，满足调控中心日指定控制需求。

h) 在各种不同的撬装设备管路中要有过压力保护装置，在排液、积液的液体封闭容器中安装自动液位检测装置。

i) 设计时应考虑实现远程启停空压机，实现压缩空气缓冲罐自动排液。

j) 自控系统出现问题时，能够通过手动保证线路正常运行。

k) 电气设计考虑站场负荷等级，设备选型选材与设备匹配的要求，漏电保护设计合理，场站的防雷和防静电的接地电阻符合要求。

l) 在阀室内部安装可燃气气体探头，对可燃气体进行有效监测。

m) 锅炉房、设备间、控制室、生活等灭火区域，注重火灾检测设备的设施，在覆盖不到同时又风险较大的区域，安装火灾检测和灭火装置。

5) 工艺系统设计

a) 取压监测点及干线连接开口设计。针对管道取压检测点开口和连接方式，避免由于引压管法兰泄漏、取压管嘴泄漏、温度计套管泄漏、清管指示器泄漏的问题，在设计上减少与管道干线连接的开口，工艺连接口部分宜采用焊接，避免法兰和螺纹方式，在与干线相连的任何阀门均应采用焊接的方式连接，优化干线直连的开口数量，并对接口形式实施严格管控。

b) 放空系统设计。放空系统应适时增加出口阀或单向阀，GOV 阀阀腔压力安全放空和执行机构操作放空管线引至阀室外。对于放空系统，在立管和弯管入地接合部位，增加放空管前端阀门的密封性泄漏检测点，监测是否有天然气泄漏。

c) 放空点火火炬设计。在放空管可能出现逆流的地方或会发生压力突变的地方设计安装止回阀。应在放空火炬或任何有天然气排放处加装天然气的流量计量和遥测装置，设计闭路电视监视下火炬的远程遥控点火。

d) 放空管高度设计。综合考虑站场区域的放空环境，合理设计部控放空系统，综合考虑周边构筑物高度，选择合适高度，避免因放空管高度偏低、气压过低时形成闪爆区域。

e) 站旁通 GOV 阀开、关功能设计。增加站旁通 GOV 阀开、关功能，可根据站进、出口压差自动开启，实现站 ESD 紧急截断后，站旁通 GOV 阀自动开启，保证向下游连续供气。

f) 高低压分界点设计。新建项目对设计图纸中工艺阀门的控制状态和阀位要求进行明确标识，合理进行阀的压力、数量、密封形式选择及布置，对压力分界点进行逐一标识。

6) 压缩机系统设计

a) 压缩机故障诊断系统配置。往复式和离心式压缩机组设计时，应在设计时加装压缩机故障诊断监测系统。

b) 压缩机配管刚度设计。往复式压缩机前后的配管设计，应考虑压缩机整体刚度的要求，合理确定进出口管道的壁厚，避免安装后，前后配管的刚度不满足要求，出现振动超标的问题。

5.3 施工图设计阶段

1) 施工图设计要落实管道初步设计提出的各项失效控制措施，并将其在施工图中明确标识。

2）施工图设计应满足今后完整性检测设施的要求。

3）施工图设计应提出穿跨越、水工保护等特殊工序的施工要求，包括质量、尺寸、检测等。

4）线路设计变应考虑对高后果区的再分析和模拟风险的再评价，并提出相应预案。

5）施工图设计阶段的数据应及时录入 PCM 数据管理系统，安全措施、要求及预案也应及时存入数据管理系统。

6）施工图设计阶段，建设单位或监理单位应组织施工交底，相关的纪要、记录、变更等应及时存入数据管理系统。

5.4　施工阶段

1）在施工阶段应对施工过程进行风险识别，识别出在施工过程中所采用的方法、设备对今后管道运行可能产生的风险或威胁，并提出相应预案。

2）管道施工阶段严控母材和防腐层受损。管道施工阶段应重点考虑保证管道运输、吊装、下沟、组焊、填埋过程中的管道本体材料的完整性，保证防腐层的完整性，防止损伤发生。

3）施工阶段应对施工过程中的环境保护提出要求。

4）施工阶段应加强施工工序质量控制，搞好施工现场管理。

5）施工阶段的变更应在遵守工程变更流程的基础上，考虑对今后运行安全的影响。

6）施工阶段应合理安排打压试验，应制定合理的防护措施，保证员工和公众在试压期间的绝对安全，应详细分析打压试验风险，在高程起伏较大的地区制定控制措施。

7）施工阶段应合理安排清管扫线、干燥方式，保证管道内部内涂层的安全，保证管道内部水露点在标准范围内。关注清管时间段的压力变化和卡堵，作好记录。

8）冬季试压施工水要求。针对在冬季投运的设备设施，严格制定水试压方案，严防干燥后遗留水冻堵、损伤设备情况发生。

9）管线运行管理人员进入岗位。

10）竣工资料应及时、真实、有效填报，提交固定资产移交表。

5.5　投产试运行阶段

1）试运行阶段前应按要求对管道进行水露点检测、检漏，设备调整、校验、润滑、清洁及防腐后应满足投产要求。

2）在试运投产阶段，严密关注已焊接管道可能出现的泄漏风险，重视试压与投产进气间隔时间段内的线路变化和第三方破坏风险，采取措施削减风险，如时间间隔过长，则采取第二次试压等措施。

3）投产前应对所有重要阀门进行养护，按照公司阀门养护标准和管理规定进行。

4）试运行阶段前应识别出试运行过程中可能出现的风险，并提出相应的预案。

5）试运行阶段应编制事故维抢修应急预案。

6）试运行阶段应对处于高后果区管段进行重点检查和监控，做好安全保护工作。

7）在试运行阶段，投运单位应组建试运行投产保架队伍，人员工种配备齐全，抢修机具配备整齐，随时待命。

8）试运行应在安全可靠的前提下进行，不能超过厂家提供的设备正常运行工况。

9）试运行应尽量减少对生态环境的影响，并提出相应的安全环境保护措施。

10）采集压缩机投运数据。针对压缩机组投运，应采集投产试运 72 小时内的机组振动数据，包括机组前后配管、阀门、压缩机本体关键部件的数据。

11）试运行应根据管道的实际情况，运行人员就位，按投运后管道维护的标准进行维护、巡线，并对运行人员开展相应的培训。

12）在试运行阶段，为了保证试运成功，及时组织预验收，重点检查单机、通信、电气、自控等系统的设备，确保所有设备具备投产条件。

13）建立完备的安全体系、人员组织和规章制度。

5.6 数据管理

1）建设期管道数据管理参照《管道工程建设数据采集内容规定（试行）》要求执行。

2）数据录入由专人负责、专人核实、专人管理，并与竣工资料充分整合。

3）考虑项目管理 PCM 系统与运行系统的兼容性，并进行接口。

4）强化数据采取现场、数据填报和信息录入的培训。

5）数据管理使用的数据服务器硬件培植满足项目扩展的需求。

6）数据备份要定期开展。

7）竣工验收前，运行开始，建设单位将 PCM 数据库与竣工资料一并提交业主单位。

6 报 告

建设期管道开展管道完整性管理失效控制在各重要环节和项目竣工验收中应至少提供以下报告：

1）在预可行性研究、可行性研究和设计阶段提交高后果区分析与路由优选报告、模拟风险评价报告，见本标准附件 C、D、E。

2）在投产试运行阶段提交完整性评价报告，完整性评价报告总结投产阶段的总体情况，包括概况、资产的现状分析、风险识别与评价、提出的问题，解决的措施以及计划安排等，见本标准附件 F、G。

附件 A（资料性附件） 建设期管道完整性遥感影像和数字地图要求

A.1 术语和定义

下列术语和定义适用于本标准。

A.1.1 WGS84 坐标系统 WGS84 Coordiante System

WGS84 坐标系是一种国际上采用的地心坐标系。坐标原点为地球质心，其地心空间直角坐标系的 Z 轴指向国际时间局（BIH）1984.0 定义的协议地极（CTP）方向，X 轴指向 BIH1984.0 的协议子午面和 CTP 赤道的交点，Y 轴与 Z 轴、X 轴垂直构成右手坐标系，称为 1984 年世界大地坐标系。

A.1.2 西安 80 坐标系统 XIAN80 Coordiante System

1980 年国家大地坐标系采用地球椭球基本参数为 1975 年国际大地测量与地球物理联合

会第十六届大会推荐的数据。该坐标系的大地原点设在我国中部的陕西省，故称 1980 年西安坐标系，基准面采用青岛大港验潮站 1952~1979 年确定的黄海平均海水面（即 1985 国家高程基准）。

A.1.3　数字地图 Digital Map

数字地图是存储在计算机的硬盘、软盘、光盘或磁带等介质上的，地图内容是通过数字来表示的，需要通过专用的计算机软件对这些数字进行显示、读取、检索、分析。

A.1.4　GPS（Global Positioning System）

全球定位系统（GPS）是英文缩写 NAVSTAR/GPS 的简写，全名应为 Navigation System Timing and Raging/Global positioning System，即"授时与测距导航系统/全球定位系统"，具有全球性、全天候、连续的三维测速、导航、定位与授时能力，有良好的抗干扰性和保密性。

A.1.5　GPS 控制点 GPS Control Point

在进行 GPS 测量时用来约束测量区域内其他点坐标的基准点，通常精度等级要高于被控制点的设计精度指标。

A.1.6　DEM

数字高程模型（Digital Elevation Model）

A.1.7　RTK

GPS 实时动态测量（Real Time Kinematic）

A.1.8　PPK

GPS 后动态测量（Post-Processing Kinematic）

A.2　数据要求

A.2.1　数据格式及坐标系统要求

1）要求数字地图文件为 ArcGIS GeoDatabase 格式。

2）要求遥感影像为 GeoTiff 格式。

A.2.2　数字地图要求

A.2.2.1　250000 数字地图

1）应覆盖管线（含支线）两侧至少各 50km 范围。

2）地图应至少包含行政区划、公路、铁路、水系、居民地、等高线、DEM 数字高程等基础地理图层。

3）数字地图标准依据国家同比例尺地图的分层、属性、编码标准。

A.2.2.2　1：50000 数字地图

1）应覆盖管线（含支线）两侧至少各 10km 范围。

2）地图应至少包含行政区划、公路、铁路、水系、居民地、建筑物、土地及植被、地震带、等高线、DEM 数字高程等基础地理图层。

3）数字地图标准依据国家同比例尺地图的分层、属性、编码标准。

A.2.2.3　1：5000 数字地图

1）应覆盖管线（含支线）两侧至少各 2km 范围（配合遥感影像）。

2）一般由遥感图数字化生成，过程如下：

a）依据遥感图，对中心线两侧各200m范围内的建筑、伴行路、乡村路、水系、穿跨越等分层完成数字化；

b）对遥感图全图的等级医院、消防队、公安局及乡级以上公路、铁路、重要河流、水源等分层完成数字化；

c）交通、水系等地理数据应建立拓扑关系，以满足道路路网分析、河流流向分析的要求。

3）应提供覆盖管线（含支线）两侧至少各2km范围（配合遥感影像）的DEM数据。

A.2.2.4 1：2000数字地图

1）用于标注管道中心线及管道设施数据。

2）管道中心线测量应在管道下沟后、回填前进行，采用全站仪测量或者GPS测量方式（RTK、PPK）测量管顶经纬度及高程。

3）测量要素主要包括焊口、三通、弯头、管道开孔、阀门、管道三桩等。

A.2.3 遥感影像要求

A.2.3.1 遥感影像种类

可应用的遥感影像种类包括卫星遥感影像和航空摄影影像。

A.2.3.2 遥感影像精度要求

针对不同人口密度的地区，遥感影像分辨率要求不同，对于三、四级地区，遥感影像应能够清晰地显示出建筑物轮廓。对遥感影像的要求见表A.1。

表A.1 对遥感影像的要求

地区等级	分辨率	覆盖宽度	拍摄日期
四级地区	≤1m	两侧各3km	≤2年
三级地区	≤1m	两侧各2km	≤2年
二级地区	≤2.5m	两侧各2km	≤5年
一级地区	≤5m	两侧各2km	≤5年

注：地区等级的划分方法按照GB 50251《输气管道工程设计规范》执行。

A.2.3.3 遥感影像订购技术参数要求

在订购遥感影像时，应符合以下技术参数要求：

1）云量：<20%；

2）拍摄角度（垂向夹角）：<30°；

3）地图投影：UTM投影；

4）椭球体：WGS84；

5）数据格式：GeoTiff。

A.2.3.4 遥感影像精纠正实际地面误差要求

未经精纠正遥感影像产品与地面的实际误差较大，卫星影像应在使用前进行精纠正，纠正可采用DEM正射纠正、通过大比例尺（如1：10000）地图纠正、地面控制测量纠正等方法。长输管道经过的地区是一个狭长的带状影像，管道管理关注管道中心线附近的地区，即距离管道中心线越近，精度要求越高，距离管道中心线越远，精度要求越低。在进行地面控制测量时，在满足控制测量要求的前提下，应将测量点（像控点）部优先布署在管道中心线附近。

精纠正后遥感影像与实地平面误差要求见表 A.2。

表 A.2　遥感影像与实地平面误差精度要求

卫星影像等级（分辨率）	精度要求（平面误差）		
	距离中心线 0~200m 区域	距离中心线 200m~1km 区域	距离中心线>1km 区域
0m<分辨率≤1m	≤2m	≤3m	≤5m
1m<分辨率≤2.5m	≤4m	≤6m	≤10m
2.5m<分辨率≤5m	≤10m	≤10m	≤10m

A.2.4　GPS 控制点的要求

1）应沿着管道建立 GPS 控制点，在管道建设期间用于管道放线及管道测量期间临时基准点的埋设间距、埋设方法、测量方法等，执行 GB 50251《输气管道工程设计规范》。

2）在管道线路竣工后，选择基础稳定并易于保存的地点，如站场、阀室建立永久 GPS 控制点，永久 GPS 控制点间距在 10~30km 之间。

3）点位应便于安置接收设备和操作，视野开阔，视场内不应有高度角大于 15°的成片障碍物，否则应绘制点位环视图。

4）点位附近不应有强烈干扰卫星信号接收的物体。理论上点位与大功率无线电发射源（如电视台、微波站等）的距离应不小于 400m；与 220kV 以上电力线路的距离应不小于 50m。

5）埋石规格参考国家 D 级 GPS 控制点要求，埋设的控制点应注意保护，避免被意外移动。

6）要求达到国家 D 级 GPS 控制点精度。

7）选定的点位及控制测量所引用的国家控制网点应标注于 1:10000 或 1:50000 的地形图上，并绘制 GPS 控制网选点图。

8）应提交 WGS84 和西安 80 两种坐标系下的点位坐标成果，同时提交作业引用的国家控制网点坐标成果。

附件 B（资料性附件）　审查（处理）文件

1）管道沿线各省、直辖市、自治区建设规划管理部门对本管道工程建设规划选址的审查意见；

2）管道沿线各省、直辖市、自治区国土资源管理部门对本管线工程建设项目用地规划的预审查意见；

3）国家环保总局管理部门对本管道工程环境影响评价报告的审查意见；

4）国家地震总局管理部门对本管线工程场地地震安全性评价报告的审查意见；

5）国家相关管理部门对本管道工程安全预评价报告的审查意见；

6）国家相关管理部门对本管道工程地质灾害评价报告的审查意见；

7）国家水行政部门与地方对本管道水土保持评价报告的审查意见；

8）国家相关管理部门对本管道职业危害预评价的审查意见；

9）管道沿线矿区管理部门对矿产压覆评价报告的审查意见；

10）水务管理部门的防洪评价报告的审查意见；

11）国家、省、市级自然保护区管理部门对管线通过各类保护区区域的处理意见；

12）国家、省、市级文物管理部门对管线通过文物保护区区域的处理意见；

13）管道沿线军事管理部门对管道经过军事区域的处理意见；

14）国家、省、市林业管理部门对管线通过林区的处理意见。

附件 C（资料性附件）　高后果区分析报告

封面

目录

编制说明

前言

C.1　概述

　1）HCA 评价的依据

　2）管道及工艺概况

C.2　基础地理数据分析

　1）人口状况统计分析

　2）交通状况统计分析

　3）仓库工厂统计分析

　4）河流水源统计分析

　5）地上设施统计分析

　6）埋地设施统计分析

　7）外部油气管道统计分析

C.3　管道威胁因素分析

　1）外腐蚀缺陷分布分析

　2）内腐蚀缺陷分布分析

　3）地质灾害分布分析

　4）施工及制造缺陷状况分析

　5）第三方破坏情况分析

　6）误操作情况分析

　7）打孔盗油情况分析

C.4　区域等级评价

C.5　HCA 评价

C.6　措施及建议

C.7　附录

C.8　附件

附件 D(资料性附件) 路由优选报告

封面
目录
编制说明
前言

D.1　概述
D.2　基础地理数据分析
　1)人口状况统计分析
　2)交通状况统计分析
　3)仓库工厂统计分析
　4)河流水源统计分析
　5)地上设施统计分析
　6)埋地设施统计分析
　7)外部油气管道统计分析
D.3　水土保持方案报告分析
D.4　环境影响评价分析
D.5　地震安全性评估分析
D.6　安全性预评价分析
D.7　职业健康卫生预评价分析
D.8　地质灾害危险性评价分析
D.9　河流防洪评价分析
D.10　路由优选建议
D.11　附录
D.12　附件

附件 E(资料性附件) 选线的风险评价报告

封面
目录
编制说明
前言

E.1　概述
E.2　管道分段
E.3　管道危险识别
E.4　管道风险评价
E.5　风险分析
E.6　风险控制建议
E.7　附录
E.8　附件

附件 F(资料性附件) 施工风险评价报告

封面
目录
编制说明
前言
F. 1 概述
F. 2 施工危险识别
F. 3 施工风险评价
F. 4 施工风险分析
F. 5 施工风险控制建议
F. 6 附录
F. 7 附件

附件 G(资料性附件) 完整性评价报告

封面
目录
编制说明
前言
G. 1 概述
G. 2 完整性评价方法
G. 3 完整性评价数据采集
G. 4 完整性评价
G. 5 完整性分析
G. 6 完整性评价建议
G. 7 附录
G. 8 附件

附录 B　管道设计及施工验收规范

管道设计施工、验收标准规范

序号	标准号	标准名称	实施日期	被替代标准	备注
一、基础标准					
安全技术法规、规程类					
1	中华人民共和国国务院令第 549 号	特种设备安全监察条例	2009-5-1	2003 年 3 月 31 日发布的国务院令第 373 号	
2	劳部发〔1996〕140 号	压力管道安全管理与监察规定	1996-7-1		
3	劳部发〔1996〕276 号	蒸汽锅炉安全技术监察规程	1997-1-1	1987 年 2 月 17 日颁布的《蒸汽锅炉安全技术监察规程》(劳人锅〔1987〕4 号)	
4	劳锅字〔1997〕74 号	热水锅炉安全技术监察规程			
5	劳部发〔1993〕356 号	有机热载体炉安全技术监察规程			
6	TSG D0001—2009	压力管道安全技术监察规程——工业管道	2009-8-1		
7	TSG R1001—2008	压力容器压力管道设计许可规则	2008-4-30	2002 年 8 月 14 日国家质检总局发布的《压力容器压力管道设计单位资格许可与管理规则》	
8	TSG 21—2016	固定式压力容器安全技术监察规程	2016-10-1	TSG R0004—2009	
9	建标〔2000〕233 号	工程建设标准强制性条文《石油和化工建设工程部分》	2000-10-18		
10	GB 4962—2008	氢气使用安全技术规程	2009-10-1	GB 4962—1985	
11	GB 6222—2005	工业企业煤气安全规程	2006-7-1	GB 6222—1986	
12	GB 11984—2008	氯气安全规程	2009-12-1	GB 11984—1989	
13	GB 13348—2009	液体石油产品静电安全规程	2009-12-1	GB 13348—1992	
14	GB/T 20801.1—2006	压力管道规范 工业管道 第1部分：总则	2007-6-1		
15	GB/T 20801.2—2006	压力管道规范 工业管道 第2部分：材料	2007-6-1		
16	GB/T 20801.3—2006	压力管道规范 工业管道 第3部分：设计与计算	2007-6-1		

续表

序号	标准号	标准名称	实施日期	被替代标准	备注
17	GB/T 20801.4—2006	压力管道规范 工业管道 第4部分：制作与安装	2007-6-1		
18	GB/T 20801.5—2006	压力管道规范 工业管道 第5部分：检验与试验	2007-6-1		
19	GB/T 20801.6—2006	压力管道规范 工业管道 第6部分：安全防护	2007-6-1		
20	SY/T 5737—2004	原油管道输送安全规程	1995-9-1		
21	SY 6186—2007	石油天然气管道安全规程	2008-3-1	SY 6186—1996 SY 6457—2000 SY 6506—2000	
22	SY/T 6652—2006	成品油管道输送安全规程	2007-1-1		
防火、卫生及环保类					
1	GB/T 3840—1991	制定地方大气污染物排放标准的技术方法	1992-6-1	GB 3840—1983	
2	GB/T 12801—2008	生产过程安全卫生要求总则	2009-10-1	GB 12801—1991	
3	GB 13271—2001	锅炉大气污染物排放标准	2002-1-1	GB 13271—1991 GWPB 3—1999	
4	GB 15603—1995	常用化学危险品贮存通则	1996-12-1		
5	GB 16297—1996	大气污染物综合排放标准	1997-01-01	GBJ 4—1973 GB 3548—1983 GB 4276—1984 GB 4277—1984 GB 4282—1984 GB 4286—1984 GB 4911—1985 GB 4912—1985 GB 4913—1985 GB 4916—1985 GB 4917—1985	
6	GB 50016—2006	建筑设计防火规范	2007-12-1	GBJ 16—1987	
7	GB 50058—1992	爆炸和火灾危险环境电力装置设计规范	1992-12-1	GBJ 58—1983	
8	GB 50073—2001	洁净厂房设计规范	2002-1-1	GBJ 73—1984	
9	GB 50084—2001	自动喷水灭火系统设计规范（2005年版）	2001-7-1	GBJ 84—1985	
10	GB 50160—2008	石油化工企业设计防火规范	2008-7-1	GB 50160—1992	
11	GB 50183—2004	石油天然气工程设计防火规范	2005-3-1	GB 50183—1993	
12	GB 50187—1993	工业企业总平面设计规范	1994-5-1		
13	GB 50338—2003	固定消防炮灭火系统设计规范	2003-8-1		
14	GBZ 1—2010	工业企业设计卫生标准	2010-8-1	GBZ 1—2002	

续表

序号	标准号	标准名称	实施日期	被替代标准	备注
15	GBZ 230—2010	职业性接触毒物危害程度分级	2010-11-1	GB 5044—1985	
16	HG 20532—1993	化工粉体工程设计安全卫生规定	1994-10-1		
17	HG 20571—1995	化工企业安全卫生设计规定	1995-10-1		
18	HG 20660—2009	压力容器中化学介质毒性危害和爆炸危险程度分级	2001-6-1	HGJ 43—1991	
19	HG/T 20667—2005	化工建设项目环境保护设计规定	2006-1-1	HG 20667—1986	
20	SH 3024—1995	石油化工企业环境保护设计规范	1995-7-1	SHJ 24-90	
21	SH 3047—1993	石油化工企业职业安全卫生设计规范	1993-6-1		
管道连接结构类					
1	GB/T 324—2008	焊缝符号表示法	2009-1-1	GB/T 324—1988	
2	GB/T 985.1—2008	气焊、焊条电弧焊、气体保护焊和高能束焊的推荐坡口	2008-9-1	GB/T 985—1988	
3	GB/T 985.2—2008	埋弧焊的推荐坡口	2008-9-1	GB/T 986—1988	
4	GB/T 985.3—2008	铝及铝合金气体保护焊的推荐坡口	2008-9-1		
5	GB/T 985.4—2008	复合钢的推荐坡口	2008-9-1		
6	GB/T 1415—2008	米制密封螺纹	2009-2-1	GB/T 1415—1992	
7	GB/T 7306.1—2000	55°密封管螺纹 第1部分：圆柱内螺纹与圆锥外螺纹	2000-12-1	GB/T 7306—1987	
8	GB/T 7306.2—2000	55°密封管螺纹 第2部分：圆锥内螺纹与圆锥外螺纹	2000-12-1	GB/T 7306—1987	
9	GB/T 7307—2001	55°非密封管螺纹	2001-9-1	GB/T 7307—1987	
10	GB/T 12716—2002	60°密封管螺纹	2002-8-1	GB/T 12716—1991	
二、工程设计标准					
通用标准类					
1	GB 150—1998	钢制压力容器（含 GB 150—1998 第2号修改单 2004-04-01 实施）	1998-10-1	GB 150—1989	
2	GB 50013—2006	室外给水设计规范	2006-6-1		
3	GB 50014—2006	室外排水设计规范	2006-6-1		
4	GB 50028—2006	城镇燃气设计规范	2006-11-1	GB 50028—1993	
5	GB 50029—2003	压缩空气站设计规范	2003-6-1	GBJ 29—1990	
6	GB 50030—1991	氧气站设计规范	1992-7-1	TJ 30—1978	
7	GB 50031—1991	乙炔站设计规范	1992-7-1	TJ 31—1978	
8	GB 50032—2003	室外给水排水和燃气热力工程抗震设计规范	2003-9-1	TJ 32—1978	
9	GB 50041—2008	锅炉房设计规范	2008-8-1	GB 50041—1992	

续表

序号	标准号	标准名称	实施日期	被替代标准	备注
10	GB 50049—1994	小型火力发电厂设计规范	1995-7-1	GBJ 49—1983	
11	GB 50057—1994	建筑物防雷设计规范（2000年版）	2000-10-1	GBJ 57—1983	2011-10-01有新版
12	GB 50074—2002	石油库设计规范	2003-3-1	GBJ 74—1984（1995年局部修订版）	
13	GB 50156—2002	汽车加油加气站设计与施工规范（2006版）	2002-7-1	GB 50156—1992	
14	GB 50177—2005	氢氧站设计规范	2005-10-1	GB 50177—1993	
15	GB 50195—1994	发生炉煤气站设计规范	1994-9-1		
16	GB 50251—2003	输气管道工程设计规范	2003-10-1	GB 50251—1994	
17	GB 50253—2003	输油管道工程设计规范（2006年版）	2006-11-1		
18	GB 50265—2010	泵站设计规范	2011-2-1	GB/T 50265—1997	
19	GB 50316—2000（2008年版）	工业金属管道设计规范（2008年版）	2008-7-1		
20	GB 50351—2005	储罐区防火堤设计规范	2005-7-1	SY/T 0075—2002 SH 3125—2001	
21	GB 50370—2005	气体灭火系统设计规范			
22	HG/T 20519—2009	化工工艺设计施工图内容和深度统一规定	2010-6-1	HG 20519—1992	
23	HG/T 20546—2009	化工装置设备布置设计规定	2010-6-1	HG 20546—1992	
24	HG/T 20549—1998	化工装置管道布置设计规定	1999-1-1	HG 20549—1992	2004年复审继续有效
25	HG/T 20570—1995	工艺系统工程设计技术规定	1996-9-1		
26	HG 20581—1998	钢制化工容器材料选用规定	1999-3-1	HGJ 15—1989	
27	HG 20582—1998	钢制化工容器强度计算规定	1999-3-1	HGJ 16—1989	
28	HG/T 20645—1998	化工装置管道机械设计规定	1999-1-1	CD 42A22—1989	2004年复审继续有效
29	HG/T 20646—1999	化工装置管道材料设计规定	2000-4-1		2004年复审继续有效
30	HG/T 20670—2000	化工、石油化工管架、管墩架设计规定	2001-6-1	HGJ 22—1989	
31	HG/T 20680—1990	化工企业锅炉房设计计算技术规定	1991-5-1		
32	HG/T 20688—2000	化工厂初步设计文件内容深度规定	2001-6-1		

序号	标准号	标准名称	实施日期	被替代标准	备注
33	HG/T 20689—2007	化工装置基础设计深度规定	2008-4-1		
34	SH/T 3003—2000	石油化工合理利用能源设计导则	2001-3-1	SHJ 3—1988	
35	SH/T 3007—2007	石油化工企业储运系统罐区设计规范	2008-5-1	SH 3007—1999	
36	SH 3009—2001	石油化工企业燃料气系统和可燃性气体排放系统设计规范	2002-5-1	SHJ 9—1989 SH 3009—2000	2010 年复审继续有效
37	SH 3011—2000	石油化工工艺装置设备布置设计通则	2001-3-1	SHJ 11—1989	2010 年复审继续有效
38	SH 3012—2000	石油化工管道布置设计通则	2001-3-1	SHJ 12—1989	2010 年复审继续有效
39	SH/T 3013—2000	石油化工厂区竖向布置设计规范	2001-3-1	SHJ 13—1989	
40	SH/T 3014—2002	石油化工企业储运系统泵房设计规范	2003-5-1	SH 3014—1990	
41	SH 3021—2001	石油化工仪表及管道隔离和吹洗设计规范	2002-5-1	SHJ 21—1990 SH 3021—1990	
42	SH 3034—1999	石油化工给水排水管道设计规范			
43	SH/T 3035—2007	石油化工企业工艺装置管径选择导则	2008-5-1	SH 3035—1991	
44	SH/T 3041—2002	石油化工管道柔性设计规范	2003-5-1	SH 3041—1991	
45	SH/T 3051—2004	石油化工配管工程术语	2005-4-1	SH/T 3051—1993	
46	SH/T 3052—2004	石油化工配管工程设计图例	2005-4-1	SH/T 3052—1993	
47	SH/T 3053—2002	石油化工企业厂区总平面布置设计规范	2003-5-1	SH 3053—1993	
48	SH/T 3054—2005	石油化工厂区管线综合设计规范	2006-7-1	SH 3054—1993	
49	SH 3056—1994	石油化工企业排气筒(管)采样口设计规范	1994-12-30		
50	SH 3059—2001	石油化工企业管道设计器材选用通则	2002-5-1	SH 3059—1994	
51	SH/T 3129—2002	加工高硫原油重点装置主要管道设计选材导则	2003-5-1		
52	SH/T 3902—2004	石油化工配管工程常用缩写词	2005-4-1	SH/T 3902—1993	
53	SY/T 0015.2—1998	原油和天然气输送管道穿跨越工程设计规范 跨越工程	1998-8-1	SYJ 15—1985	
54	SY/T 0089—2006	油气厂、站、库给水排水设计规范	2007-1-1	SY/T 0089—1996	
55	SY/T 0305—1996	滩海管道系统技术规范	1997-7-1		

序号	标准号	标准名称	实施日期	被替代标准	备注
56	SY/T 0325—2001	钢质管道穿越铁路和公路推荐作法	2002-1-1		
57	SY/T 10043—2002	泄压和减压系统指南	2002-8-1	SY/T 4812—1992	
58	SY/T 10044—2002	炼油厂压力泄放装置的尺寸确定、选择和安装的推荐做法	2002-8-1		
59	NDGJ 16—1989	火力发电厂热工自动化设计技术规定	1989-12-1	NDGJ 16—1980	
60	DL/T 561—1995	火力发电厂水汽化学监督导则	1995-8-1		
61	DL 612—1996	电力工业锅炉压力容器监察规程	1997-6-1		
62	DL/T 709—1999	压力钢管安全检测技术规程	2000-7-1		
63	DL/T 712—2000	火力发电厂凝汽器管选材导则	2001-1-1	SD 116—1984	
64	DL/T 715—2000	火力发电厂金属材料选用导则	2001-1-1		
65	DL/T 716—2000	电站隔膜阀选用导则	2001-1-1		
66	DL/T 776—2001	火力发电厂保温材料技术条件	2002-2-1		
67	DL/T 850—2004	电站配管	2004-6-1		
68	DL 5000—2000	火力发电厂设计技术规程	2001-1-1	DL 5000—1994	
69	DL/T 5054—1996	火力发电厂汽水管道设计技术规定	1996-10-1	DLGJ 23—1981	
70	DL/T 5072—2007	火力发电厂保温油漆技术规程	2007-12-1	DL/T 5072—1997	
71	DL/T 5121—2000	火力发电厂烟风煤粉管道设计技术规程	2001-1-1	DLGJ 26—1982	
72	DL/T 5174—2003	燃气-蒸汽联合循环电厂设计规定	2003-6-1		
73	DL/T 5366—2006	火力发电厂汽水管道应力计算技术规程	2006-12-17		
74	CJJ 34—2010	城镇供热管网设计规范	2011-1-1	CJJ 34—2002	
75	CJJ 63—2008	聚乙烯燃气管道工程技术规程	2008-8-1	CJJ 63—1995	
76	CJJ/T 81—1998	城镇直埋供热管道工程技术规程	1999-6-1		
77	CJJ/T 88—2000	城镇供热系统安全运行技术规程	2000-10-1		
噪声控制、防静电、隔热、防腐、抗震、夹套类					
1	GB/T 4272—2008	设备及管道绝热技术通则	2009-1-1	GB/T 4272—1992 GB/T 11790—1996	
2	GB 5817—2009	粉尘作业场所危害程度分级	2009-12-1	GB 5817—1986	
3	GB 7231—2003	工业管道的基本识别色、识别符号和安全标识	2003-10-1	GB 7231—1987	
4	GB/T 8174—2008	设备及管道绝热效果的测试与评价	2009-1-1	GB/T 8174—1987 GB/T 16617—1996	
5	GB/T 8175—2008	设备及管道绝热设计导则	2009-1-1	GB/T 8175—1987 GB/T 15586—1995	

续表

序号	标准号	标准名称	实施日期	被替代标准	备注
6	GB 8923—1988	涂装前钢材表面锈蚀等级和除锈等级	1989-3-1		
7	GB/T 8923.2—2008	涂覆涂料前钢材表面处理 表面清洁度的目视评定 第2部分：已涂覆过的钢材表面局部清除原有涂层后的处理等级	2008-9-1		
8	GB 12158—2006	防止静电事故通用导则	2006-12-1	GB 12158—1990	
9	GB 12348—2008	工业企业厂界环境噪声排放标准	2008-10-1	GB 12348—1990 GB 12349—1990	
10	GB/T 21448—2008	埋地钢质管道阴极保护技术规范	2008-8-1	SY/T 0019—1997 SY/T 0036—2000	
11	GBJ 87—1985	工业企业噪声控制设计规范	1986-7-1		
12	GB 50264—1997	工业设备及管道绝热工程设计规范	1997-10-1		
13	HG 20503—1992	化工建设项目噪声控制设计规定	1992-9-1		
14	HG/T 20675—1990	化工企业静电接地设计规程	1990-4-1		
15	HG/T 20679—1990	化工设备管道外防腐设计规定	1991-5-1		
16	SH 3010—2000	石油化工企业设备和管道隔热技术设计规范	2000-10-1	SHJ 10—1990 SYJ 1022—1983	
17	SH 3022—1999	石油化工设备和管道涂料防腐蚀技术规范	2000-1-1	SHJ 22—1990	
18	SH/T 3039—2003	石油化工非埋地管道抗震设计通则	2004-7-1	SH 3039—1991	
19	SH/T 3040—2002	石油化工管道伴管和夹套管设计规范	2003-5-1	SH 3040—1991	
20	SH 3043—2003	石油化工设备管道钢结构表面色和标志规定	2004-7-1	SH 3043—1991	
21	SH 3097—2000	石油化工静电接地设计规范	2000-10-1		
22	SH 3126—2001	石油化工仪表及管道伴热和隔热设计规范	2002-5-1	SHJ 21—1990	
23	SY/T 0017—2006	埋地钢质管道直流排流保护技术标准	2007-4-1	SY/T 0017—1996	
24	SY/T 0032—2000	埋地钢质管道交流排流保护技术标准	2000-10-1	SYJ 32—1988	
25	SY/T 0043—2006	油气田地面管线和设备涂色规范	2007-1-1	SY 0043—1996	
26	SY/T 0061—2004	埋地钢质管道外壁有机防腐层技术规定	2004-7-1	SY/T 0061—1992	
27	SY/T 0063—1999	管道防腐层检漏试验方法	1999-12-1		
28	SY/T 0086—2003	阴极保护管道的电绝缘标准	2003-8-1	SY/T 0086—1995	

续表

序号	标准号	标准名称	实施日期	被替代标准	备注
29	SY/T 0087.1—2006	钢质管道及储罐腐蚀评价标准 埋地钢质管道外腐蚀直接评价	2007-4-1	SY/T 0087—1995	
30	SY/T 0315—2005	钢质管道单层熔结环氧粉末外涂层技术规范	2005-11-1	SY/T 0315—1997	
31	SY/T 0326—2002	钢质储罐内衬环氧玻璃钢技术标准	2002-8-1		
32	SY/T 0379—1998	埋地钢质管道煤焦油瓷漆外防腐层技术标准	1999-10-1	SY/T 0079—1993	
33	SY/T 0415—1996	埋地钢质管道硬质聚氨酯泡沫塑料防腐保温层技术标准	1997-6-1	SYJ 18—1986 SYJ 4015—1987 SYJ 4016—1997	
34	SY/T 0447—1996	埋地钢质管道环氧煤沥青防腐层技术标准	1997-6-1	SYJ 28—1987 SYJ 4047—1990	
35	SY/T 0450—2004	输油(气)埋地钢质管道抗震设计规范	2004-11-1	SY/T 0450—1997	
36	SY/T 0516—2008	绝缘接头与绝缘法兰技术规定	2008-12-1	SY/T 0516—1997	
37	SY/T 4073—1994	储罐抗震用金属软管和波纹补偿器选用标准	1994-10-1		
38	SY/T 4106—2005	管道无溶剂聚氨酯涂料内外防腐层技术规范			
39	SY/T 5919—2009	埋地钢质管道阴极保护技术管理规程	2010-5-1	SY/T 5919—1994	
40	SY/T 6623—2005	内覆或衬里耐腐蚀合金复合钢管规范	2005-10-1		

三、管子和管道组成件标准

金属管子类

1	GB/T 1472—2005	铅及铅锑合金管	2006-1-1	GB/T 1472—1988	
2	GB/T 1527—2006	铜及铜合金拉制管	2007-2-1	GB/T 1527—1997 GB/T 8010—1987	
3	GB/T 2102—2006	钢管验收、包装、标志和质量证明书	2007-2-1	GB/T 2102—1988	
4	GB/T 2882—2005	镍及镍合金管	2006-1-1	GB/T 2882—1981 GB/T 8011—1987	
5	GB 3087—2008	低中压锅炉用无缝钢管	2009-10-1	GB 3087—1999	
6	GB/T 3091—2008	低压流体输送用焊接钢管	2008-11-1	GB/T 3091—2001	
7	GB/T 3287—2000	可锻铸铁管路连接件	2001-5-1	GB/T 3287—1982 GB/T 3288—1982 GB/T 3289—1982	
8	GB/T 3422—2008	连续铸铁管	2009-5-1	GB/T 3422—1982	

续表

序号	标准号	标准名称	实施日期	被替代标准	备注
9	GB/T 3624—2011	钛及钛合金管	1996-3-1	GB 3624—1983 GB 4367—1984	
10	GB/T 4436—1995	铝及铝合金管材外形尺寸及允许偏差	1995-12-1	GB 4436—1984	
11	GB/T 4437.1—2000	铝及铝合金热挤压管 第1部分：无缝圆管	2000-11-1	GB/T 4437—1984	
12	GB 5310—2008	高压锅炉用无缝钢管	2009-10-1	GB 5310—1995	
13	GB 6479—2000	高压化肥设备用无缝钢管	2001-9-1	GB 6479—1986	
14	GB/T 6893—2011	铝及铝合金拉(轧)制无缝管	2000-11-1	GB/T 6893—1986	
15	GB/T 8163—2008	输送流体用无缝钢管	2009-4-1	GB/T 8163—1999	
16	GB/T 9711.1—1997	石油天然气工业 输送钢管交货技术条件 第1部分：A级钢管	1998-4-1	GB/T 9711—1988 SY/T 5297—1991	
17	GB/T 9711.2—1999	石油天然气工业 输送钢管交货技术条件 第2部分：B级钢管	2000-6-1		
18	GB/T 9711.3—2005	石油天然气工业 输送钢管交货技术条件 第3部分：C级钢管	2006-1-1		
19	GB 9948—2006	石油裂化用无缝钢管	2007-1-1	GB 9948—1988	
20	GB/T 12771—2008	流体输送用不锈钢焊接钢管	2008-11-1	GB/T 12771—2000	
21	GB/T 13295—2008	水及燃气管道用球墨铸铁管、管件和附件	2008-11-1	GB/T 13295—2003	
22	GB 13296—2007	锅炉、热交换器用不锈钢无缝钢管	2007-10-1	GB 13296—1991	
23	GB/T 13793—2008	直缝电焊钢管	2008-11-1	GB/T 13792~13793—1992	
24	GB/T 14976—2002	流体输送用不锈钢无缝钢管	2003-2-1	GB/T 14976—1994	
25	GB/T 15062—2008	一般用途高温合金管	2008-11-1	GB/T 15062—1994	
26	GB/T 17395—2008	无缝钢管尺寸、外形、重量及允许偏差	2008-11-1	GB/T 17395—1998	
27	GB/T 18704—2008	结构用不锈钢复合管	2008-11-1	GB/T 18704—2002	
28	GB/T 18984—2003	低温管道用无缝钢管	2003-8-1		
29	GB/T 19228.2—2003	不锈钢卡压式管件连接用薄壁不锈钢管	2003-12-1		
30	DL/T 680—1999	耐磨管道技术条件	1999-10-1		
31	HG 20537.1—1992	奥氏体不锈钢焊接管选用规定	1993-5-1		2009年复审继续有效
32	HG 20537.2—1992	管壳式换热器用奥氏体不锈钢焊接钢管技术要求	1993-5-1		

序号	标准号	标准名称	实施日期	被替代标准	备注
33	HG 20537.3—1992	化工装置用奥氏不锈钢焊接钢管技术要求	1993-5-1		
34	HG 20537.4—1992	化工装置用奥氏不锈钢大口径焊接钢管技术要求	1993-5-1		
35	HG 20553—1993	化工配管用无缝及焊接钢管尺寸选用系列	1994-7-1	HGJ 35—1990	
36	SH 3405—2010	石油化工企业钢管尺寸系列	1997-7-1	SHJ 405—1989	
37	SY/T 5037—2000	低压流体输送管道用螺旋缝埋弧焊钢管	2001-6-1	SY/T 5037—1992	
38	SY/T 5038—1992	普通流体输送管道用螺旋缝高频焊钢管	1992-10-1	SY 5038—1983 SY 5039—1983	
39	SY/T 6601—2004	耐腐蚀合金管线钢管	2004-11-1		
法兰、垫片及紧固件类					
1	GB/T 2—2001	紧固件 外螺纹零件的末端	2002-4-1	GB/T 2—1985	
2	GB/T 41—2000	六角螺母 C 级	2001-2-1	GB/T 41—1986	
3	GB/T 196—2003	普通螺纹 基本尺寸	2004-1-1	GB/T 196—1981	
4	GB/T 197—2003	普通螺纹 公差	2004-1-1	GB/T 197—1981	
5	GB/T 539—2008	耐油石棉橡胶板	2009-4-1	GB/T 539—1995	
6	GB/T 901—1988	等长双头螺柱 B 级	1989-1-1	GB 901—1976	
7	GB/T 3098.1—2011	紧固件机械性能 螺栓、螺钉和螺柱	2001-2-1	GB/T 3098.1—1982	
8	GB/T 3098.2—2000	紧固件机械性能 螺母 粗牙螺纹	2001-2-1	GB/T 3098.2—1982	
9	GB/T 3098.4—2000	紧固件机械性能 螺母 细牙螺纹	2001-2-1	GB/T 3098.4—1986	
10	GB/T 3098.6—2000	紧固件机械性能 不锈钢螺栓、螺钉和螺柱	2001-2-1	GB/T 3098.6—1986	
11	GB/T 3985—2008	石棉橡胶板	2009-4-1	GB/T 3985—1995	
12	GB/T 4622.1—2009	缠绕式垫片 分类	2010-9-1	GB/T 4622.1—2003	
13	GB/T 4622.2—2008	缠绕式垫片 管法兰用垫片尺寸	2009-4-1	GB/T 4622.2—2003	
14	GB/T 4622.3—2007	缠绕式垫片 技术条件	2008-2-1	GB/T 4622.3—1993	
15	GB/T 5574—2008	工业用橡胶板	2008-10-1	GB/T 5574—1994	
16	GB/T 5782—2000	六角头螺栓	2001-2-1	GB/T 5782—1986	
17	GB/T 5783—2000	六角头螺栓 全螺纹	2001-2-1	GB/T 5783—1986	
18	GB/T 5785—2000	六角头螺栓 细牙	2001-2-1	GB/T 5785—1986	
19	GB/T 6070—2007	真空技术 法兰尺寸	2008-6-1	GB/T 6070—1995	
20	GB/T 6170—2000	1 型六角螺母	2001-2-1	GB/T 6170—1986	
21	GB/T 6171—2000	1 型六角螺母 细牙	2001-2-1	GB/T 6171—1986	
22	GB/T 6175—2000	2 型六角螺母	2001-2-1	GB/T 6175—1986	

续表

序号	标准号	标准名称	实施日期	被替代标准	备注
23	GB/T 6176—2000	2 型六角螺母 细牙	2001-2-1	GB/T 6176—1986	
24	GB/T 9112—2010	钢制管法兰 类型与参数	2010-7-1	GB/T 9112—1988	
25	GB/T 9113.1—2010	平面、突面整体钢制管法兰	2010-7-1	GB/T 9113.1~8—1988	
26	GB/T 9113.2—2010	凹凸面整体钢制管法兰	2010-7-1	GB/T 9113.9~15—1988	
27	GB/T 9113.3—2010	榫槽面整体钢制管法兰	2010-7-1	GB/T 9113.16~20—1988	
28	GB/T 9113.4—2010	环连接面整体钢制管法兰	2010-7-1	GB/T 9113.21~26—1988	
29	GB/T 9114—2010	突面带颈螺纹钢制管法兰	2010-7-1	GB/T 9114.1~3—1988	
30	GB/T 9115.1—2010	平面、突面对焊钢制管法兰	2010-7-1	GB/T 9115.1~16—1988	
31	GB/T 9115.2—2010	凹凸面对焊钢制管法兰	2010-7-1	GB/T 9115.17~23—1988	
32	GB/T 9115.3—2010	榫槽面对焊钢制管法兰	2010-7-1	GB/T 9115.24~30—1988	
33	GB/T 9115.4—2010	环连接面对焊钢制管法兰	2010-7-1	GB/T 9115.31~36—1988	
34	GB/T 9116.1—2010	平面、突面带颈平焊钢制管法兰	2010-7-1	GB/T 9116.1~10—1988	
35	GB/T 9116.2—2010	凹凸面带颈平焊钢制管法兰	2010-7-1	GB/T 9116.11~15—1988	
36	GB/T 9116.3—2010	榫槽面带颈平焊钢制管法兰	2010-7-1	GB/T 9116.16~20—1988	
37	GB/T 9116.4—2010	环连接面带颈平焊钢制管法兰	2010-7-1	GB/T 9116.21~25—1988	
38	GB/T 9117.1—2010	突面带颈承插焊钢制管法兰	2010-7-1	GB/T 9117.1~4—1988	
39	GB/T 9117.2—2010	凹凸面带颈承插焊钢制管法兰	2010-7-1	GB/T 9117.5—1988 GB/T 9117.6—1988	
40	GB/T 9117.3—2010	榫槽面带颈承插焊钢制管法兰	2010-7-1	GB/T 9117.7—1988 GB/T 9117.8—1988	
41	GB/T 9117.4—2010	环连接面带颈承插焊钢制管法兰	2010-7-1		
42	GB/T 9118.1—2010	突面对焊环带颈松套钢制管法兰	2010-7-1	GB/T 9118.1—1988 GB/T 9118.2—1988	
43	GB/T 9118.2—2010	环连接面对焊环带颈松套钢制管法兰	2010-7-1	GB/T 9118.3~8—1988	
44	GB/T 9119—2010	平面、突面板式平焊钢制管法兰	2010-7-1	GB/T 9119.1~10—198	
45	GB/T 9120.1—2010	突面对焊环板式松套钢制管法兰	2010-7-1	GB/T 9120.1—1988 GB/T 9120.2—1988	
46	GB/T 9120.2—2010	凹凸面对焊环板式松套钢制管法兰	2010-7-1	GB/T 9120.3—1988 GB/T 9120.4—1988	

序号	标准号	标准名称	实施日期	被替代标准	备注
47	GB/T 9120.3—2010	榫槽面对焊环板式松套钢制管法兰	2010-7-1	GB/T 9120.5—2000 GB/T 9120.6—2000	
48	GB/T 9121.1—2010	突面平焊环板式松套钢制管法兰	2010-7-1	GB/T 9121.1~4—1988	
49	GB/T 9121.2—2010	凹凸面平焊环板式松套钢制管法兰	2010-7-1	GB/T 9121.5—1988 GB/T 9121.6—1988	
50	GB/T 9121.3—2010	榫槽面平焊环板式松套钢制管法兰	2010-7-1		
51	GB/T 9122—2010	翻边环板式松套钢制管法兰	2010-7-1	GB/T 9122.1—1988 GB/T 9122.2—1988	
52	GB/T 9123.1—2010	平面、突面钢制管法兰盖	2010-7-1	GB/T 9123.1~16—1988	
53	GB/T 9123.2—2010	凹凸面钢制管法兰盖	2010-7-1	GB/T 9123.17~23—1988	
54	GB/T 9123.3—2010	榫槽面钢制管法兰盖	2010-7-1	GB/T 9123.24~30—1988	
55	GB/T 9123.4—2010	环连接面钢制管法兰盖	2010-7-1	GB/T 9123.31~36—1988	
56	GB/T 9124—2010	钢制管法兰 技术条件	2010-7-1	GB/T 9124—1988 GB/T 9125—1988 GB/T 9131—1988	
57	GB/T 9125—2010	管法兰连接用紧固件	2003-12-1		
58	GB/T 9126—2008	管法兰用非金属平垫片 尺寸	2009-4-1	GB/T 9126—2003 GB/T 2502—1989	
59	GB/T 9128—2003	钢制管法兰用金属环垫 尺寸	2004-8-1	GB/T 9128.1—1988 GB/T 9128.2—1988	
60	GB/T 9129—2003	管法兰用非金属平垫片 技术条件	2003-12-1	GB/T 9129—1988	
61	GB/T 9130—2007	钢制管法兰用金属环垫 技术条件	2008-2-1	GB/T 9130—1988	
62	GB/T 13402—2010	大直径碳钢管法兰	2010-10-1		
63	GB/T 13403—2008	大直径碳钢管法兰用垫片	2009-4-1	GB/T 13403—1992	
64	GB/T 13404—2008	管法兰用非金属聚四氟乙烯包覆垫片	2009-4-1	GB/T 13404—1992	
65	GB/T 15601—1995	管法兰用金属包覆垫片	1996-2-1		
66	GB/T 17241.1—1998	铸铁管法兰 类型	1998-12-1		
67	GB/T 17241.2—1998	铸铁管法兰盖	1998-12-1	GB 12383.1~6—1990	
68	GB/T 17241.3—1998	带颈螺纹铸铁管法兰	1998-12-1	GB 12381.1~5—1990 GB 4216.7~8—1984	
69	GB/T 17241.4—1998	带颈平焊和带颈承插焊铸铁管法兰	1998-12-1		
70	GB/T 17241.5—1998	管端翻边带颈松套铸铁管法兰	1998-12-1	GB 12382.1~2—1990	

序号	标准号	标准名称	实施日期	被替代标准	备注
71	GB/T 17241.6—2008	整体铸铁法兰	2009-4-1	GB/T 17241.6—1998 GB/T 2503—1989	
72	GB/T 17241.7—1998	铸铁管法兰 技术条件	1998-12-1	GB 12384—1990 GB 12386—1990 GB 12387—1990 GB 4216.1—1984 GB 4216.9—1984 GB 4216.10—1984	
73	GB/T 19066.1—2008	柔性石墨波齿复合垫片 尺寸	2009-4-1	GB/T 19066.1—2003 GB/T 19066.2—2003	
74	GB/T 19066.3—2003	柔性石墨波齿复合垫片 技术条件	2003-12-1		
75	HG 20528—1992	衬里钢管用承插环松套钢制管法兰	1993-5-1		2009年复审继续有效
76	HG 20530—1992	钢制管法兰用焊唇密封环	1993-5-1		2009年复审继续有效
77	HG/T 20592~20635—2009	钢制管法兰、垫片、紧固件	2009-7-1	HG 20592~20635—1997	
78	HG/T 21609—1996	管法兰用聚四氟乙烯—橡胶复合垫片	1997-3-1		2004年复审继续有效
79	SHT 501—1997	石油化工钢制夹套管法兰通用图	1997-8-1		
80	SH 3401—1996	管法兰用石棉橡胶板垫片	1997-7-1	SHJ 401—1988	
81	SH 3402—1996	管法兰用聚四氟乙烯包覆垫片	1997-7-1	SHJ 402—1988	
82	SH 3403—1996	管法兰用金属环垫	1997-7-1	SHJ 403—1988	
83	SH 3404—1996	管法兰用紧固件	1997-7-1	SHJ 404—1988	
84	SH 3406—1996	石油化工钢制管法兰	1997-7-1	SHJ 406—1992	
85	SH 3407—1996	管法兰用缠绕式垫片	1997-7-1	SHJ 407—1989	
86	JB/T 74—1994	管路法兰 技术条件	1995-10-1	JB 74—1959	2009年复审继续有效
87	JB/T 75—1994	管路法兰 类型	1995-10-1	JB 75—1959	2009年复审继续有效
88	JB/T 79.1—1994	凸面整体铸钢管法兰			
89	JB/T 79.2—1994	凹凸面整体铸钢管法兰			
90	JB/T 79.3—1994	榫槽面整体铸钢管法兰			
91	JB/T 79.4—1994	环连接面整体铸钢管法兰			
92	JB/T 81—1994	凸面板式平焊钢制管法兰	1995-10-1		

续表

序号	标准号	标准名称	实施日期	被替代标准	备注
93	JB/T 82.1—1994	凸面对焊钢制管法兰	1995-10-1		
94	JB/T 82.2—1994	凹凸面对焊钢制管法兰	1995-10-1		
95	JB/T 82.3—1994	榫槽面对焊钢制管法兰	1995-10-1		
96	JB/T 82.4—1994	环连接面对焊钢制管法兰	1995-10-1		
97	JB/T 83—1994	平焊环板式松套钢制管法兰	1995-10-1		
98	JB/T 84—1994	凹凸面对焊环板式松套钢制管法兰	1995-10-1		
99	JB/T 85—1994	翻边板式松套钢制管法兰	1995-10-1		
100	JB/T 86.1—1994	凸面钢制管法兰盖	1995-10-1		
101	JB/T 86.2—1994	凹凸面钢制管法兰盖	1995-10-1		
102	JB/T 87—1994	管路法兰用石棉橡胶垫片	1995-10-1	JB 87-1959	
103	JB/T 88—1994	管路法兰用金属齿形垫片	1995-10-1	JB 88-1959	
104	JB/T 89—1994	管路法兰用金属环垫	1995-10-1	JB 89-1959	
105	JB/T 90—1994	管路法兰用缠绕式垫片	1995-10-1	JB 90—1959	
106	JB/T 4704—2000	非金属软垫片	2000-9-30	JB 4704—1992	
107	JB/T 4705—2000	缠绕垫片	2000-9-30	JB 4705—1992	
108	JB/T 4706—2000	金属包垫片	2000-9-30	JB 4706—1992	
109	JB/T 6369—2005	柔性石墨金属缠绕垫片　技术条件	2006-1-1	JB/T 6369—1992	
110	JB/T 10688—2006	聚四氟乙烯垫片 技术条件	2007-7-1		
金属管件、盲板类					
1	GB/T 1047—2005	管道元件 DN(公称尺寸)的定义和选用	2005-8-1	GB/T 1047—1995	
2	GB/T 1048—2005	管道元件 PN(公称压力)的定义和选用	2005-8-1	GB/T 1048—1990	
3	GB/T 12459—2005	钢制对焊无缝管件	2005-8-1	GB/T12459—1990	
4	GB/T 13401—2005	钢板制对焊管件	1992-10-1	GB/T 13401—1992	
5	GB/T 14383—2008	锻制承插焊和螺纹管件	2008-11-1	GB/T 14383—1993 GB/T 14626—1993	
6	GB/T 17185—1997	钢制法兰管件	1998-10-1		
7	GB/T 20207.1—2006	丙烯腈-丁二烯-苯乙烯(ABS)压力管道系统 第1部分：管材	2006-8-1		
8	GB/T 20207.2—2006	丙烯腈-丁二烯-苯乙烯(ABS)压力管道系统 第1部分：管件	2006-8-1		
9	HG/T 21630—1990	补强管	1991-5-1		2009年复审继续有效
10	HG/T 21632—1990	锻钢承插焊、螺纹和对焊接管台	1991-5-1		

续表

序号	标准号	标准名称	实施日期	被替代标准	备注
11	SH 3408—1996	钢制对焊无缝管件	1997-7-1	SHJ 408—1990	
12	SH 3409—1996	钢板制对焊管件	1997-7-1	SHJ 409—1990	
13	SH 3410—1996	锻钢制承插焊管件	1997-7-1	SHJ 410—1990	
14	SY/T 0510—2010	钢制对焊管件	2010-10-1	SY/T 0510—1998 SY/T 0518—2002	
15	SY/T 0609—2006	优质钢制对焊管件规范	2007-1-1		
16	JB/T 450—2008	锻造角式高压阀门 技术条件	2008-7-1	JB/T 450—1992 JB/T 2766—1992 JB/T 2773—1992 JB/T 2774—1992 JB/T 2775—1992	
17	JB/T 2768—2010	阀门零部件 高压管子、管件和阀门端部尺寸	2010-7-1	JB/T 2768—1992	
18	JB/T 2769—2008	阀门零部件 高压螺纹法兰	2008-7-1	JB/T 2769—1992	
19	JB/T 2772—2008	阀门零部件 高压盲板	2008-7-1	JB/T 2772—1992	
20	JB/T 2776—2010	阀门零部件 高压透镜垫	2010-7-1	JB/T 2776—1992 JB/T 2777—1992	
21	JB/T 2778—2008	阀门零部件 高压管件和紧固件温度标记	2008-7-1	JB/T 2778—1992	
22	DL/T 695—1999	电站钢制对焊管件	2000-7-1		
管接头类					
1	GB/T 3420—2008	灰口铸铁管件	2009-5-1	GB/T 3420—1982 GB/T 8715—1988	
2	GB/T 3733—2008	卡套式端直通管接头	2008-11-1	GB/T 3733.1—1983 GB/T 3733.2—1983	
3	GB/T 3734—2008	卡套式锥螺纹直通管接头	2008-11-1	GB/T 3734.1—1983 GB/T 3734.2—1983	
4	GB/T 3735—2008	卡套式直通长管接头	2008-11-1	GB/T 3735.1—1983 GB/T 3735.2—1983	
5	GB/T 3736—2008	卡套式锥螺纹长管接头	2008-11-1	GB/T 3736.1—1983 GB/T 3736.2—1983	
6	GB/T 3737—2008	卡套式直通管接头	2008-11-1	GB/T 3737.1—1983 GB/T 3737.2—1983	
7	GB/T 3738—2008	卡套式可调向端弯通管接头	2008-11-1	GB/T 3738.1—1983 GB/T 3738.2—1983	
8	GB/T 3739—2008	卡套式锥螺纹弯通管接头	2008-11-1	GB/T 3739.1—1983 GB/T 3739.2—1983	
9	GB/T 3740—2008	卡套式弯通管接头	2008-11-1	GB/T 3740.1—1983 GB/T 3740.2—1983	

续表

序号	标准号	标准名称	实施日期	被替代标准	备注
10	GB/T 3741—2008	卡套式可调向端三通管接头	2008-11-1	GB/T 3741.1—1983 GB/T 3741.2—1983	
11	GB/T 3742—2008	卡套式锥螺纹三通管接头	2008-11-1	GB/T 3742.1—1983 GB/T 3742.2—1983	
12	GB/T 3743—2008	卡套式可调向端弯通三通管接头	2008-11-1	GB/T 3743.1—1983 GB/T 3743.2—1983	
13	GB/T 3744—2008	卡套式锥螺纹弯通三通管接头	2008-11-1	GB/T 3744.1—1983 GB/T 3744.2—1983	
14	GB/T 3745—2008	卡套式三通管接头	2008-11-1	GB/T 3745.1—1983 GB/T 3745.2—1983	
15	GB/T 3746—2008	卡套式四通管接头	2008-11-1	GB/T 3746.1—1983 GB/T 3746.2—1983	
16	GB/T 3747—2008	卡套式焊接管接头	2008-11-1	GB/T 3747.1—1983 GB/T 3747.2—1983	
17	GB/T 3748—2008	卡套式过板直通管接头	2008-11-1	GB/T 3748.1—1983 GB/T 3748.2—1983	
18	GB/T 3749—2008	卡套式过板弯通管接头	2008-11-1	GB/T 3749.1—1983 GB/T 3749.2—1983	
19	GB/T 3750—2008	卡套式铰接管接头	2008-11-1	GB/T 3750.1—1983 GB/T 3750.2—1983 GB/T 3750.3—1983	
20	GB/T 3751—2008	卡套式压力表管接头	2008-11-1	GB/T 3751.1—1983 GB/T 3751.2—1983	
21	GB/T 3752—2008	卡套式组合弯通管接头	2008-11-1	GB/T 3752.1—1983 GB/T 3752.2—1983	
22	GB/T 3753—2008	卡套式组合三通管接头	2008-11-1	GB/T 3753.1—1983 GB/T 3753.2—1983	
23	GB/T 3754—2008	卡套式密封组合弯通管接头	2008-11-1	GB/T 3754.1—1983 GB/T 3754.2—1983	
24	GB/T 3755—2008	卡套式密封组合三通管接头	2008-11-1	GB/T 3755.1—1983 GB/T 3755.2—1983	
25	GB/T 3756—2008	卡套式密封组合直通管接头	2008-11-1	GB/T 3756.1—1983 GB/T 3756.2—1983	
26	GB/T 3757—2008	卡套式过板焊接管接头	2008-11-1	GB/T 3757.1—1983 GB/T 3757.2—1983	
27	GB/T 3758—2008	卡套式管接头用锥密封焊接管接头	2008-11-1	GB/T 3758.1—1983 GB/T 3758.2—1983	
28	GB/T 3759—2008	卡套式管接头用连接螺母	2008-11-1	GB/T 3759—1983	
29	GB/T 3760—2008	卡套式管接头用锥密封堵头	2008-11-1	GB/T 3760—1983	
30	GB/T 3761—1983	卡套式管接头用锥体环	1984-4-1		

序号	标准号	标准名称	实施日期	被替代标准	备注
31	GB/T 3762—1983	卡套式管接头用尖角密封垫圈	1984-4-1		
32	GB/T 3763—2008	管接头用六角薄螺母	2008-11-1	GB/T 3763—1983	
33	GB/T 3764—2008	卡套	2008-11-1	GB/T 3764—1983	
34	GB/T 3765—2008	卡套式管接头技术条件	2008-11-1	GB/T 3765—1983	
35	GB/T 5625—2008	扩口式端直通管接头	2008-11-1	GB/T 5625.1—1985 GB/T 5625.2—1985	
36	GB/T 5626—2008	扩口式锥螺纹直通管接头	2008-11-1	GB/T 5626.1—1985 GB/T 5626.2—1985	
37	GB/T 5627—2008	扩口式锥螺纹长管接头	2008-11-1	GB/T 5627.1—1985 GB/T 5627.2—1985	
38	GB/T 5628—2008	扩口式直通管接头	2008-11-1	GB/T 5628.1—1985 GB/T 5628.2—1985	
39	GB/T 5629—2008	扩口式锥螺纹弯通管接头	2008-11-1	GB/T 5629.1—1985 GB/T 5629.2—1985	
40	GB/T 5630—2008	扩口式弯通管接头	2008-11-1	GB/T 5630.1—1985 GB/T 5630.2—1985	
41	GB/T 5631—2008	扩口式可调向端弯通管接头	2008-11-1	GB/T 5631.1—1985 GB/T 5631.2—1985	
42	GB/T 5632—2008	扩口式组合弯通管接头	2008-11-1	GB/T 5632.1—1985 GB/T 5632.2—1985	
43	GB/T 5633—2008	扩口式可调向端三通管接头	2008-11-1	GB/T 5633.1—1985 GB/T 5633.2—1985	
44	GB/T 5634—2008	扩口式组合弯通三通管接头	2008-11-1	GB/T 5634.1—1985 GB/T 5634.2—1985	
45	GB/T 5635—2008	扩口式锥螺纹三通管接头	2008-11-1	GB/T 5635.1—1985 GB/T 5635.2—1985	
46	GB/T 5637—2008	扩口式可调向端弯通三通管接头	2008-11-1	GB/T 5637.1—1985 GB/T 5637.2—1985	
47	GB/T 5638—2008	扩口式组合三通管接头	2008-11-1	GB/T 5638.1—1985 GB/T 5638.2—1985	
48	GB/T 5639—2008	扩口式三通管接头	2008-11-1	GB/T 5639.1—1985 GB/T 5639.2—1985	
49	GB/T 5641—2008	扩口式四通管接头	2008-11-1	GB/T 5641.1—1985 GB/T 5641.2—1985	
50	GB/T 5642—2008	扩口式焊接管接头	2008-11-1	GB/T 5642.1—1985 GB/T 5642.2—1985	
51	GB/T 5643—2008	扩口式过板直通管接头	2008-11-1	GB/T 5643.1—1985 GB/T 5643.2—1985	
52	GB/T 5644—2008	扩口式过板弯通管接头	2008-11-1	GB/T 5644.1—1985 GB/T 5644.2—1985	

序号	标准号	标准名称	实施日期	被替代标准	备注
53	GB/T 5645—2008	扩口式压力表管接头	2008-11-1	GB/T 5645.1—1985 GB/T 5645.2—1985	
54	GB/T 5646—2008	扩口式管接头管套	2008-11-1	GB/T 5646—1985	
55	GB/T 5647—2008	扩口式管接头用 A 型螺母	2008-11-1	GB/T 5647—1985	
56	GB/T 5648—2008	扩口式管接头用 A 型螺母	2008-11-1	GB/T 5648—1985	
57	GB/T 5649—2008	管接头用锁紧螺母和垫圈	2008-11-1	GB/T 5649—1985 GB/T 5652—1985	
58	GB/T 5650—2008	扩口式管接头用空心螺栓	2008-11-1	GB/T 5650—1985	
59	GB/T 5651—2008	扩口式管接头用密合垫	2008-11-1	GB/T 5651—1985	
60	GB/T 5652—2008	扩口式管接头扩口端尺寸	2008-11-1		
61	GB/T 5653—2008	扩口式管接头技术条件	2008-11-1	GB/T 5653—1985	
62	GB/T 6483—2008	柔性机械接口灰口铸铁管	2009-5-1	GB/T 6483—1986 GB/T 8714—1988	
63	GB/T 8259—2008	卡箍式柔性管接头 技术条件	2009-12-1	GB/T 8259—1987	
64	GB/T 8260—2008	卡箍式柔性管接头 型式与尺寸	2009-12-1	GB/T 8260—1987 GB/T 8261—1987	
65	GB/T 12465—2007	管路补偿接头	2007-11-1	GB/T 12465—2002 GB/T 14414—1993	
66	GB/T 18615—2002	波纹金属软管用非合金钢和不锈钢接头	2002-7-1		
67	JB/T 1754—2008	阀门零部件 接头组件	2008-7-1	JB/T 1753—1991 JB/T 1754—1991 JB/T 1755—1991 JB/T 2770—1992 JB/T 2771—1992	
68	CJ/T 110—2000	承插式管接头	2000-10-1		
69	CJ/T 111—2000	铝塑复合管用卡套式铜制管接头	2000-10-1		
阀门类					
1	GB 567—1999	爆破片与爆破片装置	2000-8-1	GB 567—1989	
2	GB/T 8464—2008	铁制和铜制螺纹连接阀门	2009-7-1	GB/T 15185—1994 GB/T 8464—1998	
3	GB/T 12220—1989	通用阀门 标志	1990-12-1		
4	GB/T 12221—2005	金属阀门 结构长度	2005-8-1	GB/T 12221—1989 GB/T 15188.1—1994 GB/T 15188.2—1994 GB/T 15188.3—1994 GB/T 15188.4—1994	
5	GB/T 12222—2005	多回转阀门驱动装置的连接	2005-8-1	GB/T 12222—1989	
6	GB/T 12223—2005	部分回转阀门驱动装置的连接	2005-8-1	GB/T 12223—1989	

续表

序号	标准号	标准名称	实施日期	被替代标准	备注
7	GB/T 12224—2005	钢制阀门 一般要求	2006-4-1	GB/T 12224—1989	
8	GB/T 12225—2005	通用阀门 铜合金铸件技术条件	2006-4-1	GB/T 12225—1989	
9	GB/T 12226—2005	通用阀门 灰铸铁件技术条件	2006-1-1	GB/T 12226—1989	
10	GB/T 12227—2005	通用阀门 球墨铸铁件技术条件	2006-1-1	GB/T 12227—1989	
11	GB/T 12228—2006	通用阀门 碳素钢锻件技术条件	2007-5-1	GB/T 12228—1989	
12	GB/T 12229—2005	通用阀门 碳素钢铸件技术条件	2006-1-1	GB/T 12229—1989	
13	GB/T 12230—2005	通用阀门 不锈钢铸件技术条件	2006-1-1	GB/T 12230—1989	
14	GB/T 12232—2005	通用阀门 法兰连接铁制闸阀	2006-1-1	GB/T 12232—1989	
15	GB/T 12233—2006	通用阀门 铁制截止阀与升降式止回阀	2007-5-1	GB/T 12233—1989	
16	GB/T 12234—2007	石油、天然气工业用螺柱连接阀盖的钢制闸阀	2007-10-1	GB/T 12234—1989	
17	GB/T 12235—2007	石油、石化及相关工业用钢制截止阀和升降式止回阀	2007-11-1	GB/T 12235—1989	
18	GB/T 12236—2008	石油、化工及相关工业用的钢制旋启式止回阀	2008-7-1	GB 12236—1989	
19	GB/T 12237—2007	石油、石化及相关工业用的钢制球阀	2007-11-1	GB/T 12237—1989	
20	GB/T 12238—2008	法兰和对夹连接弹性密封蝶阀	2009-7-1	GB/T 12238—1989	
21	GB/T 12239—2008	工业阀门 金属隔膜阀	2009-7-1	GB/T 12239—1989	
22	GB/T 12240—2008	铁制旋塞阀	2009-1-1	GB/T 12240—1989	
23	GB/T 12241—2005	安全阀一般要求	2005-8-1	GB/T 12241—1989	
24	GB/T 12242—2005	压力释放装置 性能试验规范	2005-8-1	GB/T 12242—1989	
25	GB/T 12243—2005	弹簧直接载荷式安全阀	2005-8-1	GB/T 12243—1989	
26	GB/T 12244—2006	减压阀 一般要求	2007-5-1	GB/T 12244—1989	
27	GB/T 12245—2006	减压阀 性能试验方法	2007-5-1	GB/T 12245—1989	
28	GB/T 12246—2006	先导式减压阀	2007-5-1	GB/T 12246—1989	
29	GB/T 12247—1989	蒸汽疏水阀 分类	1990-12-1		
30	GB/T 12250—2005	蒸汽疏水阀 术语、标志、结构长度	2006-1-1	GB/T 12248—1989 GB/T 12249—1989 GB/T 12250—1989	
31	GB/T 12251—2005	蒸汽疏水阀 试验方法	2006-1-1	GB/T 12251—1989	
32	GB/T 13927—2008	工业阀门 压力试验	2009-7-1	GB/T 13927—1992	
33	GB/T 13932—1992	通用阀门 铁制旋启式止回阀	1993-6-1		
34	JB/T 7927—1999	阀门铸钢件 外观质量要求	2000-1-1	JB/T 7927—1995	
35	JB/T 7928—1999	通用阀门 供货要求	2000-1-1	JB/T 7928—1995	
36	JB/T 9092—1999	阀门的检验与试验	2000-1-1	ZB J 16006—1990	

续表

序号	标准号	标准名称	实施日期	被替代标准	备注
37	HG/T 21551—1995	柱塞式放料阀			2010 年复审继续有效
		非金属及非金属衬里的管子管件类			
1	GB/T 4217—2008	流体输送用热塑性塑料管材公称外径和公称压力	2009-5-1	GB/T 4217—2001	
2	GB/T 4219.1—2008	工业用硬聚氯乙烯（PVC-U）管道系统 第1部分：管材	2008-10-1	GB/T4219—1996	
3	GB/T 10798—2001	热塑性塑料管材通用壁厚表	2002-5-1	GB/T 10798—1989	
4	GB/T 10801.1—2002	绝热用模塑聚苯乙烯泡沫塑料	2002-9-1	GB/T 10801—1989	
5	GB/T 10801.2—2002	绝热用挤塑聚苯乙烯泡沫塑料（XPS）	2002-9-1	GB/T 10801—1989	
6	GB 15558.1—2003	燃气用埋地聚乙烯（PE）管道系统 第1部分：管材	2004-6-1	GB/T 15558.1—1995	
7	GB 15558.2—2005	燃气用埋地聚乙烯（PE）管道系统 第2部分：管件	2005-12-1	GB/T 15558.2—1995	
8	GB/T 18997.1—2003	铝塑复合压力管 第1部分：铝管搭接焊式铝塑管	2003-10-1		
9	GB/T 18997.2—2003	铝塑复合压力管 第2部分：铝管对接焊式铝塑管	2003-10-1		
10	GB/T 18998.1—2003	工业用氯化聚氯乙烯（PVC-C）管道系统 第1部分：总则	2003-10-1		
11	GB/T 18998.2—2003	工业用氯化聚氯乙烯（PVC-C）管道系统 第2部分：管材	2003-10-1		
12	GB/T 18998.3—2003	工业用氯化聚氯乙烯（PVC-C）管道系统 第3部分：管件	2003-10-1		
13	HG/T 2059—2004	不透性石墨管、管件技术条件	2005-6-1	HG/T 2059—1991 HG/T 3191—1980	
14	HG/T 2128—2009	改性酚醛玻璃纤维增强塑料管技术条件	2009-7-1	HG/T 2128—1991	
15	HG/T 2129—2009	改性酚醛玻璃纤维增强塑料管件技术条件	2009-7-1	HG/T 2129—1991	
16	HG/T 2130~2142—2009	搪玻璃管、管件、法兰盖和定距件	2009-7-1	HG/T 2130~2142—1991	
17	HG/T 2435—1993	玻璃管和管件	1994-1-1		2009 年复审继续有效
18	HG/T 2437—2006	塑料衬里复合钢管和管件	2007-3-1	HG/T 2437—1993	
19	HG/T 3192~3203, 3205~3207—2009	不透性石墨管件	2009-7-1	HG/T 3192~3203, 3205~3207—1981	

续表

序号	标准号	标准名称	实施日期	被替代标准	备注
20	HG/T 3690—2001	工业用钢骨架聚乙烯塑料复合管	2002-7-1		
21	HG/T 3691—2001	工业用钢骨架聚乙烯塑料复合管件	2002-7-1		
22	HG 20520—1992	玻璃钢/聚氯乙烯（FRP/PVC）复合管道设计规定	1992-11-1	CD 42A1~16—1981	
23	HG 20538—1992	衬塑（PP、PE、PVC）钢管和管件	1993-1-1		
24	HG 20539—1992	增强聚丙烯（FRPP）管和管件	1993-4-1		
25	HG 21501—1993	衬胶钢管和管件	1996-4-1		
26	HG/T 21561—1994	丙烯腈-丁二烯-苯乙烯（ABS）管和管件	1995-8-1		
27	HG/T 21562—1994	衬聚四氟乙烯钢管和管件	1995-3-1		
28	HG/T 21579—1995	聚丙烯/玻璃钢（PP/FRP）复合管及管件	1995-9-1		
29	HG/T 21633—1991	玻璃钢管和管件	1992-1-1		
30	HG/T 21636—1987	玻璃钢/聚氯乙烯（FRP/PVC）复合管和管件	1987-4-1		
31	SY/T 0321—2000	钢质管道水泥砂浆衬里技术标准	2000-10-1		
32	SY/T 6267—2006	高压玻璃纤维管线管规范	2007-1-1	SY/T 6267—1996	
33	SY/T 6656—2006	聚乙烯管线管规范	2007-1-1		
34	SY/T 6657—2006	聚氯乙烯内衬钢管规范	2007-1-1		
35	SY/T 6662—2006	石油天然气工业用钢骨架增强聚乙烯复合管	2007-1-1		
36	CJ/T 108—1999	铝塑复合压力管（搭接焊）	1999-6-4		
37	CJ/T 114—2000	高密度聚乙烯外护管聚氨酯泡沫塑料预制直埋保温管	2000-10-1	CJ/T 3002—1992	
38	CJ/T 123—2004	给水用钢骨架聚乙烯塑料复合管	2005-6-1	CJ/T 123—2000	
39	CJ/T 125—2000	燃气用钢骨架聚乙烯塑料复合管	2001-6-1		
40	CJ/T 126—2000	燃气用钢骨架聚乙烯塑料复合管件	2001-6-1		
41	CJ/T 129—2000	玻璃纤维增强塑料外护层聚氨酯泡沫塑料预制直埋保温管	2001-6-1		
42	CJ/T 155—2001	高密度聚乙烯外护管聚氨酯硬质泡沫塑料预制直埋保温管件	2002-6-1		
43	CJ/T 159—2006	铝塑复合压力管（对接焊）	2007-3-1	CJ/T 159—2002	
44	CJ/T 165—2002	高密度聚乙烯缠绕结构壁管材	2002-10-1		
45	CJ/T 182—2003	燃气用孔网钢带聚乙烯复合管	2003-12-1		
46	CJ/T 183—2008	钢塑复合压力管	2009-6-1	CJ/T 183—2003	
47	CJ/T 184—2003	不锈钢塑料复合管	2003-12-1		
48	QB/T 3802—1999	化工用硬聚氯乙烯管件	1999-4-21	原标准号 GB 4220—1984	

续表

序号	标准号	标准名称	实施日期	被替代标准	备注
		特种管道组成件类			
1	GB/T 12522—2009	不锈钢波形膨胀节	2009-11-1	GB/T 12522—1996	
2	GB/T 12777—2008	金属波纹管膨胀节通用技术条件	2009-2-1	GB/T 12777—1999	
3	GB 13347—1992	石油气体管道阻火器阻火性能和试验方法	1992-10-1		2011-06-01有新版
4	GB/T 14382—2008	管道用三通过滤器	2009-4-1	GB/T 14382—1993	
5	GB/T 14525—1993	波纹金属软管通用技术条件	1994-3-1		2011-10-01有新版
6	GB/T 15700—2008	聚四氟乙烯波纹补偿器	2009-4-1	GB/T 15700—1995	
7	HG/T 21505—1992	组合式视镜	1992-12-1		2009年复审继续有效
8	HG 21506—1992	补强圈	1992-12-1		
9	HG 21547—1993	管道用钢制插板、垫环、8字盲板	1993-11-1		
10	HG/T 21575—1994	带灯视镜	1995-3-1		
11	HG/T 21608—1996	液体装卸臂	1997-1-1		
12	HG/T 21616—1997	化工厂常用设备消声器标准系列	1998-1-1		
13	HG/T 21619—1986	视镜标准图	2003-6-1		2009年复审继续有效
14	HG/T 21620—1986	带颈视镜标准图	2003-6-1		2009年复审继续有效
15	HG/T 21622—1990	衬里视镜标准图	2003-6-1		2009年复审继续有效
16	HG/T 21623—1990	硬聚氯乙烯视镜标准图	2003-6-1		2009年复审继续有效
17	HG/T 21637—1991	化工管道过滤器	1992-1-1		
18	SY/T 0511—2011	石油储罐呼吸阀	2011-05-1	SY 7511—1987	
19	SY/T 0512—1996	石油储罐阻火器	1996-10-1	SY 7512—1987	
20	JB/T 6169—2006	金属波纹管	2007-7-1	JB/T 6169—2002	
		管道支吊架类			
1	GB/T 17116.1—1997	管道支吊架 第1部分：技术规范	1998-5-1		
2	GB/T 17116.2—1997	管道支吊架 第2部分：管道连接	1998-5-1		

序号	标准号	标准名称	实施日期	被替代标准	备注
3	GB/T 17116.3—1997	管道支吊架 第3部分：中间连接件和建筑结构连接件	1998-5-1		
4	HG/T 20644—1998	变力弹簧支吊架	1999-1-1	CD42B5—1989	2004年复审继续有效
5	HG/T 21578—1994	管道减震器	1996-3-1		2004年复审继续有效
6	HG/T 21629（1）~（5）—1999	管架标准图	2000-4-1	HGJ 524—1991	2004年复审继续有效
7	SH/T 3073—2004	石油化工管道支吊架设计规范	2005-4-1	SH 3073—1995	
8	JB/T 8132—1999	弹簧减振器	2000-1-1	原标准号 GB 10867—1989	
9	JB/T 8130.1—1999	恒力弹簧支吊架	2000-1-1	原标准号 GB 10181—1988	
10	JB/T 8130.2—1999	可变弹簧支吊架	2000-1-1	原标准号 GB 10182—1988	

四、材料标准

金属材料类

序号	标准号	标准名称	实施日期	被替代标准	备注
1	GB/T 699—1999	优质碳素结构钢	2000-8-1	GB/T 699—1988	
2	GB/T 700—2006	碳素钢结构	2007-2-1	GB/T 700—1998	
3	GB/T 702—2008	热轧钢棒尺寸、外形、重量及允许偏差	2009-4-1	GB/T 702—2007 GB/T 704—1988 GB/T 705—1989 GB/T 911—2004	
4	GB/T 706—2008	热轧型钢	2009-4-1	GB/T 706—1988 GB/T 707—1988 GB/T 9787—1988 GB/T 9788—1988 GB/T 9946—1988	
5	GB/T 708—2006	冷轧钢板和钢带的尺寸、外形、重量及允许偏差	2007-2-1	GB/T 708—1988	
6	GB/T 709—2006	热轧钢板和钢带的尺寸、外形、重量及允许偏差	2007-2-1	GB/T 709—1988	
7	GB/T 710—2008	优质碳素结构钢热轧薄钢板和钢带	2009-10-1	GB/T 710—1991	
8	GB/T 711—2008	优质碳素结构钢热轧厚钢板和钢带	2009-5-1	GB/T 711—1988	
9	GB 713—2008	锅炉和压力容器用钢板	2008-9-1	GB/T 713—1997 GB/T 6654—1996	

续表

序号	标准号	标准名称	实施日期	被替代标准	备注
10	GB/T 716—1991	碳素结构钢冷轧钢带	1991-11-1	GB/T 716—1983	
11	GB/T 912—2008	碳素结构钢和低合金结构钢热轧薄钢板和钢带	2009-10-1	GB/T 912—1989	
12	GB/T 1176—1987	铸造铜合金技术条件	1988-7-1	GB/T 1176—1974	
13	GB/T 1220—2007	不锈钢棒	2007-12-1	GB/T 1220—1992	
14	GB/T 1221—2007	耐热钢棒	2007-12-1	GB/T 1221—1992	
15	GB/T 1348—2009	球墨铸铁件	2009-9-1	GB/T 1348—1988	
16	GB/T 1470—2005	铅及铅锑合金板	2005-12-1	GB/T 1470—1988	
17	GB/T 1591—2008	低合金高强度结构钢	2009-10-1	GB/T 1591—1994	
18	GB/T 2040—2008	铜及铜合金板材	2008-12-1	GB/T 2040—2002 GB/T 2044~2047—1980 GB/T 2049—1980 GB/T 2052—1980 GB/T 2531—1981	
19	GB/T 2054—2005	镍及镍合金板	2006-1-1	GB/T 2054—1980	
20	GB/T 2100—2002	一般用途耐蚀钢铸件	2002-12-1	GB/T 2100—1980	
21	GB/T 2518—2008	连续热镀锌薄钢板和钢带	2009-5-1	GB/T 2518—2004	
22	GB/T 2520—2008	冷轧电镀锡薄钢板和钢带	2009-5-1	GB/T 2520—2000	
23	GB/T 2965—2007	钛及钛合金棒材	2008-6-1	GB/T 2965—1996	
24	GB/T 3077—1999	合金结构钢	2000-8-1	GB/T 3077—1988	
25	GB/T 3078—2008	优质结构钢冷拉钢材	2008-11-1	GB/T 3078—1994	
26	GB/T 3191—2011	铝及铝合金挤压棒材	2011-11-1	GB 3191—1982 GB 3192—1982 GB 10572—1989	
27	GB/T 3274—2007	碳素结构钢和低合金结构钢热轧厚钢板和钢带	2008-3-1	GB/T 3274—1988	
28	GB/T 3280—2007	不锈钢冷轧钢板和钢带	2007-10-1	GB/T 3280—1992 GB/T 4239—1991	
29	GB/T 3522—1983	优质碳素结构钢冷轧钢带	1983-12-1		
30	GB/T 3524—2005	碳素结构钢和低合金结构钢热轧钢带	2006-1-1	GB/T 3524—1992	
31	GB 3531—2008	低温压力容器用低合金钢钢板	2009-12-1	GB 3531—1996	
32	GB/T 3621—2007	钛及钛合金板材	2007-11-1	GB/T 3621—1994	
33	GB/T 3622—1999	钛及钛合金带、箔材	2000-3-1	GB/T 3622—1993	
34	GB/T 3880.1—2006	一般工业用铝及铝合金板、带材 第1部分：一般要求	2007-2-1	GB/T 3880—1997 GB/T 8544—1997 GB/T 16501—1996	
35	GB/T 3880.2—2006	一般工业用铝及铝合金板、带材 第2部分：力学性能	2007-2-1		

序号	标准号	标准名称	实施日期	被替代标准	备注
36	GB/T 3880.3—2006	一般工业用铝及铝合金板、带材 第3部分：尺寸偏差	2007-2-1	GB/T 3194—1998	
37	GB/T 4423—2007	铜及铜合金拉制棒	2007-11-1	GB/T 4423—1992 GB/T 13809—1992	
38	GB/T 7659—2011	焊接结构用碳素钢铸件	2011-06-1		
39	GB/T 8546—2007	钛-不锈钢复合板	2007-11-1	GB/T 8546—1987	
40	GB/T 8547—2006	钛-钢复合板	2006-11-1	GB/T 8547—1987	
41	GB/T 8749—2008	优质碳素结构钢热轧钢带	2008-11-1	GB/T 8749—1988	
42	GB/T 9439—2010	灰铸铁件	2010-3-1	GB/T 9439—1988	
43	GB/T 9440—2011	可锻铸铁件	2011-06-1	GB 5679—1985 GB 978—1967	
44	GB/T 11251—2009	合金结构钢热轧厚钢板	2010-5-1	GB/T 11251—1989	
45	GB/T 11253—2007	碳素结构钢冷轧薄钢板及钢带	2008-4-1	GB/T 11253—1989	
46	GB/T 11263—2005	热轧H型钢和剖分T型钢	2005-10-1	GB/T 11263—1998	
47	GB/T 13808—1992	铜及铜合金挤制棒	1993-6-1	GB 4423~4426—1984 GB 4429~4433—1984	
48	GB/T 14292—1993	碳素结构钢和低合金结构钢热轧条钢技术条件	1993-12-1		
49	GB/T 16253—1996	承压钢铸件	1996-11-1		
50	GB/T 20972.1—2007	石油天然气工业油气开采中用于含硫化氢环境的材料 第1部分：选择抗裂纹材料的一般原则	2007-11-1		
51	GB/T 20972.2—2008	石油天然气工业油气开采中用于含硫化氢环境的材料 第2部分：抗开裂碳钢、低合金钢和铸铁	2009-3-1		
52	GB/T 20972.3—2008	石油天然气工业油气开采中用于含硫化氢环境的材料 第3部分：抗开裂耐蚀合金和其他合金	2009-3-1		
53	JB 4726—2000	压力容器用碳素钢和低合金钢锻件	2000-9-30	JB 4726—1994	
54	JB 4727—2000	低温压力容器用低合金钢锻件	2000-9-30	JB 4727—1994	
55	JB 4728—2000	压力容器用不锈钢锻件	2000-9-30	JB 4728—1994	
非金属材料类					
1	GB/T 3003—2006	耐火材料 陶瓷纤维及制品	2007-2-1	GB/T 3003—1982	
2	GB/T 3996—1983	硅藻土隔热制品	1984-11-1		
3	GB/T 10009—1988	丙烯腈-丁二烯-苯乙烯（ABS）塑料挤出板材	1989-7-1		
4	GB/T 10303—2001	膨胀珍珠岩绝热制品	2001-10-1	GB/T 10303—1989 GB/T 5485—1985	

序号	标准号	标准名称	实施日期	被替代标准	备注
5	GB/T 10699—1998	硅酸钙绝热制品	1999-2-1	GB 10699—1989	
6	GB/T 10802—2006	通用软质聚醚型聚氨酯泡沫塑料	2007-5-1	GB/T 10802—1989	
7	GB/T 11835—2007	绝热用岩棉、矿渣棉及其制品	2008-1-1	GB/T 11835—1998	
8	GB/T 13350—2008	绝热用玻璃棉及其制品	2009-4-1	GB/T 13350—2000	
9	GB/T 16400—2003	绝热用硅酸铝棉及其制品	2004-3-1	GB/T 16400—1996	
10	GB/T 17393—2008	覆盖奥氏体不锈钢用绝热材料规范	2009-4-1	GB/T 17393—1998	
11	GB/T 17430—1998	绝热材料最高使用温度的评价方法	1999-2-1		
12	GB/T 22789.1—2008	硬质聚氯乙烯板材 分类、尺寸和性能 第1部分：厚度1mm以上板材	2009-9-1	GB/T 4454—1996 GB/T 13520—1992	
机械零件及金属制品类					
1	GB/T 65—2000	开槽圆柱头螺钉	2001-2-1	GB/T 65—1985	
2	GB/T 67—2008	开槽盘头螺钉	2009-2-1	GB/T 67—2000	
3	GB/T 68—2000	开槽沉头螺钉	2001-2-1	GB/T 68—1985	
4	GB/T 84—1988	方头凹端紧定螺钉	1989-7-1	GB 84—1976	
5	GB/T 91—2000	开口销	2001-2-1	GB/T 91—1986	
6	GB/T 93—1987	标准型弹簧垫圈	1988-2-1	GB 92—1958 GB 93—1976	
7	GB/T 95—2002	平垫圈 C级	2003-6-1	GB/T 95—1985	
8	GB/T 96.1—2002	大垫圈 A级	2003-6-1	GB/T 96—1985	
9	GB/T 96.2—2002	大垫圈 C级	2003-6-1	GB/T 96—1985	
10	GB/T 97.1—2002	平垫圈 A级	2003-6-1	GB/T 97.1—1985	
11	GB/T 97.2—2002	平垫圈 倒角型 A级	2003-6-1	GB/T 97.2—1985	
12	GB/T 97.3—2000	销轴用平垫圈	2001-2-1		
13	GB/T 97.4—2002	平垫圈 用于螺钉和垫圈组合件	2003-6-1	GB/T 9074.24—1988 GB/T 9074.25—1988	
14	GB/T 97.5—2002	平垫圈 用于自攻螺钉和垫圈组合件	2003-6-1	GB/T 9074.29—1988 GB/T 9074.30—1988	
15	GB/T 117—2000	圆锥销	2001-2-1	GB/T 117—1986	
16	GB/T 799—1988	地脚螺栓	1989-7-1	GB/T 799—1976	
17	GB/T 821—1988	方头倒角端紧定螺钉	1989-7-1	GB/T 821—1976	
18	GB/T 825—1988	吊环螺钉	1989-1-1	GB 825—1976	
19	GB/T 845—1985	十字槽盘头自攻螺钉	1986-6-1	GB 845—1976	
20	GB/T 849—1988	球面垫圈	1989-1-1	GB 849—1976	
21	GB/T 852—1988	工字钢用方斜垫圈	1989-1-1	GB 852—1976	
22	GB/T 853—1988	槽钢用方斜垫圈	1989-1-1	GB 853—1976	

续表

序号	标准号	标准名称	实施日期	被替代标准	备注
23	GB/T 880—2008	无头销轴	2009-2-1	GB/T 880—1986	
24	GB/T 882—2008	销轴	2009-2-1	GB/T 882—1986	
25	GB/T 897—1988	双头螺柱 $b_m = 1d$	1989-1-1	GB 897—1976	
26	GB/T 898—1988	双头螺柱 $b_m = 1.25d$	1989-1-1	GB 898—1976	
27	GB/T 899—1988	双头螺柱 $b_m = 1.5d$	1989-1-1	GB 899—1976	
28	GB/T 900—1988	双头螺柱 $b_m = 2d$	1989-1-1	GB 900—1976	
29	GB/T 953—1988	等长双头螺柱 C 级	1989-1-1	GB 953—1976	
30	GB/T 983—1995	不锈钢焊条	1996-8-1	GB 983—1985	
31	GB/T 1972—2005	碟形弹簧	2005-8-1	GB/T1972—1992	
32	GB/T 3669—2001	铝及铝合金焊条	2002-6-1	GB/T 3669—1983	
33	GB/T 3670—1995	铜及铜合金焊条	1996-5-1	GB 3670—1983	
34	GB/T 5117—1995	碳钢焊条	1996-5-1	GB 5117—1985	
35	GB/T 5118—1995	低合金钢焊条	1996-5-1	GB 5118—1985	
36	GB/T 5282—1985	开槽盘头自攻螺钉	1986-6-1		
37	GB/T 5780—2000	六角头螺栓 C 级	2001-2-1	GB/T 5780—1986	
38	GB/T 5781—2000	六角头螺栓 全螺纹 C 级	2001-2-1	GB/T 5781—1986	
39	GB/T 5974.1—2006	钢丝绳用普通套环	2006-9-1	GB/T 5974.1—1986	
40	GB/T 5976—2006	钢丝绳夹	2006-9-1	GB/T 5976—1986	
41	GB/T 6178—1986	Ⅰ 型六角开槽螺母 A 和 B 级	1986-10-1	GB 57—1976 GB 58—1976	
42	GB/T 8918—2006	重要用途钢丝绳	2006-9-1	GB 8918—1996	
43	GB/T 10611—2003	工业用网 标记方法与网孔尺寸系列	2004-6-1	GB/T 10611—1989	
44	GB/T 20118—2006	一般用途钢丝绳	2006-9-1	GB/T 8918—2006	
材料及焊接接头的试验方法类					
1	GB/T 228—2002	金属材料 室温拉伸试验方法	2002-9-1	GB/T 228—1987 GB/T 3076—1982 GB/T 6397—1986	
2	GB/T 229—2007	金属材料 夏比缺口冲击试验方法	2008-6-1	GB/T 229—1994	
3	GB/T 230.1—2009	金属材料 洛氏硬度试验 第1部分：试验方法（A、B、C、D、F、G、H、K、N、T标尺）	2010-4-1	GB/T 230.1—2004	
4	GB/T 230.2—2002	金属洛氏硬度试验 第2部分：硬度计（A、B、C、D、E、F、G、H、K、N、T标尺）的检验与校准	2003-5-1	GB/T 2848—1992 GB/T 3773—1993	
5	GB/T 230.3—2002	金属洛氏硬度试验 第3部分：标准硬度块（A、B、C、D、E、F、G、H、K、N、T标尺）的标定	2003-5-1	GB/T 2850—1992 GB/T 3774—1993	

序号	标准号	标准名称	实施日期	被替代标准	备注
6	GB/T 231.1—2009	金属材料 布氏硬度试验 第1部分：试验方法	2010-4-1	GB/T 231.1—2002	
7	GB/T 231.2—2002	金属布氏硬度试验 第2部分：硬度计的检验与校准	2003-5-1	GB/T 6269—1997	
8	GB/T 231.3—2002	金属布氏硬度试验 第3部分：标准硬度块的标定	2003-5-1	GB/T 6270—1997	
9	GB/T 231.4—2009	金属材料 布氏硬度试验 第4部分：硬度值表	2010-4-1		
10	GB/T 232—2011	金属材料 弯曲试验方法	2010-06-1	GB/T 232—1988	
11	GB/T 241—2007	金属管 液压试验方法	2008-2-1	GB/T 241—1990	
12	GB/T 242—2007	金属管 扩口试验方法	2008-2-1	GB/T 242—1997	
13	GB/T 244—2008	金属管 弯曲试验方法	2008-11-1	GB/T 244—1997	
14	GB/T 245—2008	金属管 卷边试验方法	2008-11-1	GB/T 245—1997	
15	GB/T 246—2007	金属管 压扁试验方法	2008-2-1	GB/T 246—1997	
16	GB/T 2649—1989	焊接接头机械性能试验取样方法	1990-1-1	GB/T 2649—1981	
17	GB/T 2650—2008	焊接接头冲击试验方法	2008-9-1	GB/T 2650—1989	
18	GB/T 2651—2008	焊接接头拉伸试验方法	2008-9-1	GB/T 2651—1989	
19	GB/T 2652—2008	焊缝及熔敷金属拉伸试验方法	2008-9-1	GB/T 2652—1989	
20	GB/T 2653—2008	焊接接头弯曲试验方法	2008-9-1	GB/T 2653—1989	
21	GB/T 2654—2008	焊接接头硬度试验方法	2008-9-1	GB/T 2654—1989	
22	GB/T 3251—2006	铝及铝合金管材压缩试验方法	2007-2-1	GB/T 3251—1982	
23	GB/T 5480—2008	矿物棉及其制品试验方法	2008-11-1	GB/T 16401—1996 GB/T 5480.1~7—2004 GB/T 5480.8—2003	
24	GB/T 7141—2008	塑料热老化试验方法	2009-4-1	GB/T 7141—1992	
25	GB/T 12385—2008	管法兰用垫片密封性能试验方法	2008-11-1	GB/T 12385—1990	
26	GB/T 12621—2008	管法兰用垫片应力松弛试验方法	2008-11-1	GB/T 12621—1990	
27	GB/T 12622—2008	管法兰用垫片压缩率及回弹率试验方法	2008-11-1	GB/T 12622—1990	
28	GB/T 13480—1992	矿物棉制品压缩性能试验方法	1993-3-1		
29	GB/T 13525—1992	塑料拉伸冲击性能试验方法	1993-3-1		
30	GB/T 14180—1993	缠绕式垫片试验方法	1993-10-1	GB 4620—1984 GB 4621—1984	
检验、评定类					
1	GB/T 3323—2005	金属熔化焊焊接接头射线照相	2006-1-1	GB/T 3323—1987	
2	GB/T 5126—2001	铝及铝合金冷拉薄壁管材涡流探伤方法	2001-11-1	GB/T 5126—1985	

续表

序号	标准号	标准名称	实施日期	被替代标准	备注
3	GB/T 5616—2006	常规无损探伤应用导则	2007-5-1	GB/T 5616—1985	
4	GB/T 5777—2008	无缝钢管超声波探伤检验方法	2009-4-1	GB 5777—1996	
5	GB/T 6402—2008	钢锻件超声检测方法	2008-11-1	GB/T 6402—1991	
6	GB/T 6519—2000	变形铝合金产品超声波检验方法	2000-11-1	GB/T 6519—1986	
7	GB/T 7233.1—2009	铸钢件 超声检测 第1部分：一般用途铸钢件	2010-4-1	GB/T 7233—1987	
8	GB/T 7734—2004	复合钢板超声波检验方法	2004-12-1	GB/T 7734—1987	
9	GB/T 7735—2004	钢管涡流探伤检验方法	2004-10-1	GB/T 7735—1995	
10	GB/T 8651—2002	金属板材超声波探伤方法	2002-12-1	GB/T 8651—1988	
11	GB/T 9444—2007	铸钢件磁粉检测	2008-1-1	GB/T 9444—1988	
12	GB/T 11345—1989	钢焊缝手工超声波探伤方法和探伤结果分级	1990-1-1		
13	GB/T 12606—1999	钢管漏磁探伤方法	2000-8-1		
14	GB/T 12969.1—2007	钛及钛合金管材超声波探伤方法	2008-6-1	GB/T 12969.1—1991	
15	GB/T 12969.2—2007	钛及钛合金管材涡流探伤方法	2008-6-1	GB/T 12969.2—1991	
16	GB/T 15822.1—2005	无损检测 磁粉检测 第1部分：总则	2006-4-1	GB/T 15822—1995	
17	GB/T 15822.2—2005	无损检测 磁粉检测 第2部分：检测介质	2006-4-1		
18	GB/T 15822.3—2005	无损检测 磁粉检测 第3部分：设备	2006-4-1		
19	GB/T 15830—2008	无损检测 钢制管道环向焊缝对接接头超声检测方法	2009-2-1	GB/T 15830—1995	
20	GB 50185—2010	工业设备及管道绝热工程施工质量验收规范	2010-12-1	GB 50185—1993	
21	SHJ 509—1988	石油化工工程焊接工艺评定	1992-5-20		
22	SH/T 3064—2003	石油化工钢制通用阀门选用、检验及验收	2004-7-1	SH 3064—1994	
23	SH 3518—2000	阀门检验与管理规程	2000-10-1	SHJ 518—91	
24	SH/T 3520—2004	石油化工铬钼耐热钢焊接规程	2005-4-1	SH/T 3520—1991	
25	SH/T 3523—2009	石油化工铬镍不锈钢、铁镍合金和镍合金焊接规程	2010-6-1	SH/T 3523—1999	
26	SH/T 3525—2004	石油化工低温钢焊接规程	2005-4-1	SH 3525—1992	
27	SH/T 3526—2004	石油化工异种钢焊接规程	2005-4-1	SH 3526—1992	
28	SH/T 3527—2009	石油化工不锈钢复合钢焊接规程	2010-6-1	SH/T 3527—1999	
29	SY/T 0452—2002	石油天然气金属管道焊接工艺评定	2002-8-1	SY 4052—1992	

续表

序号	标准号	标准名称	实施日期	被替代标准	备注
30	SY/T 4109—2005	石油天然气钢质管道无损检测	2005-10-1	SY/T 0443—1998 SY/T 0444—1998 SY/T 4056—1993 SY/T 4065—1993	
31	JB/T 4730—2005	承压设备无损检测	2005-11-1	JB 4730—1994	
32	DL/T 820—2002	管道焊接接头超声波检验技术规程	2002-9-1	DL/T 5048—1995	
33	DL/T 821—2002	钢制承压管道对接焊接接头射线检验技术规范	2002-9-1	DL/T 5069—1996	
34	DL/T 869—2004	火力发电厂焊接技术规程	2004-6-1	DL 5007—1992	

五、管道施工及验收标准

序号	标准号	标准名称	实施日期	被替代标准	备注
1	GB 50094—1998	球形储罐施工及验收规范	1998-12-1	GBJ 94—1986	2011-06-01有新版
2	GB 50126—2008	工业设备及管道绝热工程施工规范	2008-8-1	GBJ 126—1989	
3	GB 50231—2009	机械设备安装工程施工及验收通用规范	2009-10-1	GB 50231—1998	
4	GB 50235—2011	工业金属管道工程施工及验收规范	2011-06-01	GBJ 235—1982	2011-06-01有新版
5	GB 50236—1998	现场设备、工业管道焊接工程施工及验收规范	1999-6-1	GBJ 236—1982	
6	GB 50268—2008	给水排水管道工程施工及验收规范	2009-5-1	GB 50268—1997 CJJ 3—1990	
7	GB 50273—2009	锅炉安装工程施工及验收规范	2009-10-1	GB 50273—1998	
8	GB 50274—2011	制冷设备、空气分离设备安装工程施工及验收规范	2011-2-1	GB 50274—1998	
9	GB 50275—2011	压缩机、风机、泵安装工程施工及验收规范	2011-2-1	GB 50275—1998	
10	GB 50369—2006	油气长输管道工程施工及验收规范	2006-5-1		
11	HG 20202—2000	脱脂工程施工及验收规范	2001-6-1		2004年复审继续有效
12	HG 20225—1995	化工金属管道工程施工及验收规范	1996-3-1		2004年复审继续有效
13	HGJ 222—1989	铝及铝合金焊接及钎焊技术规程	1996-3-1		
14	HGJ 223—1992	铜及铜合金焊接及钎插技术规程	1996-3-1		

续表

序号	标准号	标准名称	实施日期	被替代标准	备注
15	HGJ 229—1991	工业设备、管道防腐蚀工程施工及验收规范	1992-7-1		
16	HGJ 231—1991	化学工业大中型化工装置试车规范	1996-3-1		
17	SH/T 3412—1999	石油化工管道用金属软管选用、检验及验收	2000-5-1		
18	SH/T 3413—1999	石油化工石油气管道阻火器选用、检验及验收	2000-5-1		
19	SH 3501—2002	石油化工有毒、可燃介质管道工程施工及验收规范	2003-5-1	SH 3501—2001	2010 年复审继续有效
20	SH/T 3502—2009	钛及锆管道施工及验收规范	2010-6-1	SH 3502—2000	
21	SH/T 3517—2001	石油化工钢制管道工程施工工艺标准	2002-5-1	SH/T 3517—1991	
22	SH/T 3522—2003	石油化工隔热工程施工工艺标准	2004-7-1	SH/T 3522—1991	
23	SY 0324—2001	直埋式钢质高温管道保温预制施工验收规范	2002-1-1		
24	SY 0402—2000	石油天然气站内工艺管道工程施工及验收规范	2000-10-1	SYJ 4002—1990 SY/T 4067—1993 SYJ 4023—1989	
25	SY/T 0407—1997	涂装前钢材表面预处理规范	1998-6-1	SYJ 4007—1986	
26	SY/T 0414—2007	钢质管道聚乙烯胶粘带防腐层技术标准	2008-3-1	SY/T 0414—1998	
27	SY/T 0420—1997	埋地钢质管道石油沥青防腐层技术标准	1998-6-1	SYJ 8—1984 SYJ 4020—1988	
28	SY 0422—2010	油田集输管道施工及验收规范	2010-10-1	SY 0422—1997 SY 0466—1997	
29	SY 0470—2000	石油天然气管道跨越工程施工及验收规范	2000-10-1	SY 4070—1993	
30	SY/T 4079—1995	石油天然气管道穿越工程施工及验收规范	1995-9-1		
31	SY/T 4103—2006	钢质管道焊接及验收	2007-1-1	SY/T 4103—1995	
32	SY 4203—2007	石油天然气建设工程施工质量验收规范 站内工艺管道工程	2008-3-1		
33	SY 4207—2007	石油天然气建设工程施工质量验收规范 管道穿跨越工程	2008-3-1		
34	SY/T 5536—2004	原油管道运行规程	2004-11-1	SY/T 6148—1995 SY/T 5537—2000 SY/T 5536—2002	

序号	标准号	标准名称	实施日期	被替代标准	备注
35	CJJ 28—2004	城市供热管网工程施工及验收规范	2005-2-1	CJJ28—1989 CJJ38—1990	
36	CJJ 33—2005	城镇燃气输配工程施工及验收规范	2005-5-1	CJJ33—1989	
37	JGJ 82—1991	钢结构高强度螺栓连接的设计、施工及验收规程	1992-11-1		
38	DL 647—2004	电站锅炉压力容器检验规程	2004-6-1	DL 647—1998	
39	DL/T 752—2001	火力发电厂异种钢焊接技术规程	2001-7-1		
40	DL 5011—1992	电力建设施工及验收技术规范(汽轮机机组篇)	1993-10-1	SDJ53—1983	
41	DL/T 5017—2007	水电水利工程压力钢管制造安装及验收规范	2007-12-1	DL 5017—1993	
42	DL 5031—1994	电力建设施工及验收技术规范(管道篇)	1994-1-1	DJ 56—1979	
43	DL/T 5047—1995	电力建设施工及验收技术规范(锅炉机组篇)	1995-1-1	SDJ 245—1988	
44	JB/T 4709—2000	钢制压力容器焊接规程	2000-10-1		
45	SBJ 12—2000	氨制冷系统安装工程施工及验收规范	2000-9-1		
46	FJJ 211—1986	夹套管施工及验收规范	1986-1-1		
六、国外标准					
1	ASME BPVC SEC Ⅱ-A 2010 Edition	ASME Boiler & Pressure Vessel Code Ⅱ Part A Ferrons Material Specifications Materials	2010-7-1	2007 Edition	
2	ASME BPVC SEC Ⅱ-B 2010 Edition	ASME Boiler & Pressure Vessel Code Ⅱ Part B Nonferrons Material Specifications Materials	2010-7-1	2007 Edition	
3	ASME BPVC SEC Ⅱ-C 2010 Edition	ASME Boiler & Pressure Vessel Code Ⅱ Part C Specifications for Welding Rods, Electrodes, and Filler Metals Materials	2010-7-1	2007 Edition	
4	ASME BPVC SEC Ⅱ-D 2010 Edition	ASME Boiler & Pressure Vessel Code Ⅱ Part D Properties Materials	2010-7-1	2007 Edition	
5	ASME BPVC SEC Ⅷ-1 2010 Edition	ASME Boiler & Pressure Vessel Code Ⅷ Division 1 Rules for Construction of Pressure Vessels	2010-7-1	2007 Edition	
6	ASME BPVC SEC Ⅷ-2 2010 Edition	ASME Boiler & Pressure Vessel Code Ⅷ Division 2 Alternative Rules Rules for Construction of Pressure Vessels	2010-7-1	2007 Edition	

序号	标准号	标准名称	实施日期	被替代标准	备注
7	ASME BPVC SEC Ⅷ－3 2010 Edition	ASME Boiler & Pressure Vessel Code Ⅷ Division 3 Alternative Rules for Construction of High Pressure Vessels Rules for Construction of Pressure Vessels	2010－7－1	2007 Edition	
8	ASME B1. 1—2003 （R2008）	Unified Inch Screw Threads （UN and UNR Thread Form）	2003－1－1		
9	ASME B1. 20. 1—1983 （R2006）	Pipe Threads, General Purpose （Inch）-Revision and Redesignation of ASME/ANSI B2. 1-1968	1983－8－31		
10	ASME B16. 1—2005	Gray Iron Pipe Flanges and Flanged Fittings （Classes 25, 125, and 250）	2005－1－1		
11	ASME B16. 3—2006	Malleable Iron Threaded Fittings Classes 150 and 300	2006－1－1		
12	ASME B16. 4—2006	Gray Iron Threaded Fittings Classes 125 and 250	2006－1－1		
13	ASME B16. 5—2009	Pipe Flanges and Flanged Fittings NPS 1/2 Through NPS 24 Metric/ Inch Standard	2009－6－30		
14	ASME B16. 9—2007	Factory － Made Wrought Buttwelding Fittings	2007－12－7		
15	ASME B16. 10—2009	Face-to-Face and End-to-End Dimensions of Valves	2009－10－28		
16	ASME B16. 11—2009	Forged Fittings, Socket － Welding and Threaded	2009－8－14		
17	ASME B16. 14—1991	Ferrous Pipe Plugs, Bushings, and Locknuts with Pipe Threads	1991－1－1		
18	ASME B16. 20—2007	Metallic Gaskets for Pipe Flanges Ring -Joint, Spiral-Wound, and Jacketed	2007－1－1		
19	ASME B16. 21—2005	Nonmetallic Flat Gaskets for Pipe Flanges	2005－5－31		
20	ASME B16. 24—2006	Cast Copper Alloy Pipe Flanges and Flanged Fittings Classes 150, 300, 600, 900, 1500, and 2500	2006－1－1		
21	ASME B16. 25—2007	Buttwelding Ends	2007－1－1		
22	ASME B16. 34—2009	Valves—Flanged, Threaded, and Welding End	2009－9－30		
23	ASME B16. 36—2009	Orifice flanges	2009－10－28		
24	ASME B16. 42—1998 （R2006）	Ductile Iron Pipe Flanges and Flanged Fittings Classes 150 and 300	1998－1－1		

续表

序号	标准号	标准名称	实施日期	被替代标准	备注
25	ASME B16. 47—2006	Large Diameter Steel Flanges NPS 26 Through NPS 60 Metric/Inch Standard	2006-1-1		
26	ASME B16. 48—2010	Line Blanks	2010-10-14		
27	ASME B18. 2. 1—2010	Square, Hex, Heavy Hex, and A-skew Head Bolts and Hex, Heavy Hex, Hex Flange, Lobed Head, and Lag Screws (Inch Series)	2010-10-13		
28	ASME B18. 2. 2—1987 (R2005)	Square and Hex Nuts (Inch Series)	1987-8-15		
29	ASME B31. 1—2007	Power Piping-Includes Interpretations No. 2 Through 6, 8 through 10, 13, 15, 17 through 25, 27 through 31, and 42through44	2007-12-7		
30	ASME B31. 1A—2008	Power Piping-Includes Interpretations Volume 43	2008-6-9		
31	ASME B31. 1B—2008	Power Piping-Includes Interpretations Volume 44	2009-8-7		
32	ASME B31. 3—2008	Process Piping	2008-12-31		
33	ASME B31. 4—2008	Pipeline Transportation Systems for Liquid Hydrocarbons and other Liquids	2009-1-1		
34	ASME B31. 5—2010	Refrigeration Piping and Heat Transfer Components	2010-7-1		
35	ASME B31. 8—2010	Gas Transmission and Distribution Piping Systems	2010-6-1		
36	ASME B31. 8S-2014	Managing System Integrity of Gas Pipelines-Supplement to ASME B31. 8	2014-6-1		
37	ASME B31. 11—2002 (R2008)	Slurry Transportation Piping Systems	2002-1-1		
38	ASME B36. 10M—2004 (R2010)	Welded and Seamless Wrought Steel Pipe	2004-1-1		
39	ASME B36. 19M—2004 (R2010)	Stainless Steel Pipe	2004-10-25		
40	ASME B46. 1—2009	Surface Texture (Surface Roughness, Waviness, and Lay)	2009-1-1		
41	API SPEC 5L—2007	Specification for Line Pipe	2007-10-1		
42	API STD 526—2009	Flanged Steel Pressurerelief Valves	2009-4-1		
43	API STD 527—1991(R2007)	Seat Tightness of Pressure Relief Valves	1991-7-1		
44	API API 570—2009	Piping Inspection Code：In-service Inspection, Rating, Repair, and Alteration of Piping Systems	2009-11-1		

续表

序号	标准号	标准名称	实施日期	被替代标准	备注
45	API STD 594—2010	Check Valves：Flanged, Lug, Wafer, and Butt-welding	2010-9-1		
46	API STD 598—2009	Valve Inspection and Testing	2009-9-1		
47	API STD 599—2007	Metal Plug Valves—Flanged, Threaded and Welding Ends	2007-10-1		
48	API STD 600—2009	Steel Gate Valves-Flanged and Butt-welding Ends, Bolted Bonnets	2009-3-1		
49	API STD 602—2009	Steel Gate, Globe, and Check Valves for Sizes NPS 4（DN 100）and Smaller for the Petroleum and Natural Gas Industries	2009-10-1		
50	API STD 602—2007	Corrosion-resistant, Bolted Bonnet Gate Valves—Flanged and Butt-welding Ends	2007-7-1		
51	API STD 607—2010	Fire Test for Quarter-turn Valves and Valves Equipped with Nonmetallic Seats	2010-9-1		
52	API STD 608—2008	Metal Ball Valves-Flanged, Threaded and Welding Ends	2008-12-1		
53	API STD 609—2009	Butterfly Valves：Double-flanged, Lug-and Wafer-type	2009-10-1		
54	MSS SP-6—2007	Standard Finishes for Contact Faces of Pipe Flanges and Connecting-End Flanges of Valves and Fittings	2007-1-1		
55	MSS SP-25—2008	Standard Marking System for Valves, Fittings, Flanges, and Unions	2008-1-1		
56	MSS SP-42—2009	Corrosion Resistant Gate, Globe, Angle and Check Valves with Flanged and Butt Weld Ends（Classes 150, 300 & 600）	2009-1-1		
57	MSS SP-43—2008	Wrought and Fabricated Butt-Welding Fittings for Low Pressure, Corrosion Resistant Applications	2008-1-1		
58	MSS SP-44—2010	Steel Pipeline Flanges	2010-1-1		
59	MSS SP-58—2009	Pipe Hangers and Supports-Materials, Design, Manufacture, Selection, Application, and Installation-SP-58—2009 incorporates contents of ANSI/MSS SP-69—2003, MSS SP-77—1995（R2000）, MSS SP-89—2003, and SP-90—2000	2009-1-1		
60	MSS SP-61—2009	Pressure Testing of Valves	2009-1-1		

序号	标准号	标准名称	实施日期	被替代标准	备注
61	MSS SP-67A—2002	Butterfly Valves	2002-1-1		
62	MSS SP-68—1997（R2004）	High Pressure Butterfly Valves with Offset Design	1997-1-1		
63	MSS SP-72—2010	Ball Valves with Flanged or Butt-Welding Ends forGeneral Service	2010-1-1		
64	MSS SP-75—2008	Specification for High-Test, Wrought, Butt-Welding Fittings	2008-1-1		
65	MSS SP-78A—2005	Gray Iron Plug Valves Flanged and Threaded Ends	2005-1-1		
66	MSS SP-79—2009	Socket Welding Reducer Inserts	2009-1-1		
67	MSS SP-80—2008	Bronze Gate, Globe, Angle, and Check Valves	2008-1-1		
68	MSS SP-81A—2006	Stainless Steel, Bonnetless, Flanged Knife Gate Valves	2006-1-1		
69	MSS SP-83—2006	Class 3000 Steel Pipe Unions Socket Welding and Threaded	2006-1-1		
70	MSS SP-91—2009	Guidelines for Manual Operation of Valves	2009-1-1		
71	MSS SP-92—1999	MSS Valve User Guide	1999-1-1		
72	MSS SP-93—2008	Quality Standard for Steel Castings and Forgings for Valves, Flanges, Fittings, and Other Piping Components Liquid Penetrant Examination Method	2008-1-1		
73	MSS SP-94—2008	Quality Standard for Ferritic and Martensitic Steel Castings for Valves, Flanges, Fittings, and Other Piping Components Ultrasonic Examination Method	2008-1-1		
74	MSS SP-95—2006	Swage(d) Nipples and Bull Plugs	2006-1-1		
75	MSS SP-97—2006	Integrally Reinforced Forged Branch Outlet Fittings-Socket Welding, Threaded and Buttwelding Ends	2006-1-1		
76	MSS SP-110—2010	Ball Valves Threaded, Socket-Welding, Solder Joint, Grooved and Flared Ends	2010-1-1		
77	MSS SP-117—2006	Bellows Seals for Globe and Gate Valves	2006-1-1		
78	MSS SP-120—2006	Flexible Graphite Packing System for Rising Stem Steel Valves-Design Requirements	2006-1-1		

续表

序号	标准号	标准名称	实施日期	被替代标准	备注
79	DIN 2696—1999	Lenticular ring joint gaskets for flanged joints	1999-8-1		
80	BSI BS 1868+A1—1975	Specification for Steel check valves (flanged and butt-welding ends) for the petroleum, petrochemical and allied industries - AMD 6563：July 1990；CORR：January 31，2010	1975-11-28		
81	BSI BS 1873—1975 (R2007)	Steel Globe and Globe Stop and Check Valves (Flanged and Butt-Welding Ends) for the Petroleum, Petrochemical and Allied Industries (AMD 6564) July 31，1990-Amd 1	1975-1-1		
82	BSI BS 3293—1960 (R2006)	Carbon Steel Pipe Flanges (Over 24 in Nominal Size) for the Petroleum Industry-AMD 1004：August 1972	1960-12-30		
83	BSI BS 3799—1974 (R1994)(R1998)(R2007)	Specification for Steel Pipe Fittings, Screwed and Socket-Welding for the petroleum industry-AMD 3021：June 1979；AMD 5518：March 1987	1974-8-30		
84	BSI BS EN ISO 17292—2004	Metal ball valves for petroleum, petrochemical and allied industries-Supersedes BS 5351：1986	2004-8-1		
85	BSI BS EN ISO 15761—2003	Steel gate, globe and check valves for sizes DN 100 and smaller, for the petroleum and natural gas industries-CORR 14475：May 1，2003	2003-3-10		
86	ISO 261—1998	ISO General Purpose Metric Screw Threads-General Plan	1998-12-15		
87	ISO 7005.1—1992	Metallic Flanges-Part 1：Steel Flanges	1992-1-1		
88	NEMA SM 23—1991(R2002)	Steam Turbines for Mechanical Drive Service	1991-1-1		

注：①由于标准在不断更新，在实际工作中应使用标准的最新版本或替代后的标准。

　　②如标准作废且无代替标准，在实际工作中可供参考。

参 考 文 献

[1] 李雪. 浅析管道完整性管理的重要性[J]. 石化技术，2017，24(5)：169.

[2] 刘悦，冯庆善，王学力，张华兵. 国内外油气管道设计标准的比较[J]. 油气储运，2012，31(1)：45-47，84-85.

[3] 梁永宽，杨馥铭，尹哲祺，陈柏杰. 油气管道事故统计与风险分析[J]. 油气储运，2017，36(4)：472-476.

[4] 付奎. 长距离输气管道工艺设计优化方法研究[D]. 西南石油大学，2017.

[5] 单克，帅健. 地区等级升级的天然气管道风险管理研究[J]. 中国安全科学学报，2016，26(11)：145-150.

[6] 孙国瀚，安贺强，陈绍友，等. 中俄油气管道施工常用标准对比[J]. 油气储运，2018，37(11)：1296-1302.

[7] 包筱炜，蔡文佳，张林，等. 城市燃气建设期管道完整性管理的实践[J]. 煤气与热力，2017，37(10)：34-39.

[8] 孙明周. 油气站场完整性管理与维护探究[J]. 石化技术，2017，24(7)：198.

[9] 杨静，王勇，谢成，柏盛鹏.《油气输送管道完整性管理规范》解读与分析[J]. 安全、健康和环境，2016，16(6)：54-57，60.

[10] 徐惠. 西气东输管道水毁灾害风险管理效能评估[D]. 西南石油大学，2015.

[11] 李亮. GIS 在油气管道完整性管理应用研究[D]. 西安石油大学，2015.

[12] 席罡. 成品油管道完整性数据管理[J]. 当代石油石化，2017，25(9)：22-26.

[13] 张华兵，周利剑，杨祖佩，等. 中石油管道完整性管理标准体系建设与应用[J]. 石油管材与仪器，2017，3(6)：1-4.

[14] 张余，董绍华. 管道完整性管理的发展与腐蚀案例分析[J]. 腐蚀与防护，2012，33(S2)：125-130.

[15] 蔡亮，曾英林，陈义根，等. 国外超期服役管道延长使用寿命标准分析[J]. 全面腐蚀控制，2017，31(1)：30-33.

[16] 陶成军，田利男，周小勇，等. 管道延长寿命国际标准先进性分析[J]. 油气田地面工程，2016，35(10)：83-86.

[17] 邢亮亮，仲梁维. 基于 ANSYS Workbench 的管道疲劳强度分析及优化[J]. 软件导刊，2017，16(7)：145-148.